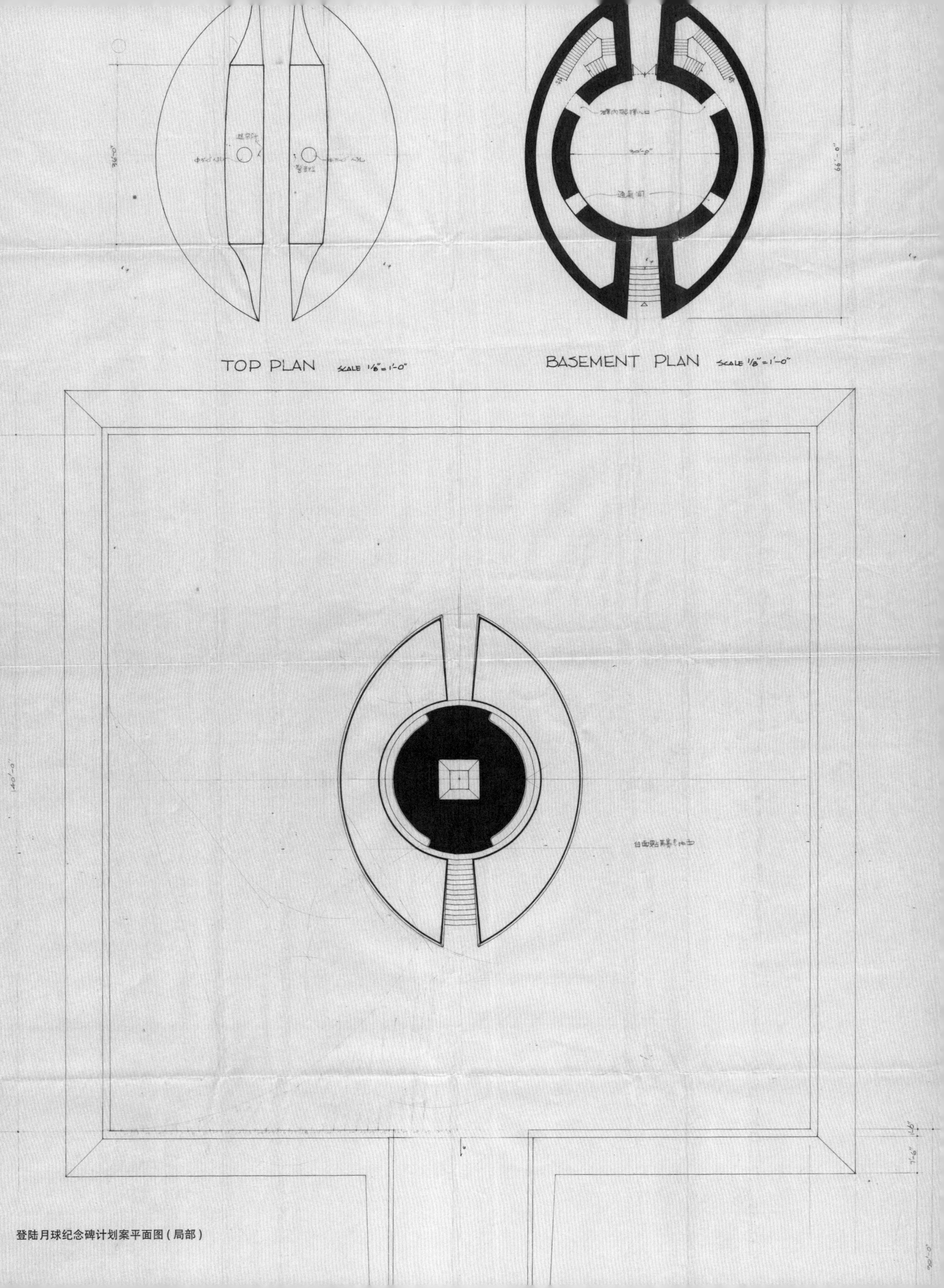

登陆月球纪念碑计划案平面图（局部）

光明城
CITÉ LUCE

看见我们的未来

建筑师王大闳

1942—1995

WANG DAHONG

ARCHITECT

SHYU MING SONG

徐明松 著

同濟大學出版社
TONGJI UNIVERSITY PRESS

* 2006 年，于台湾大学地质馆。邹昌铭摄

华昌宜

王大闳建筑研究与保存学会理事长

王大闳先生在1950年代以后，结合两个要素，在台湾创造了属于他自己的建筑风格：一是西方的现代功能主义（特别是其中属于密斯的精简取向）；另一是中西文化里的精英品味。前者是横的移植，也是当时建筑界年轻一代努力宣扬的主张。它是可以学习的，也必然会成功，因为它符合了时代与社会（包括市场）的需要；后者是纵的传承，只有少数人士，因为家世背景与机遇而有缘吸纳了中西文化的精粹。虽然具此卓越建筑风格，他却放弃了在欧美追求名利之途，而遗世独立，潜存于台湾迄今六十多年，也成为华人人格上的标杆。阅览本册者，能不有感于斯乎？

王镇华

德简书院主持人

跟王先生相识三十多年，一如昨晚才认识，记忆犹新。

许多话，平淡中见真章，也见真情。

直觉中，还没谈到的比已谈到的重要。

比如，他面对中西文化的态度，主体性最不含糊，脊椎骨从未折断。

他的人跟他的建筑同样硬朗质朴。

他说：意志力比灵感重要！有好的生活才有好的建筑。

吴清友

诚品书店董事长

大闳先生是一位兼具西方的自信与东方的谦冲的建筑师。他在西方受建筑教育，当时正值现代主义兴起，从他的建筑中可以感受到，他对于自己的生命观、建筑观有着精确而且坚定不移的信仰。他同时又有东方的谦冲，待人处世如此优雅，却也严以律己。他是一位真正的君子。

张永和

非常建筑事务所主持建筑师

麻省理工学院建筑系教授、前系主任

普立兹克建筑奖评委

王大闳无疑是中国现代建筑的先驱，他是中国建筑师中最早对现代性感兴趣的人之一，同时，他又把中国空间的传统带到现代建筑里来。

建国南路自宅和虹庐这两个作品的平面，是王大闳对中国建筑最大的贡献——同时带有鲜明的现代建筑特征和中国传统特征的空间格局出现了。

郭肇立

台湾现代建筑学会理事长

在1960年代台湾的特殊情境下，如何面对传统，如何诠释现代，几乎是那代建筑师最热衷的议题。王大闳在建筑上的表现称得上是其中的佼佼者，不仅是观念与形式美学的成熟，尤其对细部设计与营造性的掌握，更是无人能比。

史建

策展人、建筑评论家

1949年以来，台湾的国家主义建筑仓促应对，复古主义较之大陆有过之而无不及，且极端粗俗。然至王大闳设计的国父纪念馆为之一变，探讨以现代建筑理念、营造模式与中国传统建筑精神的有机结合，摆脱了近代以来大型公共建筑摹古、复古的定式。遂由古典主义向现代主义坚实转向。

而其台北故宫博物院方案、建国南路自宅等，更是持守现代主义理念，对推动台湾现代建筑发展有重要的启蒙与示范贡献，是中国现代建筑史上承前启后并引领一个时代的最重要的建筑师之一。

现代建筑理念实践一脉在两岸现代建筑史均处于边缘位置。和冯纪忠先生一样，王大闳先生也是一生多有波折而甘于淡泊，其理念和实践的重要历史价值在近年才日益凸显，被后人研究、展览和重新评价。

夏铸九

台湾大学建筑与城乡研究所创始人、名誉教授

南京大学建筑与城市规划学院宜兴讲座教授

《建筑师王大闳 1942—1995》简体中文版终于在上海出版，对于身体还健朗的王大闳建筑师而言，这是一次迟来的归乡之旅，虽然本书并非仅是建筑师个人与其作品的回顾之旅而已。徐明松作为本书作者，在序言中提出了研究的发问。适值全球信息化年代，面对福柯（Michel Foucault）所说的当前这种空间的纪元，同时性的时代，并列的年代，两岸也得以彼此对照，相互沟通，记取教训，趋吉避凶。而王大闳建筑师的专业回顾正可以作为一种典型，让我们共同审视现代建筑的移植过程（the transplantation of modern architecture）在台湾的特殊经验，最后，我们得以反身看见自己。

当年王大闳由欧美学成返沪，以至于由香港到台湾，他的建筑师志业的建构，正是在战后“美利坚盛世”（Pax Americana）之下，现代建筑向世界传播的过程。有意思的是，这种现代建筑论述移植过程，流动空间的抽象性美学经验的建构之中，日后后现代主义所强调的文化认同（cultural identity）与地方空间（space of places），竟然在当时的台湾就成为建筑师的文化坚持，以及竞争建筑的意义。

当时国民党来台的政治计划正是“国族国家之重建”（rebuilding the nation state），王大闳的现代美学经验所消化的东方认同，虽然符合文化领导权的计划（hegemonic project），却在建筑形式上不同于当时公共建筑的主要业主心中已经由亨利·墨菲（Henry Murphy）为主，以南京为重要基地，由巴黎美术学院的西方古典美学与东方古典认同相互结合所营造的“民国建筑”经验——那是国民党政治统治者意象化了的意识形态（imaged ideology），也是“国族国家”文化正统的空间再现（representations of space）。在台湾，1950 年之后有对手与王大闳竞争空间象征表现的案例，诸如台北外双溪的故宫博物院（黄宝瑜，毕业于中央大学，刘敦桢学生、助教），台北市区中心由“总统府”前转身向南即可望见的、有如北京天坛祈年殿攒尖顶一般巍然耸立的科学馆与北边阳明山山仔后山头上的文化大学（卢毓骏，毕业于巴黎大学，南京考试院设计者），阳明山的中山楼（修泽兰，毕

业于中央大学)，以及俯瞰台北市的圆山大饭店与在城市核心地区、有如最后终局性高潮的中正纪念堂(杨卓成，毕业于中山大学)。

与前列建筑师的做法对照，王大闳的国父纪念馆屋顶与南边主入口形式的改变过程，是一个空间象征建构与设计措辞上的折衷与妥协，也是所谓“中国现代建筑”在公共建筑与国族认同上的象征表现。国父纪念馆在空间象征上的文化教化与社会共鸣效果，超过了建筑师自己以前与当时其他建筑师的公共建筑设计，这是文化领导权实践领域中的建筑设计展现，表现了“国族国家”的政治正当性与集体记忆的文化教化效果。另一方面，这种现代美学经验所消化的东方认同的建筑类型、空间文化形式的营造措辞与设计措辞，如宽敞基地中独栋建筑与周围廊、南北中轴线、黄色舒展的屋顶、檐角起翘等，在经济发展之前，或是经济快速发展过程中，为非正式经济所主导的台湾民间社会的形构过程中，已经被接受为文化规范，被视为普同的、有效的、支配性的文化经验，像是自然的、友善的符号，不可避免地惠及所有人，“天下为公”，而非仅属于统治阶级的社会建构，成就统治社会的正当理由。

然而，历史总是充满惊奇，政治始终造成扭曲，建筑终究需要针对历史与政治不能说出的意义解秘。就在国父纪念馆完工之后，最让建筑师与地下的孙中山尴尬的矛盾，莫过于被国民党奉为“国家哲学”的三民主义，尤其是具有社会主义色彩的民生主义，其中受到美国人亨利•乔治(Henry George)《进步与贫穷》(*Progress and Poverty*)一书中社会改革与经济哲学影响的土地政策，“地尽其利，地利共享”，在政治的现实中竟然已经全然转化为：政府总税收占区域总产值比率全世界最低，仅为 12%；土地与住宅政策最无能，房屋税、土地税几近于零，仅约 0.02%；社会住宅数量世界最低，仅占 0.08%。这是一个令美国茶党都心向往之的最右翼政权。至此，国父纪念馆全然退化成为一个“国族国家”意识形态空间再现的空壳。经济快速发展，土地政策失控，房地产投机成为全民游戏，住宅阶级(housing class)形构了一个房产继承社会；土地与房地产资本作为当局与地方权力集团(power bloc)的利益共同体，扭曲了都市计划，全面造就了空间商品化的境界。甚至，在政治民主化过程中的政治民粹化氛围里，台湾已经变成一个实际上的政治蓝绿之别，只有国族认同的分裂，而没有左右立场差异的、单一化的最右翼政治文化。[①]至于这样的社会能否安然地继续接受前述纪念馆的专业构想与意义追求？已经是没有什么值得期待的答案了。最近一个像是有预言意义的事件发生在国父纪念馆南北中轴线正北：因为台北大巨蛋的紧急疏散通道设计，在自身基地之外向南延伸为忠孝东路地下化的疏散通道，所以必须移除纪念馆北侧的植栽与路树。这种粗暴的工程手段彻底破坏了纪念馆具有象征意义的主轴线。掏空挖断了轴线，失去建筑物北边背靠的植栽，难道是要破坏前述的政治正当性与集体记忆的文化教化效果所依靠的，作为空间象征中轴线的风水吗？看来报应将由自己来承担，不争来早与来迟。

建筑作为生活的空间，工匠巧手心细，建物在乎用，平时重维护，尤讲究珍惜，营造不离人气，遂生意盎然。社会厚德惜物，向往美好生活，身心灵间平衡，懂得追寻意义，而不是投机贪婪，杀鸡取卵，竭泽而渔，以邻为壑，城市才得以生机勃勃。现代建筑与都市规划，其实是机器的隐喻，技术性的空间再现，更需要保养维修；不然，因陋就简，粗制滥造，很快报废，甚至，因为空间商品化，用过就丢，为了地产利润，加速拆除重建。台湾现实生活中的王大闳的建筑，一如抢救与搜寻到的残破建筑图绘，私人与公共的空间都没有得到应有的珍惜，其中公共机构的现况尤甚，有经费的局促，有内心的忽视，更显空间之沧桑。至于意义的追寻，早被遗忘。

具备良好教养的建筑师王大闳是最后的贵族，再现了战后现代建筑在台湾的移植之梦。一个英姿勃发、融通中西的建筑师在充满繁殖能力的南方城市里白日燃烛，致力图板上的空间想象，只有台湾现代建筑的建筑学子与专业社群，或可以扩及文化界，能回报以尊崇。

2014/5

① 这是台湾大学建筑与城乡研究所华昌宜教授的观点。华教授年轻时曾在王大闳的事务所工作过。

1

5

7

8

9

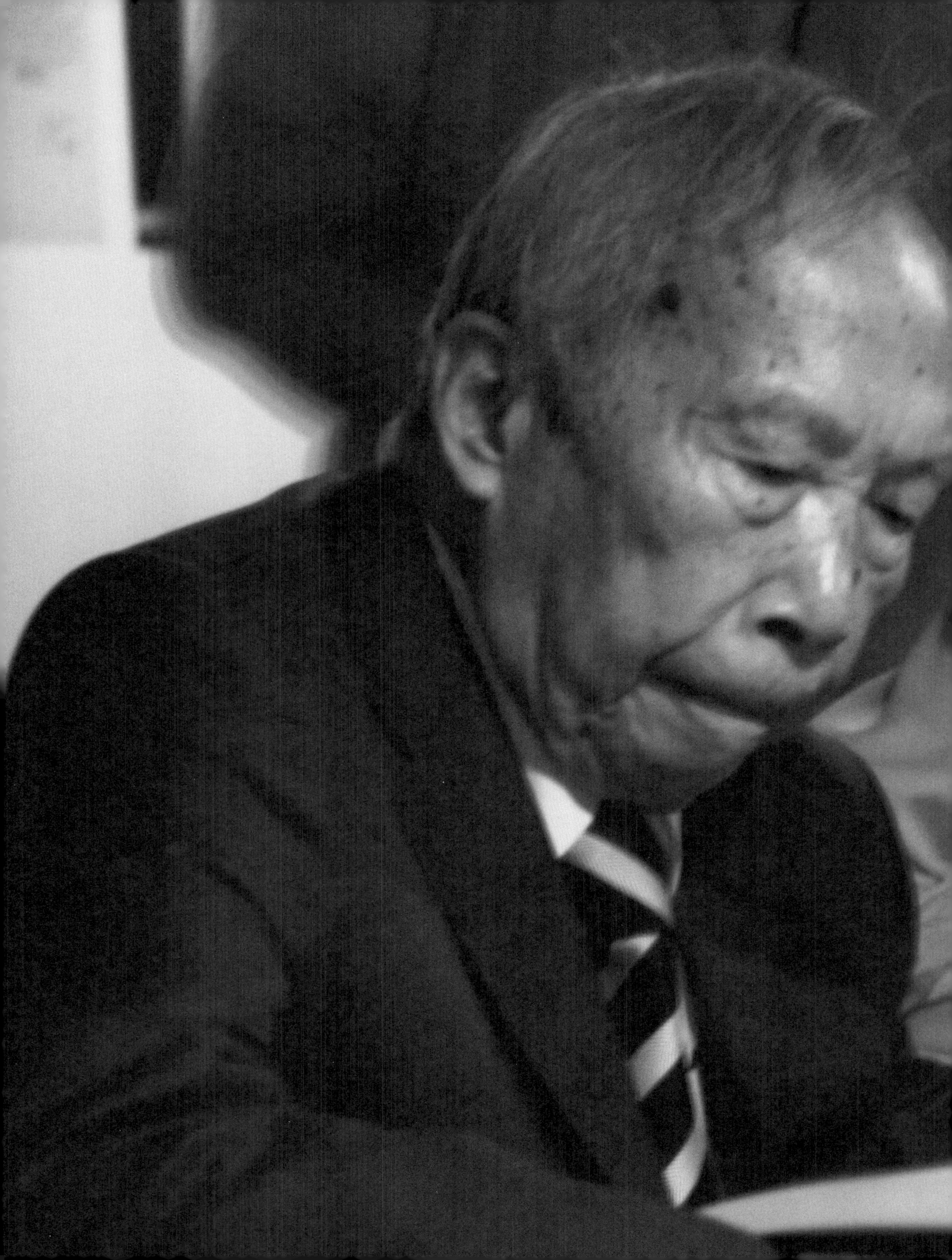

11

1 1932年左右，14岁的王大闳。王大闳先生提供

2 1933年左右，15岁的王大闳。王大闳先生提供

3 1935年左右，与父亲王宠惠合照。王大闳先生提供

4 1936年，留学剑桥期间，在意大利度假胜地滑雪。王大闳先生提供

5 1937年在巴黎，王大闳与他的VOISIN轿车。王大闳先生提供

6 1960年代，在事务所。王大闳先生提供

7 1951年，在新生南路父亲宅。郎静山摄

8 1960年代，在虹庐屋顶上。王大闳先生提供

9 上世纪50年代末60年代初，在建国南路自宅接受记者访问。王大闳先生提供

10 2006年10月，与策展人徐明松合摄于台中TADA Center“久违了，王大闳先生！”建筑展开幕当天

11 2006年8月，王大闳先生在模型制作工作室好奇地观看摄影机

目录

序 29

导读

静默、原乡与隐逸 33

专论

预制住宅 54
战后住宅竞图 58
城市中庭住宅 62
浴室设计 66
小住宅 70
建国南路自宅 72
日本驻台湾地区长官官邸 86
松江路罗宅 90
沙利文宅 94
台湾省政府两层连栋式宿舍 96
“中油”大楼马公办事处 100
台北故宫博物院竞图计划案 104
台北监狱龟山新监总办公厅 112
台湾大学第一学生活动中心 116
淡水高尔夫球场俱乐部 128
台湾大学地质工程馆 134
台湾大学法学院图书馆 140
济南路虹庐 146
登陆月球纪念碑计划案 158
国父纪念馆竞图计划案 168
台湾银行台北宿舍 182
《杜连魁》 188
台湾大学化学研究中心 190
亚洲水泥大楼 196
良士大厦 198
台南区基督教大专服务中心 206
台湾教育主管部门办公大楼 210
台湾外事主管部门办公大楼 222
鸿霖大厦 236
台湾大学归台学人宿舍 238
淡水假日自宅计划案 244
台湾“中央研究院”生物化学研究所 248
台湾“中央研究院”植物研究所 254
庆龄工业研究中心 262
张群宅 268
弘英别墅 278
东门基督长老教会 304
成功大学文学院 308
台湾“中央研究院”分子生物研究所 312

文献

王大闳建筑作品文献描述一览表 318
王大闳著述一览表 376
有关王大闳的出版、论述、座谈会一览表 377
王大闳生平年表 379

序 Foreword / 徐明松

“……他(指贝聿铭，作者按)始终居留异邦；我急于回往祖国。他胸怀壮志，从纽约麦迪逊大道迈进欧亚，抓紧机会，不顾一切地去实现自己的雄心；我只有野心：在台北街头巷尾，白日燃烛，追寻一种属于中华民族的生活与环境，渴望有一天能完成几件深具意义的工作。”①

这是王大闳第一次在大陆，真正的原乡，出版建筑作品。他1947年回到上海，1949年离开，2000年重回睽违51年的家乡；2014年简体中文版建筑作品全集《建筑师王大闳 1942—1995》发行。

动荡不安的中国近现代历史，让身处其中的创作者背负许多必要、不必要的包袱与压力，两岸看似不同，其实背后的文化根源或情结是相同的。

2006年我们开始全面关注王大闳，办展览、拍纪录片、出版相关书籍，其实都是我们为自己的研究与自身的历史寻找一个参考点，重新看待周边正在发生的事，以便对照地讨论问题。

趁《建筑师王大闳 1942—1995》简体中文版出版之际，我们提出一些问题，其中少数问题本书已试着解答，但相信多数仍待探求，因此希望更多的大陆朋友一起来思索，并找出答案，或思索本身可能就是答案。

一、王大闳13岁离乡背井，30岁回国，所有重要的养成皆完成于西方，怎能设计出有中国况味的建筑？是13岁以前的身体经验？还是往后的奋力思考？尤其他谈的是拜伦的诗，翻译的是王尔德的小说，吃的是从瑞士空运来台的巧克力，他是如何综合东西方的？

二、王大闳诗意的语言，像建国南路自宅与济南路虹庐那样继承传统合院、园林，又接受西方新观念的建筑，到底是开放还是封闭的语言系统？我们有无可能延续？

三、王大闳的空间经验符合张之洞的“中学为体、西学为用”，还是黄仁宇的“西学为体、中学为用”？还是这些条条框框无法禁锢创作的灵魂，创作是忧郁森林里的寻寻觅觅？

四、亲炙正统的包豪斯教育，一方面是指导老师格罗皮乌斯（包豪斯第一任校长），另一方面又仰慕当时在芝加哥的密斯（包豪斯最后一任校长），这两股在包豪斯内部冲突相反的力量都为王大闳所吸纳，所以我们总可以读到王大闳在模数化框架底下，欲挣脱物质性束缚的尝试，因此这个西方现代性的“新传统”（new tradition）是否仍为华人追求现代性的基础？

五、到底什么是传统，什么是在地？它们的界限在哪里？如何在全球化时代确认带流动性的文化身份（identity），还是在整个资本主义生产中，建筑如同艺术已死亡了（黑格尔语），建筑生产已成为资本主义市场的装点，完全失去推动社会与时代的角色？难道王大闳的建筑语言是华人追求这个文化身份的最后灵光（aura）？

最近台湾建筑圈正积极推动建国南路自宅重建与王大闳25栋代表性建筑的保护运动，目前皆获台湾文化主管部门与台北市政府文化局的善意回应。前者让我们记起1983年几位西班牙建筑师努力奔走在1929年巴塞罗那世界博览会密斯的德国馆原址重建（1986年完工）的事件。这位让王大闳心仪，且一辈子以其为师的德国建筑师，也感召了一群西班牙建筑师，显见好作品是完全无畛域之分的。如今距离1953年建国南路自宅兴建完工已整整一个甲子，借由仪式性的重建，构筑、材料、五金、颜色、工法等等都可以让我们回到那个简单素朴的年代，重新拥有一颗未受污染的心，检视当下的自己，重新出发。

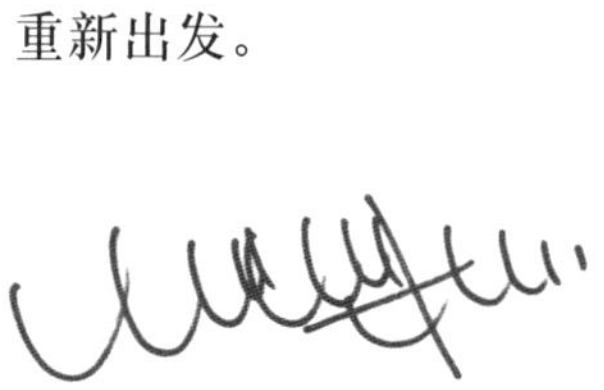

2014/7/10 台北

① 《雄心与野心》，1996年载于《中国时报》，并收录至《贝聿铭——现代主义泰斗》，智库文化 / 水平书局出版，1996年。

导读

静默、原乡与隐逸

SILENCE

NOSTALGIA

AND

HERMITAGE

出生与童年

1917 年，王大闳出生于北京。当时第一次世界大战正如火如荼地进行，1911 年成立的中华民国处在旧制度崩解、新制度尚未建立的窘境中，地方军阀割据与混战持续至 1937 年对日抗战。同年，美国、中国先后对德、奥宣战，11 月列宁和托洛茨基领导的十月革命，建立了人类历史上第一个无产阶级政权。

王大闳的童年几乎都笼罩在这样的氛围里。他是广东东莞人，父亲王宠惠（1881—1958）为中华民国第一任外交总长，历任司法院院长及驻荷兰海牙国际法庭法官，与宋、蒋及孙家皆有深谊。“一岁多母亲就过世……寄居外婆家”①，“苏州景海小学毕业后，在东吴及金陵初中仅读了一年半，初二没有读完，就随着魏道明夫妇及孔祥熙夫人等同到巴黎居住，补了一年法文，父亲就将我送往瑞士一所著名的学校读书……1930 年，因父王宠惠外派至海牙工作，于是进入瑞士栗子林寄宿中学就读。七八十名学生，就在二十几位老师的照料下，过着军事化的生活，同时打下了法、英与意大利语的基础”。②

1930 年，印度甘地展开非暴力不合作运动。国民政府裁军，阎锡山、冯玉祥、李宗仁等劝蒋介石下台，中原大战爆发。同年底发动第一次“围剿”。

人文养成

王大闳远离了混乱的中国，来到非战国瑞士，在宜人的日内瓦湖畔的一所寄宿学校就读。这所学校采用军事化的严格管理，同学多为来自世界各地的官宦或富家子弟。在此他除接受欧洲精致文化的滋养外，也养成了日后极为自律的生活节奏，譬如每天适度的运动、准时上下班、上床不看书、走路打直腰杆，所以视力、体力直到晚年都保持得很好。就如同自述：“夏天规定大清晨起来游泳，来回游一趟正好五十公尺！可是那个游泳池的水全是山上冰雪融化下来的，一大早水还没被太阳晒热，游起来可比冬天跑步更受不了呢！”③，或是“自小爱看武侠小说，以为会打架，就是侠客作风。大概是屡打屡胜，同学们送了一个‘中国运动员’的绰号。”④

1934年8月，希特勒建立独裁政权。1936年，10月柏林、罗马缔结轴心联盟，12月中国发生西安事变，第二次世界大战东亚战事一触即发。

王大闳1936年考上了英国剑桥大学的机械工程系，来年转建筑系。在学期间曾获得建筑学会举办的不分年级的餐厅设计竞赛第一名。今天不太看得出这段时间专业学科对他的影响，或在设计上有哪位老师明显影响了他，倒是整个剑桥的人文氛围提供了养分，就如同他自己所说："我在瑞士求学时，不很用功。后来考入英国剑桥大学后，也很少读书。课外书本看得也不多……⑤尽管如此，环境才是培养他完整人格的主因："英国剑桥姣美迷人的风光，也不是一个读死书或死读书的环境。进剑桥大学似乎另有一个和求学一样的重要目的——追求富广的生活"⑥，或是"我朋友名学者汉宝德先生说得一点也不错：'在这些院落里，可以追溯历代伟大学者和政治家的往事……找寻自己，探究真理。那些校园固然非常古老而动人，但真正不能取代的，是那种全人教育的理想，那种自由的学术气息'。"⑦

专业训练

1941年12月，日本偷袭美国珍珠港，美国对日宣战。国民政府向日、德、意宣战。

欧洲战场混乱，中国更是陷入苦战。王大闳1939年取得剑桥大学建筑系文凭，1941年进哈佛大学随格罗皮乌斯（Walter Gropius）学习，班上同学有贝聿铭与约翰逊（Philip Johnson），并于1942年10月取得建筑设计硕士学位。在美期间，王大闳明显感受到美国与欧洲文明的差距："我在欧洲生活了八年多，再到新大陆去继续我的学业。第一个感触就是物质生活上的区别。美国的物质文明到今天仍是相当粗陋，无论是在衣食住行哪一方面，美国人都倾向欧洲。粗陋的物质文明是最无价值的；优秀的物质文明，却是人类文化的精华。"⑧尽管如此，格罗皮乌斯还是提供了他完整的专业教育："在哈佛求学时，唯一使我怀念的，是当时在哈佛建筑学院执教的德国现代建筑的倡导者，世界名建筑师，并且是一位社会学者和教育家的格罗皮乌斯。早在1920年间他已研究和制造预制房屋，以提高平民住的水平，就像希特勒致力制造国民车（Volkswagen）以提高德国人民行的水平一样。那时希特勒独裁得势，反对现代艺术和建筑。因此格罗皮乌斯移民到美国马萨诸塞州，他在剑桥附近的林肯市造了一栋自用的小住宅，建筑物虽小，却带给美国建筑界大而深远的影响。这影响力一直延伸到美国现代的建筑，由此转而影响到今天我们在台湾所见到的办公室、工厂、校舍和公寓等等的设计”⑨。在哈佛期间亦曾熟读卢梭（Jean-Jacques Rousseau）的著作，他说道：“影响我最深的是他一篇论文《社会公约》（*Le Contrat Social*），述说一个理想的社会。主题是：神是善良的，人性是善良的，自然是完美的，社会上一切罪恶是人类违反自然的结果，因此一个理想的社会必须符合自然。卢梭认为自然是完美的，人破坏了美好的自然，人的反常造成了种种不良的后果。两百多年前，他已说过这话。这话的意义，今天更加明显。人类不但污染了河流和空气，破坏了山林，而且也污浊了自给的人性，以物质代替了精神。我们为了追求粗陋的物质生活而轻忽了精神上的生活。”⑩很显然这段话亦成为他日后创作的哲学观。

实验与想象

1942 年王大闳自哈佛毕业后，拒绝了普林斯顿大学弹道学研究所与布劳耶（Marcel Breuer）事务所的邀约，接受当时的驻美大使魏道明邀请，在华盛顿中国驻美大使馆任随员，滞留美国五年有余。

在美国哈佛是王大闳真正建筑探求的开始，因为当时在欧洲，建筑论战始终在欧洲大陆而不在英国，王大闳在剑桥就读期间，感受到的是一种人文氛围，而不是时代所呈现的建筑议题。1941 年至美国时，适逢德国几位重要建筑大师因纳粹迫害至美，因此亲尝现代主义的另一波高潮。我们将讨论王大闳在这一时期的五件作品，分别是 1943 年 12 月刊登在 *New Pencil Points* 杂志上的预制住宅、1944 年 4 月刊登在《建筑与艺术》（*Arts and Architecture*）的战后住宅竞图、1945 年 1 月刊登在《室内》（*Interiors*）杂志的城市中庭住宅、1946 年 1 月刊登在《室内》杂志特刊 *Interiors to come* 上的浴室设计，以及时间仍有待确定的小住宅（与 K.H. Cheang 合撰），同样刊登在 *Interiors to come* 杂志上（时间在 1945—1947 年间）。尽管它们只是刊登在杂志上的纸上建筑，然而其中对西方现代性的技术特质与文化的再思考却值得注意，譬如说在预制住宅与战后住宅里基本上还是延续了老师格罗皮乌斯对于工业生产规格与模数化概念的认识，显然已掌握要点，不过格罗皮乌斯的工业化生产带着强烈的社会性，而王大闳所吸收的形而下

“技术”却试图往形而上的文化移动，尤其是他念兹在兹的中国文化。也就是说，他关心着如何将中国元素置入西方新的构架空间，不过他发现格罗皮乌斯的教诲不足以达成任务，需要密斯的“空灵”语言来协助超越。此时，空间氛围仍被困在技术或材料构架中，无法完整呈现他的意图，尽管已开始运用密斯的语法，这两个作品因此具有强烈的实验性。

1945年后的城市中庭住宅、浴室设计与小住宅等三个作品则成熟运用了西方构架，仿佛进一步驾驭了从西方学来的事物，东西方文化借这三个作品交会与对话。细读城市中庭住宅的透视图与平面，有不少“装点”性的中国元素，像家具、屏风、卷轴挂画、盆景，乃至中庭植物、水池造型等，但问题是拿掉这些“移动布景”后，可能会接近密斯的建筑，显然容纳这些中国元素的“西方”构架也不能一成不变的挪用。浴室设计则使用了一个不同于西方的下嵌式浴缸，也论述了淋浴的哲学思维，但在视觉上少了许多自己文化的质感，譬如说开窗比例、壁面材料等。这同样是城市中庭住宅的问题，之后我们会在建国南路自宅细谈这些问题。最后一件就是小住宅设计，这个作品乍一看有柯布西耶“独立支柱”的概念，但王大闳显然未延续柯布西耶“条形窗”与“自由立面”的观念，对层叠塑形的纯粹主义游戏亦不感兴趣。细读平面，所有的固定式隔墙、楼梯都远离两侧玻璃外墙，颇有密斯通透空间的手法，不同的是，王大闳的空间无法一眼望穿，较为含蓄。

实践

1947年，马歇尔计划开始实施，美国协助欧洲重建。抗日战争结束，国共内战起。台湾发生“二二八事变”。

该年王大闳回到上海，与四位友人共同成立“五联营建计划所”⑪，同时在上海市政府都市计划委员会负责“大上海都市计划”。新中国成立后至香港工作，因父要求而到台北。这段前后约三年在港的时间，目前我们资料掌握不多。

在我们重新评价王大闳时，会发现“五四”以来那些争论“中学为体、西学为用”的论调是多么空泛而无用，因为没有经过实践的论述永远是空中楼阁，因此从两种文化融合的思考来看，王大闳对华人文化的提醒与预示绝对不输同班同学贝聿铭。

1950 年代初，朝鲜战争爆发，美国决定继续协防台湾。台湾在战后通膨的压力下逐渐平稳，一切基础建设亟待重建。首先得面对的是日本遗留下来且未完成的现代化，其次是惊慌失措的国民党如何站稳脚步。因此，开始的一切都不具备长久性，各部门除基础建设外亦缺乏前瞻性。反映在都市策略上，就是沿用日本留下的都市计划，再加上法令不彰，临时性的建筑四处蔓延。今天台湾都市的混乱与失序，多少缘于这样的历史根源。

1952 年，在香港停留约三年的王大闳，在台湾逐渐稳定后移居台北。王大闳职业生涯真正的开始，其实面对着台湾都市结构性的自我放逐，台湾战后城市的临时性、随机成长。面对这一切，这位完整接受过现代性教育的建筑师，不知作何感想？或许这也强化了他有关住宅类型的创作观，一种隐逸、化身世外的住居空间跃然纸上。即便这也是以两条路径的研究来达到同样目的，这部分将成为本文第一个叙述主轴。其次是他在公共建筑上的思索，这部分因涉及时代强烈意识形态的主导，王大闳不得不妥协地游移在建筑师个人意志力与当权者（有时是社会的集体需求）的权力表征之间，动辄得咎。也可能是这个原因，让 20 世纪 70 年代以后的王大闳逐渐淡出建筑圈，尽管时有佳作，原创性却稍嫌不足。这是本文第二个叙述主轴。至于建筑文本与文学文本之间又如何交错与汇合，则是另一个值得谈论的议题。由于本书未罗列王大闳的文学创作，所以就先“存而不论”，即便我们在结论上还是认为文学创作对理解 70 年代后的王大闳是关键的。

住宅空间：沉思冥想与东方元素

1945 年到 1947 年间，28 岁前后的王大闳在驻美大使馆工作期间完成的三个纸上建筑，明显成为他日后住宅建筑的创作原型，也是他对自身文化思索的现代性尝试。

1952 年底王大闳来台，随后 1953 年的建国南路自宅、日本驻台湾地区长官官邸都可以看成是他对在美时期作品的进一步思索。相对于城市中庭住宅，建国南路自宅自然更成熟、更有自信，是一个经过淬炼的结晶。同样是“远离尘世”与“沉思冥想”，却不再拘泥于三合院或古希腊、罗马的中庭形式，而是自在地吸纳传统的氛围，以更自由、流畅的现代方式呈现。我们可以先试着走一遭那曾经感动无数台湾建筑学子的迷人空间⑫：

建国南路自宅建在 50 英尺(15.24 m)宽乘以 62 英尺(18.9 m)深的基地上⑬，基地面积约略 288 m^2。基地面南，其他三侧(东、西、北)都是日式平房，以 1.6 m 高空心砖墙相隔，前面有 6 m 巷弄；基地后侧，距离北侧围墙约 8 英尺(243.84 cm)处坐落一栋 31 英尺(9.45 m)见方的建筑⑭，约 89.3 m^2。围墙大门在西南角，邻 6 m 巷弄是近 3 m 高刷白的一砖半厚清水砖围墙，进涂黑色油漆的狭长院门后⑮，踏石板穿过左右有玉兰花、鹅掌藤的灌木曲径，迂回绕进建筑物大门。又是细长的两扇黑色推门，尺度、比例皆与围墙大门同。进建筑玄关，正对面是 4 扇细长窄门、左右两两对开、8 英尺宽的朱红壁橱。眼尖的参观者会发现，自宅里所有的尺寸都跟 2 英尺(60.96 cm)宽的模数有关，无论是门、柜子、床，等等。更值得注意的是，建国南路自宅在平面上借鉴了传统建筑平面ㄇ字形在开口处有两根柱子的做法。也就是说，从玄关右转进客餐厅后，由客餐厅外望庭园，除了有豁然开朗的感觉外，退缩落地窗外的两根黑色铸铁柱子恰恰呼应了传统合院正厅的空间经验，也就是在看似不对称的户外(无论是围墙大门或入口玄关)，最后进入客餐厅竟然又回到传统三合院中轴线的“礼制”逻辑。因此前院所扮演的角色，正是传统的院落空间。室内墙面多数采用清水砖刷白，过些时间，石灰脱落露出砖红色更显自然，地面则是黑水泥灰浆切割成 2 英尺宽的釉黑色地板 14 块。室内所有的家具皆以朱红、黑与白三色呈现，没有天花板灯，只在适当处装设了些圆形的壁灯或可移动的立灯，增添多变的室内氛围。

再者就是日后成为话题的南向落地窗。14 扇与地板分隔尺寸相同，每扇 2 英尺宽的落地窗，宽高比约 1∶4.8。没有垂直只有上下的窗樘，亦即只有玻璃周围的框，门开之后却不见立樘，每隔 4 英尺(121.92 cm)落一固定轴承，好让落地窗两两对开。现年 87 岁的资深建筑师高而潘，曾在 1954 年第一次拜访建国南路自宅时发现并提问，王大闳回答说：“中国北方冷，立樘可使门扇较为紧密，室内可保温。南方凉爽则无需此樘。”⑯不过我个人的判断是，王大闳先决定了落地窗的比例(proportion)，亦即选择传统中国的使用方式或空间比例，而后以机能的理由对外说明。还有两个可能性，其一是拿掉立樘可让室内外通透度更好，其二是没有立樘可让 14 扇落地窗完全重叠地板合 2 英尺的模数，但他不想让人以为是形式决定了构造，因而有此说。另外高而潘建筑师还有一个有趣的观察，他认为门窗比例攸关全局，因为它们都在人们使用建筑的视觉经验内，贝聿铭、陈其宽与张肇康早年设计的台中东海建筑，散发着浓厚的日本味，其实不只是材料模仿日本传统建筑，门窗比例也至为关键。譬如说日本人采用移门，所以门窗构造上比例稍矮胖，使用上不易坏；中国人因采用平开门，所以门扇得窄长，完全符合构造上施力的原则⑰。这种使用上的选择决定了各民族一种长久的美学。再者，这种比例是否也影响华人观看的角度，进而影响到中国绘画卷轴的呈现？还是倒过来？这都是值得探究的议题。

建国南路自宅后半部北侧由较私密的空间组成，有卧室、浴室与厨房，卧室位于东侧，避开台湾西向炎热的曝晒。进卧室无门，有两片成T字形交插的朱红色布帘可遮掩卧房的私密，东侧外墙上有个直径5.5英尺（约168 cm）的月洞窗，窗台高68 cm左右，玻璃窗棂则安装在外侧的滑轨上，视觉上显得圆窗干净而利落。窗外栽植竹子，在摇曳生姿中弥散着国画的味道，尤其当晚上灯光投射在植物上，映出的画面更加迷人。浴室居中，没有对外的窗，因此北侧的隔墙未抵天花板，保留约80 cm高的洞（无窗）作为通风之用，让浴室的湿气可以快速与厨房落地窗或卧室月洞窗进来的风产生对流而散去。令人兴味盎然的是浴缸，目前访谈获得的讯息，综合来说："浴缸以低于地面数十厘米下嵌，除北面铜管龙头出水处外，其他三面铺设约10 cm厚的台湾观音石，宽度南侧略宽，约1英尺，近30 cm，可置放花盆，另外两侧稍窄，约15 cm。至于下嵌壁面颜色与材料，为米白色小尺寸马赛克。"⑱ 刚才提到的台湾观音石是一种暗灰绿色的石材。随后可以看到，王大闳在1956年增建时将材料替换成米白色的小尺寸马赛克，取代原先铺设在建国南路自宅里的黑水泥地板，可以想象整个空间感觉变得明亮宽敞点。而1946年浴室设计的下嵌浴缸提到的灰绿色小尺寸马赛克并未使用，以常理判断，王大闳既然用了暗灰绿观音石圈边，选择反差大点的米白色小尺寸马赛克较为合理。

37岁的王大闳在建国南路自宅的实验里，已成功地为中国建筑的现代化画出一条值得探究的路径。1961年8月29日他写了一封信，寄了几张建国南路自宅的照片给老师格罗皮乌斯，信末说道："……这是我十多年前完成的自宅，希望您会觉得它有中国味道。"⑲ 看来这个时间之前，王大闳认为自己最好的作品就是建国南路自宅⑳。

而同年的日本驻台湾地区长官官邸则是1947年小住宅概念的延续，只是偶数的四个柱间柱增加为奇数的七个，明显响应了传统的奇数"开间"。该作品一楼的挑空隐约让人觉得与建国南路自宅的围墙有异曲同工之妙，一种"避难"、"隐逸"，远离尘嚣、反都市的空间概念，建国南路自宅竖起高墙，而日本驻台湾地区长官官邸则拔离地面，并与世隔绝。基地坐落在纱帽山的半山腰，加上进深浅，由纱帽路侧面坡道切入，没有机会在正面观看建筑物，因此立面上那个ㄇ字形的大楼梯所产生的轴线不太感受得出来，上主楼梯进玄关，整个轴线立刻又转 90°，左半边具半公共性，右半边则完全私密。这种形式上的轴线与移动的轴线各自满足与回应了传统，前者是象征性的，后者则在捕捉熟悉感。细读平面，王大闳有意地在二楼后方 2/3 处找回人在空间中移动的轴线，所有的服务性空间（厨房、楼梯与浴室）形成阻碍，让人得移动到两侧的廊道，宛若熟悉的合院层进空间。这种做法在密斯的空间布局里会被认为是“不自由”、不通透的，但王大闳显然想和中国传统经验联结，让使用者产生熟悉感，进而感觉自在与舒适，而不是置身在一个异化的西方空间中。

比较了以上几个作品后，我们清楚地看到 37 岁的王大闳，已经不再是青年建筑师，他以其高度的创作力轻松地摆荡、出入于东西方，以两种早年实验的原型（prototype）作为基点，不断深化，意图摆脱西方前卫大师可能带来的囿限，方法是与“廊道尽头”㉑远方传统的抽象对话。要做到这点很难，有多少人在此跌跌撞撞，不得脱身，王大闳却走出一条路。

1964 年，另一高潮虹庐完成，王大闳已 47 岁了，并结束了第一段婚姻。此时台湾经济成长，城乡快速移动，城市正面临都会化，四层公寓式建筑已开始零星出现，虹庐就是此刻王大闳得面对的新议题。

1945 年日本战败，台北往东的发展大致上就停留在瑠公圳㉒，今新生南路上，虹庐则在待发展的瑠公圳东侧 100m 处，因此虹庐的出现在台北的城市发展史上具有一定的象征意义。首先虹庐选择了一个特别的方式来面对都市，立面是一道巨大的清水粉白砖墙，与其说是冷漠，不如说是阻挡，墙的里面变成一种避难空间，这种手法只是前述几个住宅作品的变奏曲，同样具反都市的姿态。建筑物拾级而上㉓，过“狭缝”入内，有天井，平面ㄇ字形，内凹的天井类似 1980 年代瑞士建筑师博塔（Mario Botta）发展的洞穴概念，人在天井、洞穴后面观看外面的世界，因此安心。当然王大闳不只是在处理东西方共通且经常出现的议题，雨水进入的天井与左侧的主楼梯颇有将重门叠院垂直化的趣味，亦即中国合院层进明暗的水平移动，这里被借用成垂直的空间经验。

王大闳选择将自宅安排在四楼，一则可远离喧嚣，二则垂直“层进”完整。室内平面可以读到中国传统九宫格的隐约运用，餐厅在最中间，后半私密空间有月洞门相隔，

九宫格概念一直要到 1979 年的弘英别墅才渐趋完备。九宫格在中国合院的运用，传统上正中那格是院，是“虚”空间，但虹庐与弘英别墅的正中那格却都是餐厅，是具功能的“实”空间。按功能主义的原则，这会阻碍各个空间中的穿梭移动，但从隐喻或智性游戏的角度看，餐厅汇集家人，跟院落汇集族人有同样的功能，餐桌置中也逼迫人环绕在餐桌四周移动，仿佛回到中国合院院廊的空间经验。王大闳挪用九宫格概念，却又给了新的诠释。

1979 年，62 岁的王大闳为自己设计了最后一个自宅：弘英别墅。不过 1964 年虹庐完工后，在弘英别墅之前，还有几个住宅值得一提，譬如说 1965 年的台湾银行台北宿舍（已拆）、1970 年的良士大厦，以及 1973 年的淡水假日住宅计划案。前两者是集合住宅，后者仍是王大闳个人未实现的私人别墅。前两者都在以奇妙的方式碰触合院的层进明暗，或者处理一种都会里即将逝去的邻里关系，而后者以飞碟样貌停靠大地，一则封闭，再者可“远离”，猜测是国父纪念馆案后的补偿式创作，在意义上与 1965 年开始构思的登陆月球纪念碑类同。首先，台湾银行台北宿舍主管栋每层有四个单元宿舍，面积也够大，所以王大闳铺陈的层进明暗是水平的，亦是视觉的，它无法穿越，只能感受；而良士大厦则夸张地将虹庐的天井变成一线天，电梯出口的狭缝成为护卫“脆弱”集居的洞穴，都会的喧嚣被隔离在有两道巨墙保护的“山脚下”。再者是邻里互动，台银宿舍除在楼梯及其四周，刚才提到的层进明暗等空间也加入扮演角色，让邻里互动在偶然间发生，这也让人想起虹庐餐厅旁那扇天井窗是可以与按电铃的人面对面讲话，而不是透过对讲机。

从 1953 年建国南路自宅完工到 1995 年搬离弘英别墅，王大闳在自己设计的房子里住了 42 年，大概很少人有类似的机会与条件，而且这三个作品先后都成为台湾建筑界的谈论焦点，有多少影响，不易评估。或者我们可以推断说，王大闳可能走得过于超前，虽然让人耳目一新，至今却没留下影响。不过台湾社会已更加成熟，《杜连魁》里所寓言的“崩坏年代”已过，王大闳价值已重新被反省。某种层面上，这三个建筑师与业主同体的自宅，可以完整反映出王大闳的哲学观与对中国建筑现代化的看法。相对于建国南路自宅与虹庐，弘英别墅表情活泼。从王镇华老师提供的一张旧照片里可以看出，刚盖好的公寓优雅朴素地坐落在大屯山下的天母，当时的天母完全位于台北以北的市郊，邻北投温泉，是一个远离市嚣的宜人环境，所以基地的选择本身就是一种都会抵抗。另外还有立面愉悦的遮阳板节奏，入口左侧为 2、2，右侧则 1、2、3，侧面又变成 2、3、3。

1960年代初王大闳就经常实验各类造型的遮阳板，但都没弘英别墅的自由与洒脱——这里更搭配柱位错动，让“音乐”更加轻快。公寓共15个单元，弘英别墅在一楼大门入口右侧。如果我们检视弘英别墅施工图，会惊讶地发现，正面柱间距的尺寸由左至右为450、410、410 cm，侧面由上到下则为500、400、450 cm，这也呼应了前面提到的自由，但进入室内移动时，又不太察觉得出立面的柱间跨度尺寸的不一，个人判断关键可能是30 cm×30 cm的水泥地砖。也就是说他以地砖为单元模距，约略从外墙柱的中心线开始排列，内部隔墙则根据空间需求自由安置，且与落柱联结，整体来说仍是有清楚的模距，但空间中又不会觉得僵化的尺寸束缚人心。当然所有这一切，建筑师必须事先统筹细心推敲，否则成了这个又坏了那个，极不容易。李祖原先生讲过一段话，约略如此：王大闳上图桌前是哲学家，上图桌后再推敲细节。这句话非常贴切地形容了一位卓越建筑师应有的养成：既掌握整体，又不忽略细节。

谈到哲学观，弘英别墅自然不仅于此。平面有严谨的九宫格逻辑，左上角那格拿掉成为小庭园，空间中安排许多“游廊”、月洞窗、月洞门、门洞，再加上各处的落地窗所产生的景致，着着实实将中国庭园的概念幻化在现代的住宅空间里。关于细节，王镇华老师也有深刻的观察。从1964年的虹庐到1979年的弘英别墅，王大闳未曾停止思考，浴室的朱红色木制玻璃镜框在虹庐是四面，而弘英别墅只剩左右两侧。王镇华老师认为，从这个调整看得出已过花甲之年的王大闳仍未放弃细节，他知道建筑的魅力部分来自细节，也代表一种手工性，尤其是在新技术下符合人体工学的手工性。显然掌握宏观的哲学架构是不够的，因为建筑必须微观地透过实践确认细节，而后者完全来自生活。

纪念性建筑：心灵的磨难与隐逸

台北故宫博物院（以下简称“台北故宫”）应该是战后台湾第一栋公共性纪念建筑，可惜与台北故宫协调多次，始终无法取得当年竞图的原始资料。据《王世杰日记》[24]，竞图是邀请竞赛，并非任何人都可以参加。不过在谈台北故宫之前，得先回忆一下王大闳1961年8月29日寄给格罗皮乌斯的那封信。王秋华建筑师提供的资料显示，王大闳的计划案虽然赢得境内外评审的青睐，但因为不愿意修改，故遭撤换，可以想见此信是他在压抑中的抒发。

1960年年底，他也接受了台湾大学的委托，设计椰林大道端点的周边建筑：大礼堂、教师休息中心与第一学生活动中心[25]，可惜轴线上纪念性尺度的大礼堂与右侧的教师活动中心未能实现，原因不详，最后只完成了第一学生活动中心。因此在设计台北故宫的同时，王大闳也在实验小尺度的公共性建筑。从这三栋建筑可以看出，此时王大闳非常着迷于屋顶，猜测是由于公共建筑必须满足多数人的需求，所以有必要寻找一种合理且能辨识的图像(icon)，因此从西方借来结构系统并将之“改造”成中国味。首先是大礼堂，上下交错对折的屋顶结构，允许下方的使用完全自由。整体造型因钢筋混凝土结构系统的“弯折”与“隐没”而显得轻盈异常，正面因而有“飞鸟”与“官帽”之说。如果我们再细读唯一留下的一张当年的模型照片，可以发现，正面均匀分隔的玻璃窗内，有一回廊围绕着实体的集会空间，因此两侧除有结构衍生的较低的外廊空间，亦有内廊。而侧面交错对折的屋顶（或墙）则形成一个可以捕捉光影、非常具表情的画面。可惜最后胎死腹中。其次是第一学生活动中心，如果说大礼堂展现的是一种结构之美，那么活动中心就是一种再诠释该结构的巧思。王大闳在这里保留了折板结构的形式，只是更动了细节，折板高点外悬，在正面及两侧皆是，但效果不同。还有外廊上柱梁交叉后的木构造隐喻、花隔砖的运用、颜色（黑、朱红、金），内部空间则是将中国合院的概念用在大型多层楼的公共空间。假设当年大礼堂能够完成，第一学生活动中心折板的仰望趣味，再加上大礼堂的折板以不同姿态坐卧在视觉范围内，两者各自以不同方式出现，势必可以增加椰林大道端景视觉的丰富性。

台北故宫博物院竞图过程到现在都还是一团迷雾，因为台北故宫的官方网站上只给出了建馆完成的时间，其他都略去。不过根据当年筹备委员会王世杰先生的日记，还有几个重要时间点：1960年9月4日，台北故宫迁建小组第一次会议召开，决定以外双溪为院址，另提到以美援3000万新台币为建筑工程费；1960年9月9日，决定邀请关颂声（基泰）、王大闳、吴文熹、林澍民等人参加比图（作者注：是一种限制性比图）；1962年6月18日，台北故宫新馆奠基，经费调为3200万新台币，我方亦筹措2000万新台币作为购地、景观与道路设施之费用。期间王世杰日记停了一年多，刚好是台北故宫设计案决定最错综复杂的一段时间。不过从以上几个时间点仍可推算出，竞图公布时间就在1960年9月9日内部决定后不久，因为我们交叉比对当年在基泰任职的高而潘建筑师的访谈[26]，该年年底前台湾评审就已决定王大闳出线，王世杰先生为求谨慎再找境外建筑师复审，结果仍是一样，没想到高层还是无法接受，最后因王大闳不愿修改，由评审转顾问的黄宝瑜建筑师接手设计。想见该事件当年算是个丑闻，所以台北故宫讳莫如深，不愿多提。

王大闳的台北故宫提案是一座平面方整、四周有廊道环绕的纪念性建筑，其上有三座巨大的倒伞状结构屋顶相连。1960 年代初，充满创造力的王大闳绝不重复自己已提过的构想，台大礼堂的折板及台北故宫的倒伞状结构都仅只一次。其实这些都是未实现的方案，重复提案并不为过，因为建筑并不只有设计，还有后续的营造过程，难道王大闳不想经验此种过程？还是创造力旺盛的他想继续尝试新的事物？我们不得而知。那为什么要选择这种倒伞状结构？应该还是看中它的外挑曲线，因为反梁正十字交叉的结构系统，让四个对角板面产生抛物线，是一个非常优雅的曲面造型，它能抽象地指涉与中国传统建筑曲面屋顶的关系。可惜这个获得境内外专业评审一致认同的计划案，最后在政治压力下被放弃。或出自于过分保守的当权者，或由于王大闳过分坚持他对中国现代建筑的诠释，都有可能。

至于平面及其各层空间的处理，有几点值得注意。首先是地面层前后廊道仅有局部退缩，相较于两侧廊道尤其少，按空间大小，又有落柱，似乎是不打算供人行走。从造型来考量，退缩旨在让墙柱分离，基本上台北故宫仍需要一个完整坚实的立面来彰显纪念性，过度退缩会将形体切割，削弱正面的崇升（sublime）效果；另一原因是台北故宫没有随后国父纪念馆入口上方拔起的屋顶，因此更需要较连续的立面来强调纪念尺度。其次是二、三楼的外墙与空间处理，由于二、三楼在立面上的一体性，所以王大闳又回到早年台北日本驻台湾地区长官官邸的逻辑，所有的隔间都不靠外墙，让室内外有较大的流动；类似的通透概念也在二、三楼右侧发生，三楼右侧被切割成各自独立的两个大空间，同样空间皆远离外墙，随后各空间再以桥相连。因此从三楼这些挑掉的空间、天井洒下的阳光让二、三楼上下空间产生流动，是一种非常现代而有趣的空间组织。

台北故宫之后的国父纪念馆竞图则是另一次重要纪念性建筑的尝试。“当初国父纪念馆做了一个模型，就是原来的，搬到‘总统府’去，有一位黄朝琴[27]，就是国宾饭店的老板，他跟我一起去看‘总统’，‘总统’看了，点点头，笑笑，说很好，西洋建筑这个是……后来，看完了就走了，他也很客气，因为知道我是这样一个个性。后来回到事务所，第二天还是第三天，他马上派张秘书长给我打电话，说‘总统’有意见，你这个房子太西洋式了，要中国化一点。”[28]从这段1965年10月王大闳赢得竞图后的回忆可知，1961年，即四年前台北故宫竞图的梦魇又再度回来。

1949年以后的30年，两岸尽管在政治立场上截然不同，但官方主导的建筑形式并没有很大的差距，多数都掉入王大闳批评的仿古建筑[29]中。以台湾来说，其中或有压抑的“面具性”作品，像卢毓骏台北南海路上的科学馆，就是不折不扣“外观古典、内部现代”精神分裂的案例，或者修泽兰（泽群）、杨卓成（和睦）等建筑师一方面在以宫殿式建筑（如阳明山中山楼、圆山大饭店）意识服务业主，一方面仍积极创作现代建筑，像修泽兰的台中卫道中学教堂、杨卓成的台湾美国无线电公司厂房（RCA）等皆是案例。卢毓骏自然也不例外，一方面在文化大学大搞特搞他的大帽子组合拼凑式游戏，一方面也在新竹交大博爱校区搞理性的现代建筑。这种带面具性的操作方式，一方面显示出现实的困境，一方面也彰显了创作心态的妥协与无奈。依此观点，王大闳的国父纪念馆仍挑战了自己在1963年关于仿古建筑的立场。

王大闳的原始提案，屋顶接近八字形，加上并不常见于传统建筑形式的庑殿或歇山，造型有点类似唐宋的官式乌纱帽，也符合所谓“采撷欧美现代建筑之优点融合设计”。对王大闳来说，东方传统建筑的纪念性取决于水平延展的壮阔，如北京紫禁城便是以其层进、群落让人感受到自身的渺小，崇敬之情油然而生。但国父纪念馆是单栋建筑，于是他改采西方古典或哥特式建筑以高点的山墙面作为主要入口的理念，企图让单一建筑借由高耸、扬升表彰其纪念性。虽然相较于之前的台北故宫，这个设计仍脱不了宫殿式建筑的窠臼，但在自知困境的妥协下，仍然作了勇敢的尝试，特别是在新技术的运用上，还是脱离了过去仿古建筑不忠于材性的历史主义。

王大闳1965年10月赢得竞图，隔年8月3日“总统”亲自审阅设计图样、模型，并听取主委王云五、委员卢毓骏简报后，由“总统府”秘书长张群转知，“‘总统’指示，应在外型方面加强中国建筑之色彩”。事实上，根据非官方记录，当时“总统”说的是“这是栋西洋式的建筑”。已多次修改提案的王大闳陷入困局，甚至在1967年初提出一个仿宫殿式琉璃瓦屋顶的图样，但遭到包括孙科在内的大部分委员的反对。最后定案的建筑尽管外观依旧形似中国传统建筑四面卷曲的庑殿，但在正面有突破之举，拉起了一个掀开、伸向穹苍的巨顶。这样的屋顶曲线是王大闳反复修改、思忖良久才定案的。昂然拔升的屋檐，打破了中国传统建筑屋檐线的稳定感，也为整栋建筑增添了动感、雄伟的气势。但这个结果仍难让“总统”满意，直说正面的屋顶不应掀起。这一次，王大闳坚定地回应：孙中山既推翻满清，自不宜用清朝的建筑形式来纪念他，而且正面掀起所隐喻的正是孙中山所领导的辛亥革命，“掀起革命的一角”。

1967年8月10日，“总统”批示许可。1972年5月16日，主要工程完工，举行落成典礼，由兴建委员会主任委员王云五先生向政府呈献，时任“副总统”兼“行政院”院长严家淦代表接受。

多年后，王大闳回忆起长达两年的国父纪念馆设计图样修改过程时说，那屋顶是“小女孩扬起的裙角”，这显然是一种自我调侃。2006年笔者策划“久违了，王大闳先生！”回顾展时，多次问王大闳先生，最满意的作品是哪一个？他从不正面回答，有时还反问“你觉得？”或“你说有就有”之类的话。不过从各种访谈或文献资料的迹象来看，有可能是胎死腹中的登陆月球纪念碑㉚。

逃避与救赎

在此脉络下检视从台北故宫到国父纪念馆计划案的创作过程，只能说王大闳回到更真实的社会，所以剩下的只是在磨难的妥协中维持创作质量。整个国父纪念馆设计、施工期间，王大闳回到家中，整理完屋顶花木、用过餐，就将自己深锁在内心的世界里，悠游在其他事物上。㉛

早在1965年至1969年间，人类还未登月之前，王大闳已经浪漫地在思考如何建构一座纪念塔，来纪念人类历史的这一刻。1969年，登陆月球成功，王大闳再度对他的模型做最后的修改，并将此一构想发表，同时与美国方面进行初步的接触。

登陆月球纪念碑全高252.71英尺，每一英尺代表一千英里，象征月球与地球之间的最大距离252 710英里。纪念碑由两片高窄的碑塔组成，矗立于一个方形的基座之上，碑的顶端部分是一段平板，由顶端而下至基座，渐渐形成两个半圆形，内部围成一间直径30英尺的纪念堂。堂之上方一直挑空至顶部，仰望是一线蓝天，高度似乎延至无限。这一线狭缝，日夜之间，将有万千光影变化。

激越的冲击与永恒的感恩，就是这种带宗教情感的作品寄托，才能让王大闳忘却国父纪念馆现实的困境，暂时获得救赎。“只可惜兴建登陆月球纪念碑预算高达六千万新台币，即便筹备委员政商关系良好，募款结果并不如人意。商品化时代来临，物质重于精神，王大闳不免有‘我们有钱建造一百座工厂和饭店，却不易筹经费来造一座教堂或一座捐赠给友邦人民的纪念物’的感叹。1979 年美国与中国建交，这个提案终告落幕。万万没想到的是，在国父纪念馆之后，这个无关利害、只在乎纯良美善的纪念性建筑 之所以失败，竟然还是脱离不了政治因素”。[32]

20 世纪 60 年代中叶以后的王大闳，1964 年盖完了“重门叠院垂直化转译”的虹庐，1965 年赢得国父纪念馆竞图后经历妥协与受挫，从 1966 年开始，用近十年时间，根据王尔德《道连·格雷的画像》译写而成《杜连魁》(言心出版社 1977 年初版)，1970 年以后从事了大量杂文或文学翻译，随后更是在完成《杜连魁》的壮举后，继续书写并最终完成了他前后用时近一甲子的英文科幻小说[33]。这种种都说明了王大闳的另一出路与隐逸。而 1965 年的登陆月球纪念碑则是排除业主，试图在意念上获得自由的巅峰之作，但建筑作为政治或商业机制的图腾表征，在 70 年代的台湾显然已铺天盖地而来，感受到气氛的王大闳不只在他围砌的高墙或搭建的城堡中隐逸，寄情于“他种”艺术，还借由一座完全纯粹、永恒、无需作文化形式投射的登陆月球纪念碑来完成他个人形而上的救赎。

结论

综观上述分析，我们可以理解 1950 年代的王大闳仍踌躇满志，一系列的住宅设计让我们看到他蓬勃的创造力，就像建国南路自宅可以解读为王大闳建筑语言文化“身份”(identity)的开始，日本驻台湾地区长官官邸则是更进一步的尝试与深化。不过日本驻台湾地区长官官邸的“三合院抽象化的层进”，倒可以看成是 1964 年虹庐“重门叠院垂直化转译”的前奏，只是虹庐是不得不面对的都市化议题，结果却以反都市化的高墙作为终结。在公共建筑方面，我们仍可以 1961 年台北故宫竞图作为重要起始点，因为在此仍然能看到一个不断创新、永不受挫的王大闳，他知道中国传统的幽灵只有借由密斯现代性语言的再诠释才能重回 20 世纪，就像安藤忠雄的日本现代性是包裹在柯布西耶的意念中。而且台北故宫出局后的受挫并没有立即让王大闳灰心丧志，1965 年国父纪念馆竞图的重新再来就是明证，然而事实的结果是，意念摒弃与行动妥协似乎成为时代宿命。此后，王大闳就像所有中国文人一样，决定“隐退”，寄情于“诗书”，直到社会淡忘他。[34]

附记 | 2006 年笔者为大闳先生策划了“久违了，王大闳先生！”回顾展，次年 5 月在天马出版社付梓的《王大闳——永恒的建筑诗人》导览书，同年 11 月又在国父纪念馆举办“久违了，王大闳先生！”特展，同时针对国父纪念馆建馆始末作了深入研究，并出版《国父纪念馆建馆始末——王大闳的妥协与磨难》特刊。2009 年，大闳先生在建筑界、文化界朋友的努力下获得台湾“国家文艺奖”，再加上这本专著，我们的努力将暂告一段落。㉞谨以此书献给台湾战后寂寞的建筑先行者，王大闳先生。

① 王大闳：《王大闳作品集》，萧梅编，1995 年，第 8 页。
② 同注①。
③ 同注①，第 10 页。
④ 同注①。
⑤ 同注①，第 11 页。
⑥ 同注①，第 18 页。
⑦ 同注①，第 19 页。
⑧ 同注①，第 13 页。
⑨ 同注①，第 14-15 页。
⑩ 同注①，第 11 页。
⑪ 王大闳 1947 年回上海，与陆谦受、黄作燊、郑观萱、陈占祥等四人共同成立五联营建计划所。
⑫ 这里所描绘的材料、颜色指的是 1956 年结婚前的状况，即王大闳单身时的原始设计。
⑬《今日建筑》第 5 期，1954 年 10 月。台湾战后一段时间内还使用英尺为工程上的单位。
⑭ 按实际照片与《今日建筑》第 5 期上推算出的尺寸，长宽都不到 31 英尺，约 927.44 cm（东西）乘以 941.48 cm（南北）。图面表达与现场施工自然会有所差距，特别是整个过程王大闳亲自督工，势必有许多现场重新决定的意见。
⑮《今日建筑》第 5 期（1954 年 10 月）刊载的描述文字是“未经油漆的双扇狭长木制院门”，但同样是 1954 年拜访建国南路自宅的高而潘建筑师记得是黑色，而王家多人（王美惠女士、大女儿王依仁）也记得是黑色。以亚热带潮湿多白蚁的气候，户外木制品上漆是合理的判断，更何况中国传统建筑应不会在如此重要的户外大门保持木料的原色。
⑯ 高而潘建筑师访谈，2013 年 7 月 21 日 19：30 - 21：30。
⑰ 同注⑯。
⑱ 此处综合注⑮与王依仁（王大闳长女）的电话访谈，2013 年 7 月 25 日 22：30 - 23：30。
⑲ 信件全文为：
Dear Dr. Gropius,
I have received with much pleasure the Spring 1961 issue of Program you sent me. The contents are both stimulating and instructive. Even the cover design and mise en page are exciting. Thank you very much for your thoughtfulness. It was with great pride and joy that I read about your new achievements and the world-wide honours you have been receiving during the past years. Your ideas and work have always been a source of inspiration to me. Here are a few

photographs of the interior of my own house, built more than ten years ago. I hope that I have succeeded in making the building look Chinese!
With my sincere respects and warmest affection.
Dahong Wang
Aug 29, 1961

⑳ 其实该作品已非原貌，房子已在1956年往东、北两侧扩建，原卧室变成游戏空间，原厨房转为书房，地板已改成米白色马赛克，月洞窗调整成月洞门。东侧增加两间卧房，北侧有户外廊道相隔，置厨房与佣人房。

㉑ 语出自意大利知名建筑师维多利欧・格里高蒂（Vittorio Gregotti）对传统如何给养现代的论述隐喻。格里高蒂认为传统就像隐然出现在廊道尽头的过去，我们必须谨慎面对它，试着找到与它对话的方式，而不是延续。

㉒ 瑠公圳位于台北，通常指1740年由郭锡瑠兴建的灌溉水道。该圳主要路线约为从新店大坪林凿穿拳山，经台北南方景美地区后于公馆处分成东西两条。东侧再分为二，一条入六张犁，另一条入兴雅庄，另一支流则经今新生南路及新生北路后入剑潭，文章所提即后者。台北盆地因西侧南北向的淡水河而逐渐繁荣，但河道也形成天然屏障，因此往东与北发展是城市的必然现象。

㉓ 旧照片有三阶阶梯，后来施作人行道覆盖掉了。从原来的立面上还可以读到三段式。

㉔ 参见《王世杰日记》（上、下两册），"中央研究院"出版，2012年12月，950-961页。

㉕ 设计开始的日期为1960年11月，施工开始的日期则为1961年3月20日，因此完工为1962年了。

㉖ 高而潘建筑师在2013年8月5日10：30接受作者电话访谈时说，当年他跟关先生请了四个月又一个礼拜的长假，至日本参加东京世界设计会议及实习，时间约略从1960年5月9日到同年9月中，他记得回台时，事务所已在准备竞图。

㉗ 黄朝琴（1897—1972），出生于台湾省嘉义县盐水港（今台南市盐水区），毕业于日本早稻田大学经济科，在日期间曾与友人创办《台湾民报》。之后再前往美国留学于伊利诺伊大学，1925年加入中国国民党，翌年获得政治学硕士学位，成为台湾外交、政治人物。历任首届台北市市长、第一银行董事长、省议长，为台湾1950年代"半山"派的政治人物代表。另外，虽然非建筑专业出身，但黄朝琴对于建筑有其独到的见解与兴趣，曾被称为"无执照的建筑师"。

㉘ 王大闳，记录于《东海大学王大闳研讨会会议记录》。研讨会于1997年3月8日下午及22日下午，分两次在台中东海大学建筑系举办，此处引自第二次的会议记录。
㉙ 王大闳：《中国建筑能不能存在？》，载《百叶窗》，1963。他在开头这么说："既不赞成仿古的，更不同意抄袭西方的。因为这两种途径都会绝了我们中国建筑的路。我们需要的是创造，是立在根深蒂固的民族文化基础上的自我创造。没有创造力，什么文化都是不能健壮的发达。"他在1979年1、2月号合刊的《建筑师》杂志上又有这样一段话："我以前很反对、很厌恶虚假的清代宫殿式建筑，现在我的看法改变了，觉得总比玻璃帷幕墙要有意义。"
㉚ 根据陈迈建筑师访谈，1990年代末已退休的王大闳曾拿着登陆月球纪念碑的计划书给他，希望有机会还是能盖出登陆月球纪念碑。另有大量草图、施工图显示，从1965年左右至1974年左右，他不断地局部修改登陆月球纪念碑的细部设计，念兹在兹就是希望作品完美无瑕。
㉛ 2006年6月访谈王大闳现任夫人林美丽女士，谈及这段往事。
㉜ 徐明松、倪安宇，《遥望茜莉妮》，见《王大闳——静默的光，低吟的风》一书第六章，远景出版社，台北，2012/5。
㉝ 即王大闳所著的《幻城》（王秋华译，典藏艺术家庭，2013/2）。这是一本写作时间超过一甲子的科幻小说，使用英文，过程当中字斟句酌、涂涂改改，我们在手稿中发现了封面，由书名"Phantasmagoria"构成的魔幻三角形，封面底部则有C. Bartholomew与D. Wang两位作者署名。
㉞ 2009年大闳先生获得台湾"国家文艺奖"，我们再度"被迫"执笔传记的书写（徐明松、倪安宇著，《王大闳——静默的光，低吟的风》，远景出版社，台北，2012/5）。幸运的是，该书获得了由台湾文化主管部门颁发的第37届最佳非文学类图书奖。

专论

BUILDINGS AND PROJECTS

1943

预制住宅

Variety of Houses from Identical Prefabricated Units of General Panel Corp.

发表在1943年12月的*New Pencil Points*建筑期刊上，文章标题为“Variety of Houses from Identical Prefabricated Units of General Panel Corp.”。这是我们目前知道的王大闳最早的作品，也是由老师格罗皮乌斯策划的一个预制住宅竞图①。同一期的同一主题还有贝聿铭的作品，不过有趣的是王大闳的作品占了两页篇幅，而贝聿铭仅有一页。

望文生义，这是由通用板材公司生产的预制板设计的工业化建筑研究议题，也是老师格罗皮乌斯长期关心的议题。预制住宅似乎是坐落在郊区的缓坡上，周围有足够的大自然，在透视图上的右手边有另一栋完全一样的建筑。干栏式的建筑形式让人想起柯布西耶在1920年代的“独立支柱”观念，只是王大闳选择了斜屋顶，而放弃了柯布西耶可能可以容纳屋顶花园的平屋顶，这个作品也还没有密斯过多的影响。

王大闳必须运用通用板材公司标准化的预制墙板单元（3英尺4英寸〈约1m〉的模数运用在10英尺〈约3m〉见方的框架单元），设计各种可能性。这些标准化的单元可以运用在墙面、天花板或者建筑的任何部分，而不需要变更结构系统。平面左边的一楼抬高以容纳停车，随即进入以楼梯、服务性空间为区隔、较为私密的后院，楼梯右侧有一广阔的露天、半露天平台，在洗衣房后方则有一晒衣露台，平面的右边就成为一个可持续扩建的边界。地面层有几点值得注意：首先是露台与平面主体成90°，似乎有意凸显休闲与居家之间的差别；还有就是后院旁的半穿透式玻璃隔墙，这也是唯一与密斯语言有姻亲关系的空间。简单地说，王大闳是借由这道磨砂玻璃墙来达到里外的私密性，但不同的是，王大闳将密斯的墙以类似中国屏风，暧昧的里外关系来处理。上了楼梯，屋顶是木构造的桁架空间，开敞且具延伸感，右半边是更私密、静态的卧房空间，木桁架裸露；左半边是客厅、餐厅等动态空间，覆以天花板，强化空间与外面自然的水平关系。这种“右静左动”也成为他日后住宅配置的基本逻辑。

这个学生时期的作品，显示了25岁的王大闳已经开始了对各项议题的关注，其中让空间更具魅力的东方元素成为他日后不断实验的议题，尤其表现在1945年1月发表在美国《室内》杂志特刊*Interiors to come*上的城市中庭住宅。

① 《王大闳作品集》，萧梅编，启源书局，1997/6，第102页。

New Pencil Points, December, 1943

12

VIEWS: Opinions, remarks, data wanted, changes of address . . 8

NEWS: Design and construction developments, regulations, professional contacts, Products Progress 13

REVIEWS: Books, periodicals, bibliographies, manufacturer's literature 20

TO ARCHITECTURAL MEN IN THE SERVICES: Editorial, by Kenneth Reid 35

MUSEUM AND LIBRARY, CRANBROOK ACADEMY OF ART, BLOOMFIELD HILLS, MICH.: Eliel Saarinen, Architect 36

DETROIT PLANNING STUDIES: Part I;
- Introduction, by Eliel Saarinen 50
- Detroit and the Detroit Area, by J. Davidson Stephen 52

HOUSE FOR MR. & MRS. W. J. MOORHOUSE, Lancaster, Penna.; Philip F. Hallock, Architect, R. V. Hall, Associate 64

DESIGN AND PRACTICE OF RADIANT HEATING, by Philip F. Hallock, Architect 69

ARCHITECTS AT WAR: Contributions of the Profession to the Prosecution of the War 72

VARIETY OF HOUSES FROM IDENTICAL PREFABRICATED UNITS OF GENERAL PANEL CORP.; designed by Harvard Students . . 76

BUILDING CODES FOR PREFABRICATION: by Gerald Lynton Kaufman, A.I.A. 82

COVER: Carl Milles' "Folke Filbyter" at Cranbrook (Hedrich-Blessing Photo)

Next Month:

In January, 1944, NEW PENCIL POINTS will present an issue devoted chiefly to housing. One of the most notable examples the Editors have come across is Valencia Gardens, a USHA slum clearance project in the heart of the Mission district in San Francisco. Harry A. Thomsen, Jr. and William Wilson Wurster were the architects. Valencia Gardens, on which design work was started in 1939, was completed in May, 1943. Because of the war, only war workers could be accepted as tenants, although it had originally had no restrictions other than those common to USHA projects.

It is a large project, with 246 dwelling units, but is designed to emphasize as much as possible the dignity of the individual. Color is used freely and effectively. We are happy to be able to present at least part of it to our readers in full color.

KENNETH REID, Editor; FRANK G. LOPEZ, Managing Editor; DON GRAF, Technical Editor; BERNARD RUDOFSKY, Associate Editor; OLGA GUEFT, Editorial Assistant; JEDD REISNER, STANLEY SHARP, Drafting; PHILIP H. HUBBARD, Publishing Director; JOHN G. BELCHER, Business Manager; JOHN ZELLNER, Circulation Manager. Layout and typography by Rudofsky.

Published monthly by REINHOLD PUBLISHING CORPORATION, East Stroudsburg, Pa., U. S. A. Ralph Reinhold, President and Treasurer; H. Burton Lowe, Vice President and Secretary; Philip H. Hubbard, Vice President; Francis Turner, Vice President; Gilbert E. Cochran, Vice President; William P. Winsor, Vice President. Executive and editorial offices: 330 West 42nd St., New York 18, N. Y. Subscriptions payable in advance: 1 year, $3.00; 2 years, $5.00 in U. S. and Possessions, Canada, Cuba, Mexico, Central and South America; 1 year, $5.00 in all other countries. Single copies, $1.00. Remittances must be by International or American Express Money Order or draft on a U. S. bank, payable in U. S. currency. Subscribers are requested to state profession or occupation. Changes of address must reach us by 20th of month to assure receipt of next issue, must include both old and new address. Articles, drawings, photographs, etc., submitted will be carefully considered, but the publisher will not be responsible for loss or damage. Copyright 1943, Reinhold Publishing Corp. Trade Mark Registered. All rights reserved. Entered as second class matter, July 8, 1941, at the Post Office, East Stroudsburg, Pa., under the Act of March 3, 1879. Volume XXIV No. 12, December, 1943. Indexed in Art Index.

1 *New Pencil Points*, 1943 年 12 月，目录页

Variety of Houses from Identical Prefabricated Units

Designed by Harvard Students

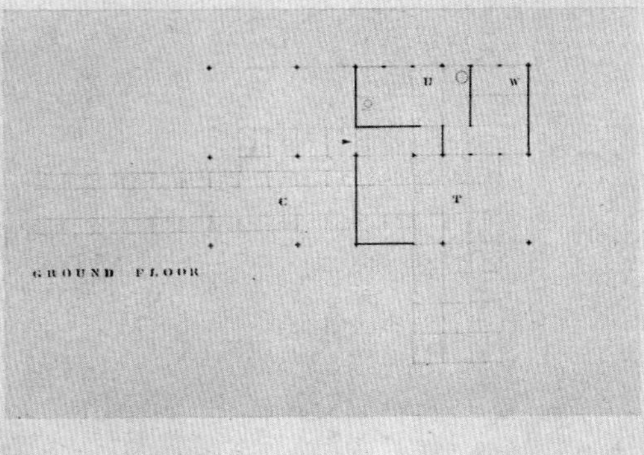

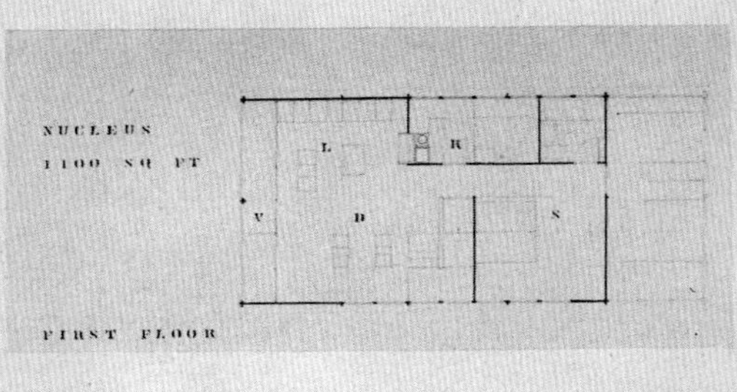

Last April, NEW PENCIL POINTS reported the development of a new system of prefabrication devised by Konrad Wachsman and Walter Gropius, and marketed by the General Panel Corporation. Based on a cubical module, 3 ft. 4 in. on a side, the system makes use of wood-framed panels 10 ft. long and equal to a module in width. Horizontal panels are available in three lengths, multiples of the module, for achieving variety in plan. These are joined by a metal-clip-and-wooden-wedge connector. The standardized panel unit can be used in any position, as wall, ceiling, or any other part of a building without structural change.

This system has a virtue which many others lack: it is possible to build with it any type, or shape, or style of building desired. At the School of Architecture, Harvard University, Professor Gropius has given his students problems in the design of houses to be built of prefabricated units. Naturally, the General Panel Corporation system was employed. In the few examples of student work shown here, there is demonstrated the great variation possible in designing for prefabrication. In one respect greater variety might have been achieved. The General Panel Corp. has stated that any material might be used to surface the panels; the vertical siding shown last April was only one of many suitable materials. Nevertheless, in spite of the fact that all these schemes show vertical siding, there is in them confirmation of a belief held by many proponents of prefabrication: that monotony of design, advanced as an argument against any form of "prefab," exists only because the designer is unable fully to exploit an unfamiliar medium.

The house on these two pages was designed by Dahong Wang. At the bottom of page 76 is the plan of the nucleus, with carport, entry and stair, utility room, laundry, and terrace on the ground floor. On the first floor are living and dining space, verandah, kitchen, bath, bedroom. At bottom of this page, the plan is expanded. At right, views of indoor living areas and terrace.

# of General Panel Corp.

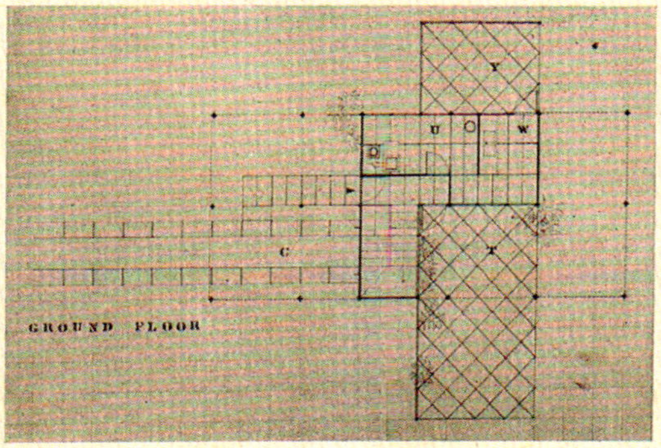

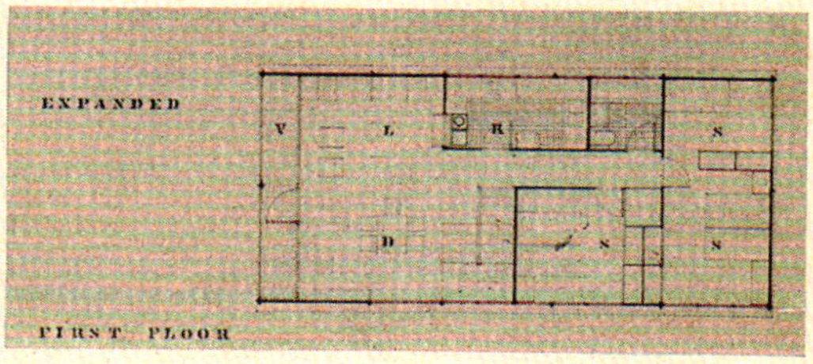

2 *New Pencil Points*, 1943 年 12 月, 76-77 页

1944

战后住宅竞图

Competition Entry of The "Designs for Postwar Living"

Buildings and Projects 02

预制住宅是王大闳学生时代的第一个作品（1943/12）。相同的模矩单元及扩展概念也运用在1944年4月发表在《建筑与艺术》杂志（*Arts and Architecture*）的一个竞图案件：战后住宅。就像梁铭刚在一篇文章中提到的，"……此时第二次世界大战在欧洲战场逐渐接近尾声，若干战后重建方案正被讨论之中。在这个竞图案中，王大闳的设计获得入选，并刊登在《建筑与艺术》杂志上。在当时实用主义（utilitarianism）的背景之下，广大劳工的居住环境的改善是最急迫的。王大闳研究的劳工住宅是以办公室员工的特殊需求为对象。为了平衡久坐及单调的办公室工作，他们的家提供了更多接触自然及进行活动的可能性。模矩单元也进一步发展，他提出了多种在门、窗、柱、墙板、屋顶板单元等方面的运用，也因而提升了大量生产的可行性，符合战后重建的需求。"[①]这栋一层楼的居住单元预示了城市中庭住宅（1945/01）部分的平面逻辑，也透露出在矩形架构下可能的空间层次与丰富度。

试着阅读平面，住宅只有一层楼（图示，可以分三次扩建），因此不能像先前的预制住宅般将车辆放在屋子底下。为避免干扰，王大闳将车库单独拉开置于北侧。车子从东边道路进，停放在有四根十字钢柱支撑的车棚下，右侧则有与车辆或庭园有关的储藏空间，该空间恰由一道南北向的墙切开并导引至入口玄关。有趣的是这道墙也适度扮演了划分公共与私密的角色，亦即让前院空间增加了些许层次。进玄关，王大闳将所有服务性空间（卫浴、储藏、厨房与洗衣）皆置放在主屋的北侧，形成一个整齐的带状隔膜，仅有厨房可以出到前院整理庭园或晾晒衣服，由此判别前面提到的"南北向的墙"正好扮演适度的隔绝，让使用者有一个相当自主性的前院空间。再者就是过了玄关，前方一堵没有触顶的墙将视觉移向左右。右边为客厅与餐厅等较为开放性的公共空间，左边则为较私密的卧房与储藏空间。在开放性的公共空间中，设计者巧妙地将西南侧的矩形体退缩，再以一道玻璃砖墙过滤来自南侧的阳光，然后再在玻璃砖墙外立外延的花架，而真正的露台则是出现在最西侧的退缩空间，这里亦可以是户外餐厅。当在室内用餐时，可以想象阳光透过花架洒在玻璃砖墙上，再渗透进室内，让空间增加不少变化。而客厅也由于那堵玻璃砖墙，在东西向的空间视觉上增添了多样层次。

从这个作品可读出，王大闳除继续留意可量化生产、降低成本的模矩外，也开始活用密斯的空间，这种在矩形空间中，利用墙的前后、左右移位，或互相延伸交织成90°，又不碰触，我们在密斯的许多作品都可以见到，像1929年巴塞罗那德国馆或1931年柏林国际建筑展提供的住宅案都是成例。不过王大闳那堵"南北向的墙"显然还没（或刻意）那么自由，退后的玻璃砖墙的暧昧性也非常不同于密斯那"纯净"的墙面处理，这是否暗示着王大闳在密斯语言的基础上寻找不同的路径？

① 梁铭刚：《初探王大闳的美国时期——葛罗培斯、密斯与中国情怀》，见《王大闳》，台湾建筑师公会全国联合会杂志社出版，2006/10，第5页。

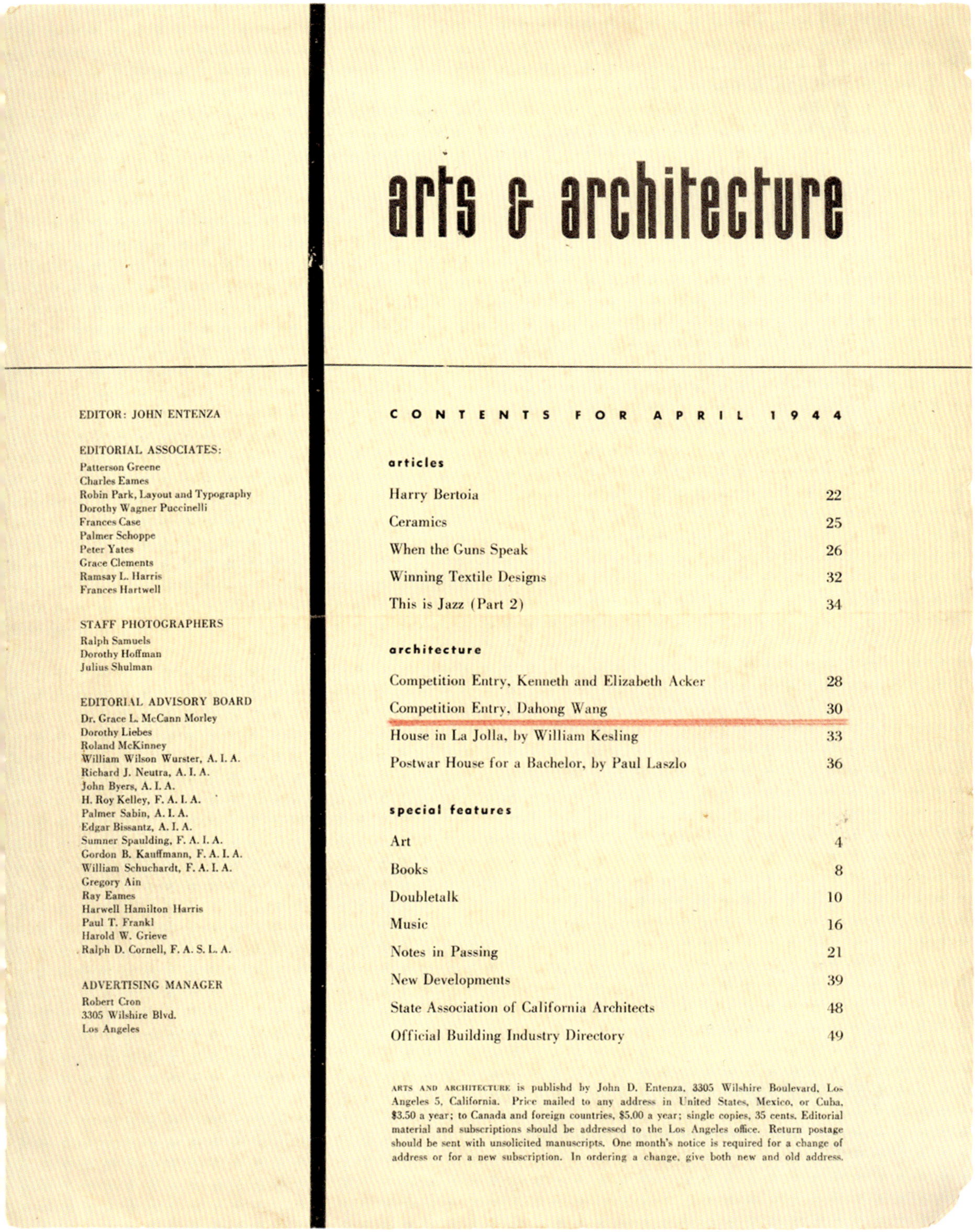

arts & architecture

EDITOR: JOHN ENTENZA

EDITORIAL ASSOCIATES:
Patterson Greene
Charles Eames
Robin Park, Layout and Typography
Dorothy Wagner Puccinelli
Frances Case
Palmer Schoppe
Peter Yates
Grace Clements
Ramsay L. Harris
Frances Hartwell

STAFF PHOTOGRAPHERS
Ralph Samuels
Dorothy Hoffman
Julius Shulman

EDITORIAL ADVISORY BOARD
Dr. Grace L. McCann Morley
Dorothy Liebes
Roland McKinney
William Wilson Wurster, A. I. A.
Richard J. Neutra, A. I. A.
John Byers, A. I. A.
H. Roy Kelley, F. A. I. A.
Palmer Sabin, A. I. A.
Edgar Bissantz, A. I. A.
Sumner Spaulding, F. A. I. A.
Gordon B. Kauffmann, F. A. I. A.
William Schuchardt, F. A. I. A.
Gregory Ain
Ray Eames
Harwell Hamilton Harris
Paul T. Frankl
Harold W. Grieve
Ralph D. Cornell, F. A. S. L. A.

ADVERTISING MANAGER
Robert Cron
3305 Wilshire Blvd.
Los Angeles

CONTENTS FOR APRIL 1944

articles

Harry Bertoia 22
Ceramics 25
When the Guns Speak 26
Winning Textile Designs 32
This is Jazz (Part 2) 34

architecture

Competition Entry, Kenneth and Elizabeth Acker 28
Competition Entry, Dahong Wang 30
House in La Jolla, by William Kesling 33
Postwar House for a Bachelor, by Paul Laszlo 36

special features

Art 4
Books 8
Doubletalk 10
Music 16
Notes in Passing 21
New Developments 39
State Association of California Architects 48
Official Building Industry Directory 49

ARTS AND ARCHITECTURE is publishd by John D. Entenza, 3305 Wilshire Boulevard, Los Angeles 5, California. Price mailed to any address in United States, Mexico, or Cuba, $3.50 a year; to Canada and foreign countries, $5.00 a year; single copies, 35 cents. Editorial material and subscriptions should be addressed to the Los Angeles office. Return postage should be sent with unsolicited manuscripts. One month's notice is required for a change of address or for a new subscription. In ordering a change, give both new and old address.

1《建筑与艺术》,
1944 年 4 月，目录页

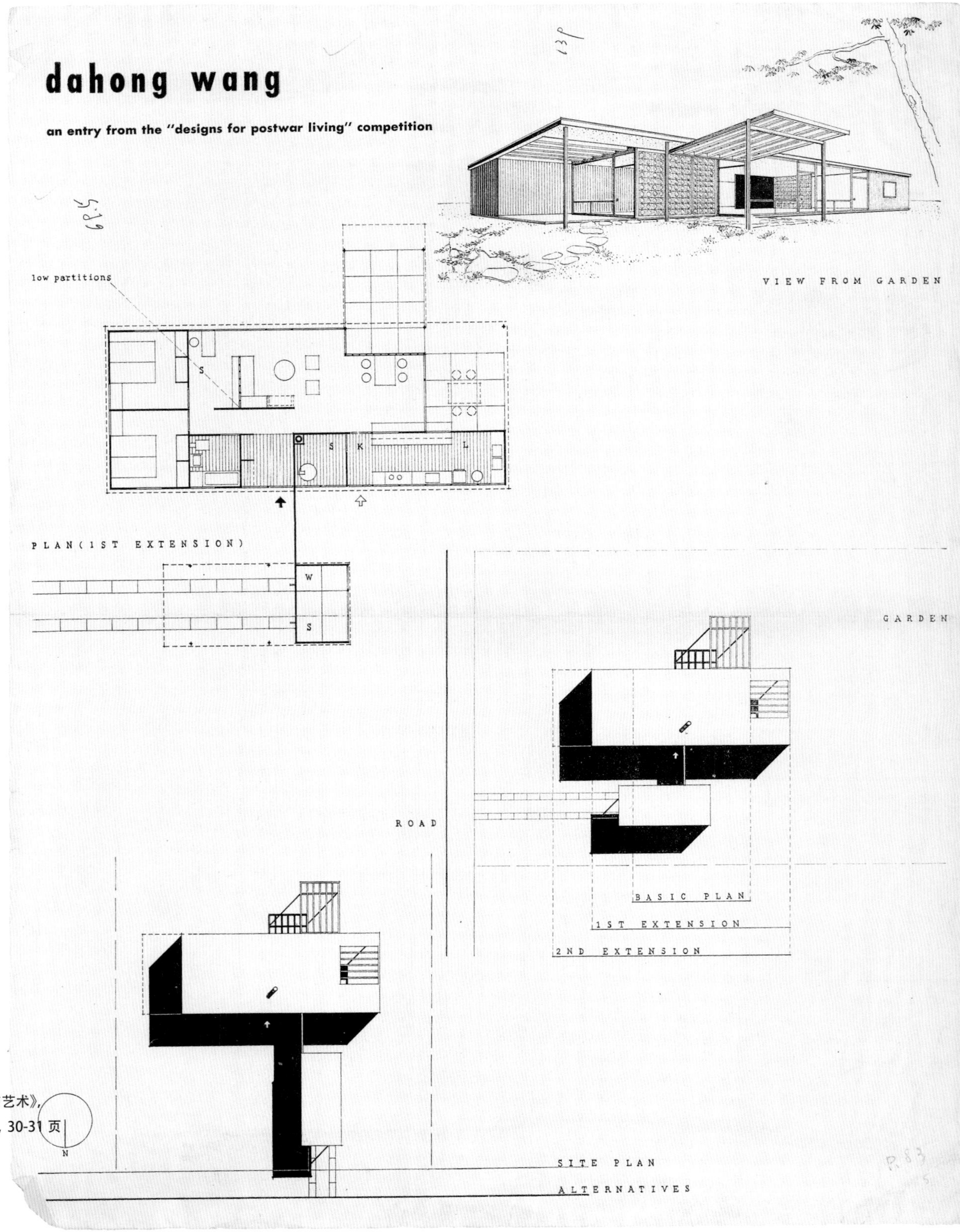

dahong wang

an entry from the "designs for postwar living" competition

2 《建筑与艺术》, 1944 年 4 月, 30-31 页

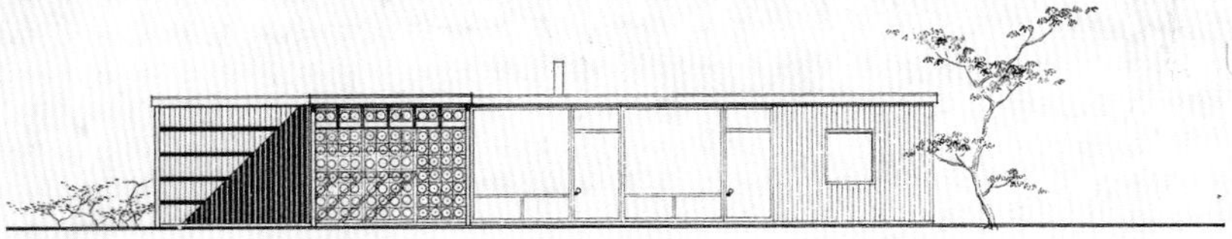

SOUTH

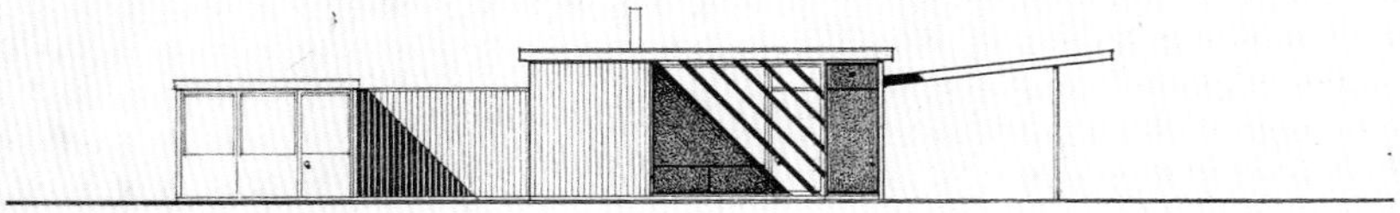

WEST

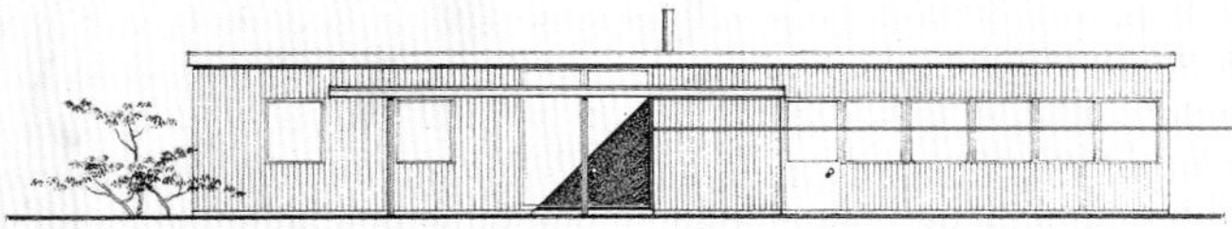

NORTH

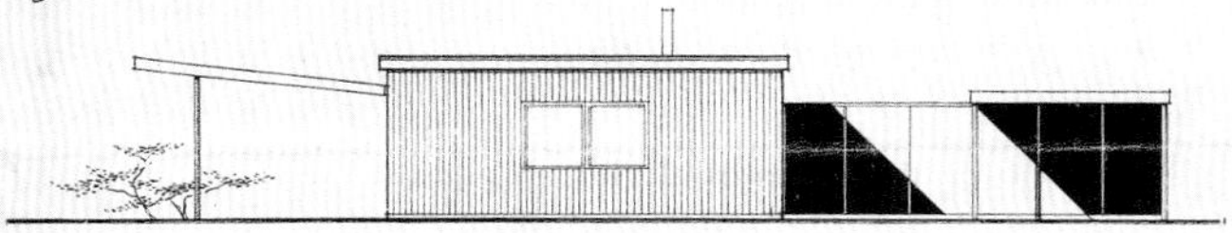

EAST

PANEL UNITS

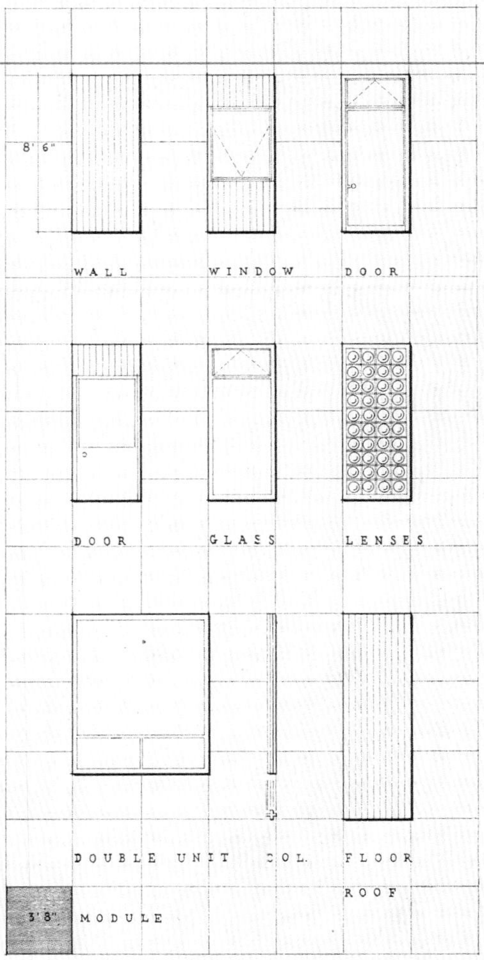

THE APPROACH—Utilitarianism is the idea and force underlying all social development today. Any social advances in the near future must necessarily be a step toward that direction. The condition of the working masses will have been greatly improved, and as a result, the demand for better (not minimum) houses for the industrial, agricultural and office workers will be most urgent. The problem for the architects becomes not so much to invent new materials, or to devise novel methods of construction, (the industrial chemists and the engineers are the experts) as to incorporate and coordinate them in his planning. His immediate problem, however, is to acquire a thorough knowledge and understanding of the needs and living habits of the workers; to make the people conscious of a higher (NOT more luxurious) mode of living; and to provide the framework in which it can best be fulfilled.

THE AIM—In dealing with this problem, the architect limits himself to find a solution for only the clerical or office workers, for it would be impractical to design a type of house which could suit all kinds of workers. The agricultural workers and the office workers certainly need entirely different types of houses. It is a fact that the sedentary life of the office workers is one of the most unheathy ways of civilized living. The architect, therefore, aims at ameliorating their home life as an "antidote." He believes that their home life should be made physically more active to balance the humdrum and inertia of their office life; that their lack of contact with nature should be compensated in their homes; that a Spartan life should be encouraged; and that certain comfort should be provided, yet purposely avoiding the middle-class standard of a slavish comfort-worship. It is upon these convictions that this design is conceived.

THE PLANNING—This house is planned for Eastern States, or any regions with a climate favorable to outdoor living in the greater part of the year. In the plan shown, accommodation is made for a family of four. Besides the usual rooms, a hobby workshop is considered essential to encourage a certain amount of manual labour. The direct connection of the workshop to the yard makes it possible for working in the open air, without disturbance to the living areas. The plan shown can be reduced by taking away the laundry, the dining terrace on one side and the two bedrooms on the other. In this state, the living, dining and sleeping areas are combined into one large multi-purpose room. The plan shown can also be extended to take two additional bedrooms without altering the general arrangement of the original layout. An extra bathroom could be added next to the existing one if required. The hatch connecting the kitchen with the dining terrace facilitates and encourages outdoor eating. Part of the workshop can be used as storage for broken furniture, etc. Sun-protection on southern exposure is by means of awning or sun-shade. The plan, based on a 3' 8" module, can be adapted to most of the existing pre-fabrication systems. It is designed for suburban housing developments, a fairly large site being considered desirable.

PWH

1945

城市中庭住宅

The Atrium Town House

1945 年王大闳接受美国《室内》杂志的邀请，提出建筑师心中的理想住宅，编辑在信中说："提出你们最想要做的，或许是在心中酝酿已久的构想。"①王大闳这件纸上建筑是他第一次对西方现代建筑明确地表达了来自华人的看法，一种以西方为架构的东方诠释，类似历史学家黄仁宇的论述，即"西学为体，中学为用"。该论述明显成为王大闳建筑创作的核心题旨，该作品日后也成为他创作的重要原型②。

配置上，是都市里连栋、两两对称的一楼多层进的庭园住宅，从平面可读出作品受密斯的影响，尤其是 1929 年在巴塞罗那世界博览会的德国馆及 1930 年代初几个低层"集合"住宅提案③更是可能的直接证据。该作品提供一种都会内向性中庭，强调内部空间的私密性，有前院、中庭与后院，每个院子都有高墙与外界隔离。所有功能性空间都安排在前后两道几近一字形的平面上，前半部有玄关、厕所、暖气房与厨房在外，与前院连接，客、餐厅、起居与钢琴室在内，与中庭互通，共同过滤了来自外面世界可能的纷扰，而后半部卧房与书房则是较具隐私性的另一层进，可享后院的宁静。

值得注意的是，城市中庭住宅的英文标题为 The Atrium Town House，看似王大闳挑战的是 atrium④在西方现代住宅里的可能性，但细读作品，会发现他有更大的企图。这种有天井采光并可以活动的半户外空间一直是古希腊、罗马住宅中的重要元素，王大闳必定意识到中国三合院里的"院"也有类似的功能，更重要的是"atrium"或"院"在现代都会运用的可能性，因此该作品就成为王大闳对自身文化的现代性思索的初步尝试。

中庭为不对称的矩形空间，三面由柱廊环绕，右侧柱廊较宽，靠近餐厅处设置了一个休憩平台(living terrace，固定或可移动的设施皆有可能)，上有花架，旁边出现了置放于矮凳上的中式盆栽。中庭北侧近客厅处有一个双圆交织的 8 字形水池，池上有莲花漂浮，周遭则种了几株有东方况味的蔓生类植物。还有就是这种"偏隅"一边的中庭布局，宛如一面镜子映照投影所形成的配置，就是前面所提"两两对称"的平面安排。在华人街屋的传统经验旦，为了让狭长基地里的天井获得更多光线，经常会出现一种邻栋间的默契，就是"天井紧靠，一楼隔墙"这样的布局，用意在更好的通风与采光。但城市中庭住宅由于是一层楼的楼层，再加上建筑面宽甚宽，所以通风采光不是主要的考虑，可能是需要一堵干净的墙来容纳景物所投下的光影，或者故意设单边走廊，破除可能左右对称的单调格局。

在客厅的透视图里还可以发现，"客厅陈设中的家具、茶几、椅子等均采用简洁的造型线条，具有若干明式家具的特征。茶儿上方的水仙花及花器采用白描画法，是中国画中常见的题材与画法。餐厅边的中庭里，放盆景的有束腰的高脚儿是明显具有中式特色的家具。餐厅使用的折屏也是常用的中式家具之一。客厅沙发下采用棕黄色的中国地毯。透视图左后方墙壁上悬挂着直立滚动条的中国画，并有直书的中文落款”⑤。从这段描述可以看到王大闳如何在这栋西方架构的现代住宅空间里，尝试置入东方“对象”，力求之间的和谐。

城市中庭住宅成为往后王大闳建筑语言的重要原型，特别是住宅类型。或许我们可以说早熟的王大闳在回国之前的尝试，是一种在西方架构上的东方运用，因此空间不对称且较为自由。这种不同层次私密性、层进的做法，既融合了古希腊、罗马住宅的 atrium 概念，也汲取了中国合院天井“埕”的使用，最后再将密斯空间里的穿透、流动性加入，成功地为王大闳中国现代住宅的尝试跨出第一步。

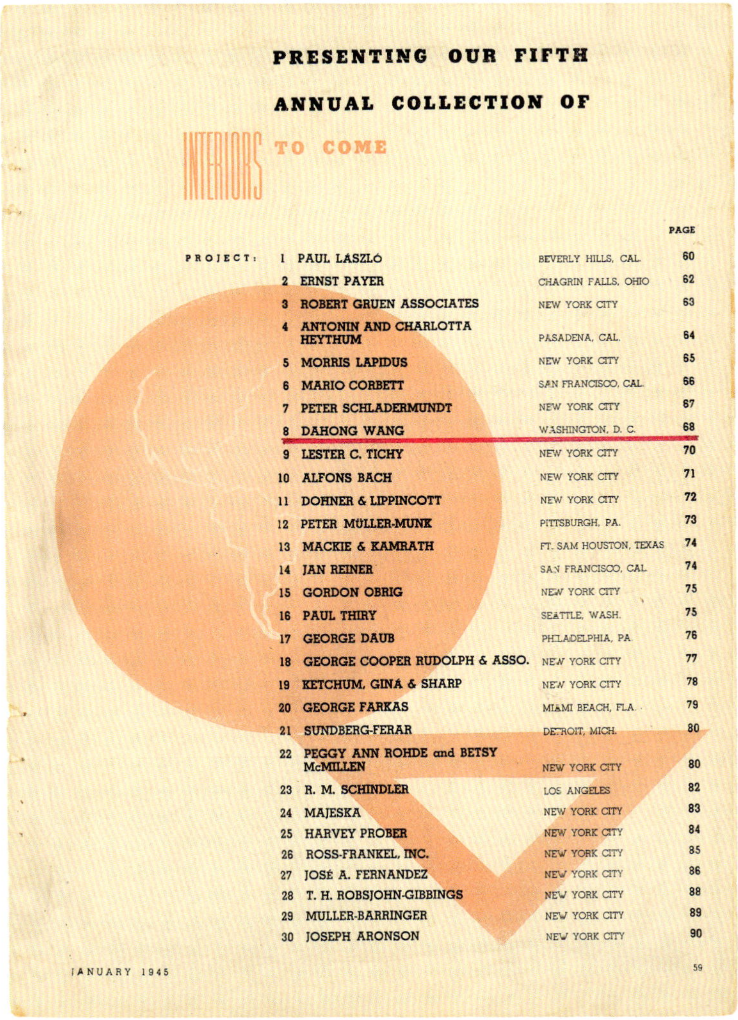
PRESENTING OUR FIFTH ANNUAL COLLECTION OF

INTERIORS TO COME

			PAGE
PROJECT: 1	PAUL LASZLO	BEVERLY HILLS, CAL.	60
2	ERNST PAYER	CHAGRIN FALLS, OHIO	62
3	ROBERT GRUEN ASSOCIATES	NEW YORK CITY	63
4	ANTONIN AND CHARLOTTA HEYTHUM	PASADENA, CAL.	64
5	MORRIS LAPIDUS	NEW YORK CITY	65
6	MARIO CORBETT	SAN FRANCISCO, CAL.	66
7	PETER SCHLADERMUNDT	NEW YORK CITY	67
8	DAHONG WANG	WASHINGTON, D. C.	68
9	LESTER C. TICHY	NEW YORK CITY	70
10	ALFONS BACH	NEW YORK CITY	71
11	DOHNER & LIPPINCOTT	NEW YORK CITY	72
12	PETER MÜLLER-MUNK	PITTSBURGH, PA.	73
13	MACKIE & KAMRATH	FT. SAM HOUSTON, TEXAS	74
14	JAN REINER	SAN FRANCISCO, CAL.	74
15	GORDON OBRIG	NEW YORK CITY	75
16	PAUL THIRY	SEATTLE, WASH.	75
17	GEORGE DAUB	PHILADELPHIA, PA.	76
18	GEORGE COOPER RUDOLPH & ASSO.	NEW YORK CITY	77
19	KETCHUM, GINA & SHARP	NEW YORK CITY	78
20	GEORGE FARKAS	MIAMI BEACH, FLA.	79
21	SUNDBERG-FERAR	DETROIT, MICH.	80
22	PEGGY ANN ROHDE and BETSY McMILLEN	NEW YORK CITY	80
23	R. M. SCHINDLER	LOS ANGELES	82
24	MAJESKA	NEW YORK CITY	83
25	HARVEY PROBER	NEW YORK CITY	84
26	ROSS-FRANKEL, INC.	NEW YORK CITY	85
27	JOSÉ A. FERNANDEZ	NEW YORK CITY	86
28	T. H. ROBSJOHN-GIBBINGS	NEW YORK CITY	88
29	MULLER-BARRINGER	NEW YORK CITY	89
30	JOSEPH ARONSON	NEW YORK CITY	90

JANUARY 1945 59

1 *Interiors to come*，1945 年 1 月，目录页

① 见 *Interiors to come* 杂志，1945/1，第 68-69 页。

② 原型（prototype），意指创作的根源造型，它经常可以成为日后个人创作的原初典范。譬如说对中式天井或院落的重新诠释，或者传统元素的重新挪用，在这个作品已初见端倪。王大闳是一位不排斥传统，也不一味媚外的建筑师，他总是在当下的真实生活中寻找合适的事物（无论东西方）置入建筑，因此他的作品显得自然与合宜。

③ 如 1931 年在柏林国际建筑展密斯设计的“展示住宅”，或 1934 年的“三个中庭住宅”。

④ 在古希腊或罗马的住宅，特别是在多层进的大宅院里，刚进房子的室内或室外空间称为 atrium，有点类似等候空间或招待不熟识外人的空间。这里延伸为房子的中庭之意。

⑤ 梁铭刚：《初探王大闳的美国时期——葛罗培斯、密斯与中国情怀》，见《王大闳》，建筑师全联会杂志，2006/10，第 7 页。

LIVING ROOM AND ATRIUM DIVIDED FROM EACH OTHER BY LIGHTWEIGHT SLIDING WINDOWS. BRICK PARTY WALLS ARE FACED WITH STONE SLABS, FLOORS FINISHED WITH CONCRETE SLABS. THE CITY IS SHUT AWAY, BUT SUN SHINES INTO THE COURTYARD AND PERISTYLE, VERY MUCH AS IT MUST HAVE DONE INTO THE CLASSIC HOUSES OF GREECE AND ROME.

THE ATRIUM TOWN HOUSE

8 DAHONG WANG

GREEK, Roman and Chinese houses, with rooms grouped around an inner court or atrium, make maximum use of outdoor spaces within the confines of a restricted site.

Translate the *domus* of the Pompeian house into a modern American city and you achieve outdoor living without sacrificing privacy, while completely segregating the living from the sleeping quarters. Improved systems of unit and radiant heating will make the atrium plan work in unpredictable climates as well as in temperate zones. So reasons Dahong Wang, proves his points with this serene and fascinating house with classic lines, Oriental overtones. Shown also on the cover.

Great interest arises in his use of materials, too, in the brick party walls faced with light gray stone slabs, continuing indoors to form end walls of living and dining areas, in the polished marble fireplace, the white plywood ceilings, the gray terrazzo floors with brass expansion joints. Furniture of hardwood is variously dressed with pigskin cushions, vermilion morocco leather. Dull-finished brass is a constant accent echoed by the yellow ochre Chinese rug.

Concealed floodlights in a row above the canopy ceiling give the illusion of daylight shining through the clerestory windows. They are supplemented by standing lamps for reading.

Built into the dining room wall is a mirror-backed cupboard with an inset hardwood wine chest. This is also a hatch through to the kitchen, fitted with translucent glass shelves. Dining and living areas are separated by a six-fold green plastic screen.

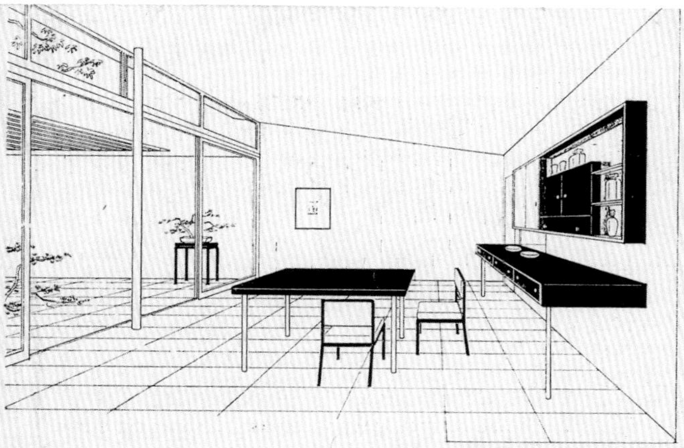

THE DINING AREA IS SHUT OFF FROM THE LIVING ROOM BY A FLEXIBLE GREEN PLASTIC SCREEN. INTO THE INNER WALL OF WHITE PLASTERED BRICK, IS BUILT A WINE AND GLASSWARE CUPBOARD WHICH IS ALSO A HATCH THROUGH TO THE KITCHEN. THE LONG SIDEBOARD IS OF BLACK HARDWOOD, SUPPORTED BY TUBULAR BRASS LEGS.

DETAIL OF THE SCREEN BETWEEN DINING AND LIVING AREAS, SHOWING HOW IT FOLDS. CIRCULAR CONVEX LENSES ARE MOUNTED ON IT. AT THE FAR RIGHT IS A WORKING DRAWING OF THE LIGHTING, WHICH SHINES THROUGH THE CLERESTORY ONTO THE PITCHED CEILING.

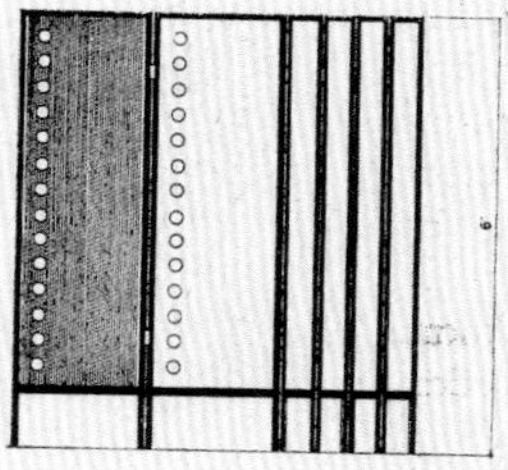

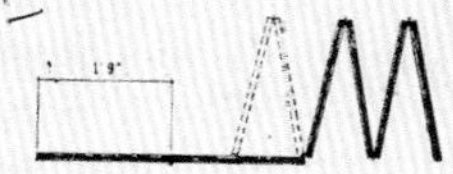

FOLDING PLASTIC SCREEN

DINING ROOM AND DINING TERRACE

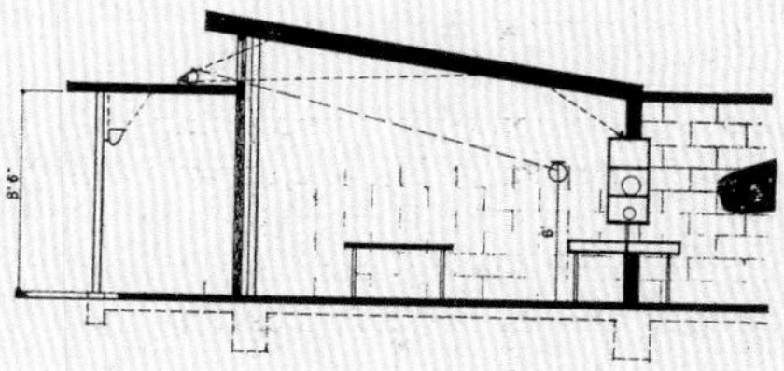

SECTION SHOWING ARTIFICIAL LIGHTING ARRANGEMENT

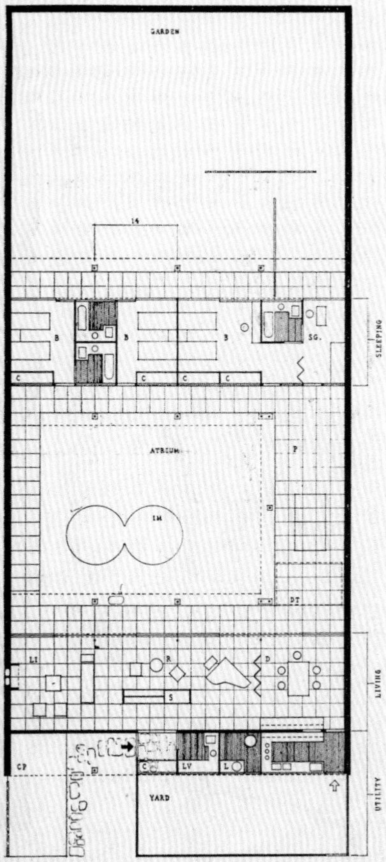

GROUND FLOOR PLAN

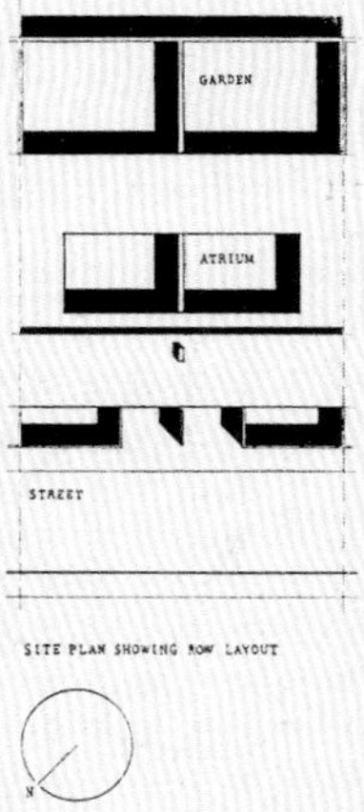

SITE PLAN SHOWING ROW LAYOUT

B	BEDROOM
C	CLOSET
CP	CAR-PORT
D	DINING ROOM
DT	DINING TERRACE
IM	IMPLUVIUM
L	LAUNDRY
LI	LIVING ROOM
LV	LAVABO
P	PERISTYLE
R	RECREATION
SG	STUDY, GUEST RM.
S	STORAGE

THE PLAN REVEALS ANTIQUE ORIGINS, BUT A NEW APPROACH FOR A CONTEMPORARY CITY HOUSE. CAR-PORT AND ALL SERVICE AREAS FRONT THE STREET. BACK OF THESE IS A GREAT ROOM FOR DAYTIME DOINGS, OPEN ALONG ITS ENTIRE LENGTH TO THE ATRIUM. NOTE THAT THE ONLY OTHER OPENING IS THE DOOR BY WHICH YOU ENTER. BED AND BATHROOMS ARE ENTIRELY SEGREGATED, AT THE FAR END OF THE COURTYARD. INDICATED IS A FURTHER GARDEN, BUT THE PLAN IS COMPLETE WITHOUT IT AND MANY CITY LOTS ARE NOT SUFFICIENTLY DEEP FOR THIS.

69

2 *Interiors to come*, 1945 年 1 月, 68-69 页

1946

浴室设计

For Civilized Ablutions and Sub-merged Meditation

在逐渐都会化的今天，在生活环境日益紧张的状况下，借由沐浴可能产生沉浸的冥思，可以消除人类在历史进程中可能逐渐钝化的身体感觉。因此王大闳在1946年*Interiors to come*杂志上提出的“文明的沐浴与沉浸的冥思”的浴室设计特别值得关注。

作品发表的内文中有着这样的描述：“……我们可以看到古罗马那丰盈的居所里浴室所扮演的社会功能，几个世纪后，也就是18世纪开始的欧洲，将浴室转变成一种形式上拘泥(甚而少到没有)的仪式。今天，在我们的现代浴室里，我们发现了更多有效率的先进设备，淋浴却成为只关乎卫生的例行公事。”显然这是王大闳的一个重要命题：如何让淋浴重回它对身体最积极的意义。

王大闳设计的浴室空间宽敞、流动，在一侧还有一个隔着大玻璃的宜人小院。入口由洗脸台的对面进入，左边有不落地的灰绿条纹的人造大理石隔板，区隔着马桶空间与淋浴空间；洗脸台施以黑色厚实的人造大理石，右边则是浴缸，采用中国唐宋时期做法，由深灰色的人造石材阶梯拾级而下，澡缸则可以两人共浴，触面覆以古罗马浴池常见的灰绿色马赛克。

其他关于颜色的描述还有：发亮的黄铜扶手、龙头与周边金属设备；铅管墙面覆以深色约90cm见方的人造石材，对面则是白墙；地面抬高，覆以约90cm×45cm长宽的深灰色发亮防滑石材，下面跑热水铅管让室内保持恒温。

这个作品可以看出王大闳对沐浴物质文明的细腻铺陈，他最终想将古罗马文明与唐宋沐浴空间的精髓，以现代的方式重新融合与诠释。

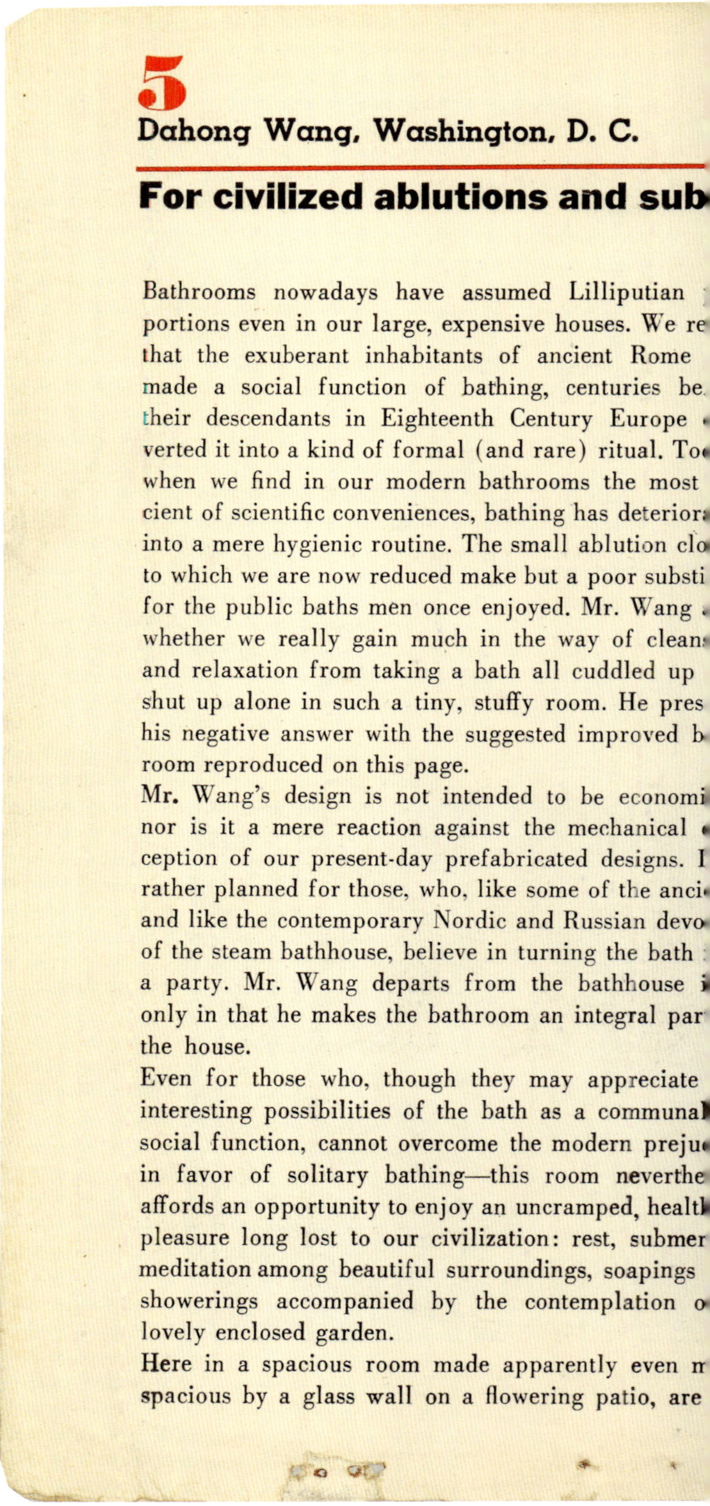

5

Dahong Wang, Washington, D. C.

For civilized ablutions and sub

Bathrooms nowadays have assumed Lilliputian
portions even in our large, expensive houses. We re
that the exuberant inhabitants of ancient Rome
made a social function of bathing, centuries be
their descendants in Eighteenth Century Europe
verted it into a kind of formal (and rare) ritual. To
when we find in our modern bathrooms the most
cient of scientific conveniences, bathing has deterior
into a mere hygienic routine. The small ablution clo
to which we are now reduced make but a poor substi
for the public baths men once enjoyed. Mr. Wang
whether we really gain much in the way of clean
and relaxation from taking a bath all cuddled up
shut up alone in such a tiny, stuffy room. He pres
his negative answer with the suggested improved b
room reproduced on this page.
Mr. Wang's design is not intended to be economi
nor is it a mere reaction against the mechanical
ception of our present-day prefabricated designs. I
rather planned for those, who, like some of the anci
and like the contemporary Nordic and Russian devo
of the steam bathhouse, believe in turning the bath
a party. Mr. Wang departs from the bathhouse
only in that he makes the bathroom an integral par
the house.
Even for those who, though they may appreciate
interesting possibilities of the bath as a communal
social function, cannot overcome the modern preju
in favor of solitary bathing—this room neverthe
affords an opportunity to enjoy an uncramped, healt
pleasure long lost to our civilization: rest, submer
meditation among beautiful surroundings, soapings
showerings accompanied by the contemplation o
lovely enclosed garden.
Here in a spacious room made apparently even m
spacious by a glass wall on a flowering patio, are

d meditation

5-8

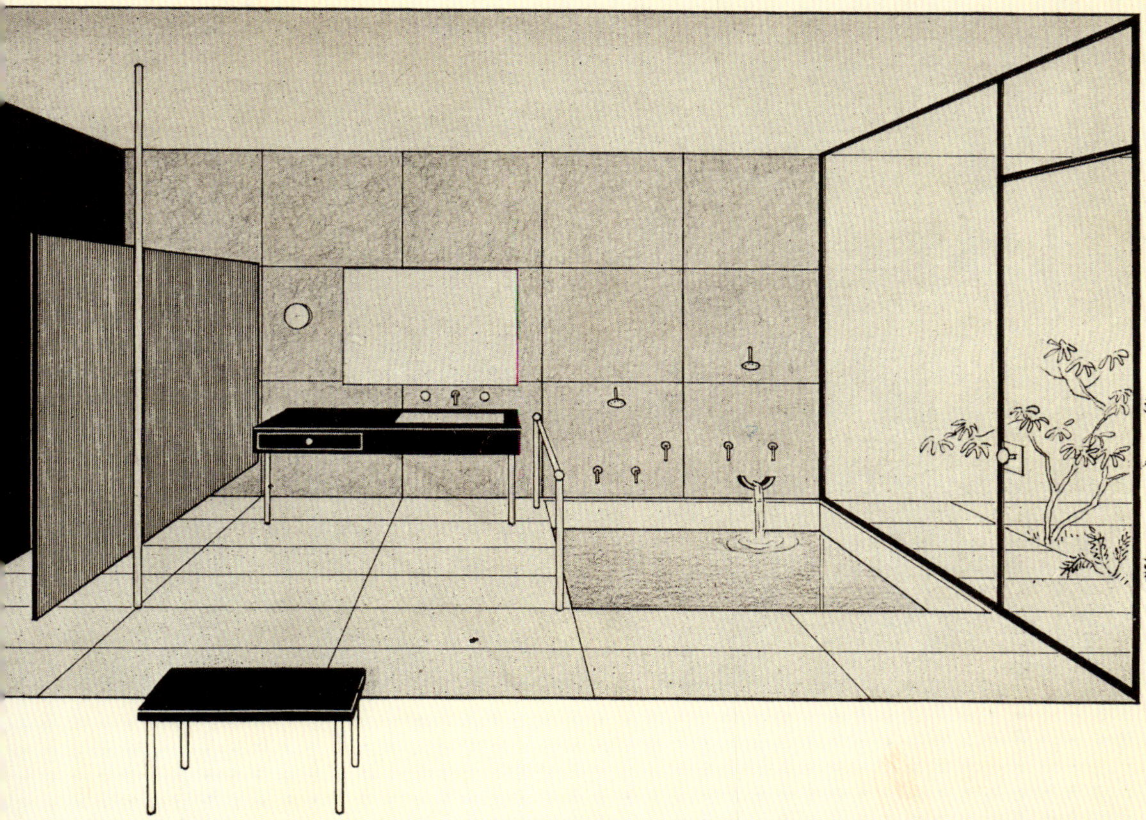

A spacious room of classically pure proportions offers to the contemplative bather not only a generous pool with appropriate gadgets, but also an open view of a flowering patio.

1 *Interiors to come*, 1946 年 1 月, 70 页

latest improvements in plumbing. Sub-floor radiant heating takes the chill out of the light gray non-slip terrazzo. Mr. Wang has provided a pool in which no one can complain of claustrophobia, added steps, a hand rail, and a full complement of spigots, showers, douches, and similar appendages, including a main fount from which the water must gurgle as luxuriously as the asses' milk from Poppaea's bath. A pale, neutral color scheme dramatized by touches of black and brushed brass, is gaily lighted by the sun that streams in through the glass wall.

For all its appearance of classic sumptuousness, Mr. Wang's plan calls for many artificial and plastic materials: black plastic for the basin top and stool; plastic glass for the window; artificial stone slab facing for the plumbing wall; gray artificial stone slabs for the steps; gray-green ribbed translucent plastic for the partitions.

71

2 *Interiors to come*, 1946 年 1 月, 71 页

The gregarious-bathing Romans would approve Mr. Wang's white-painted room, with black plastic and polished brass trim, green mosaic paved pool.

67.5

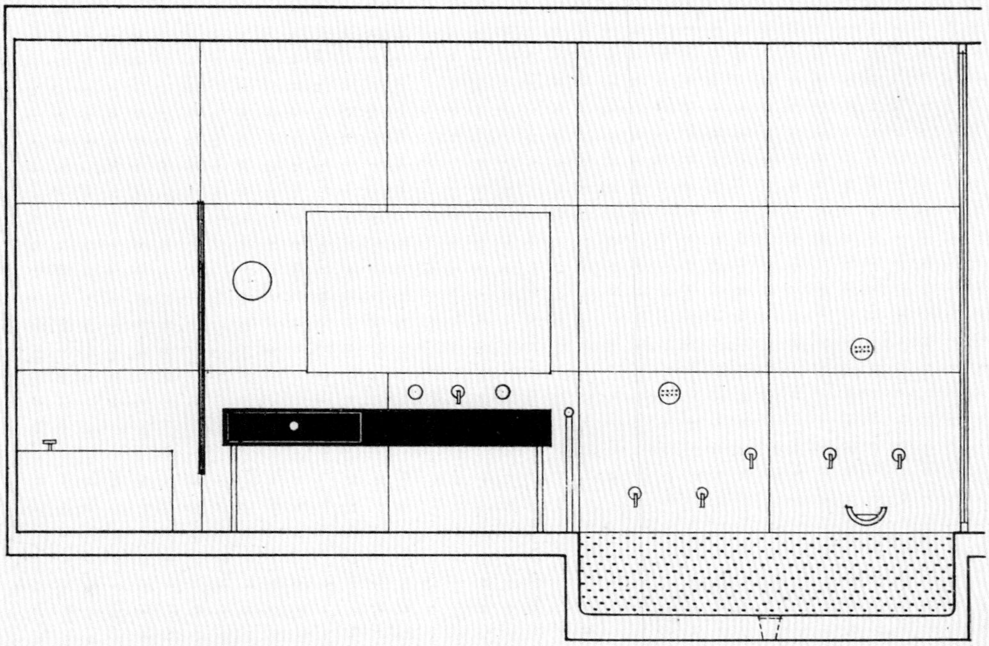

SECTION

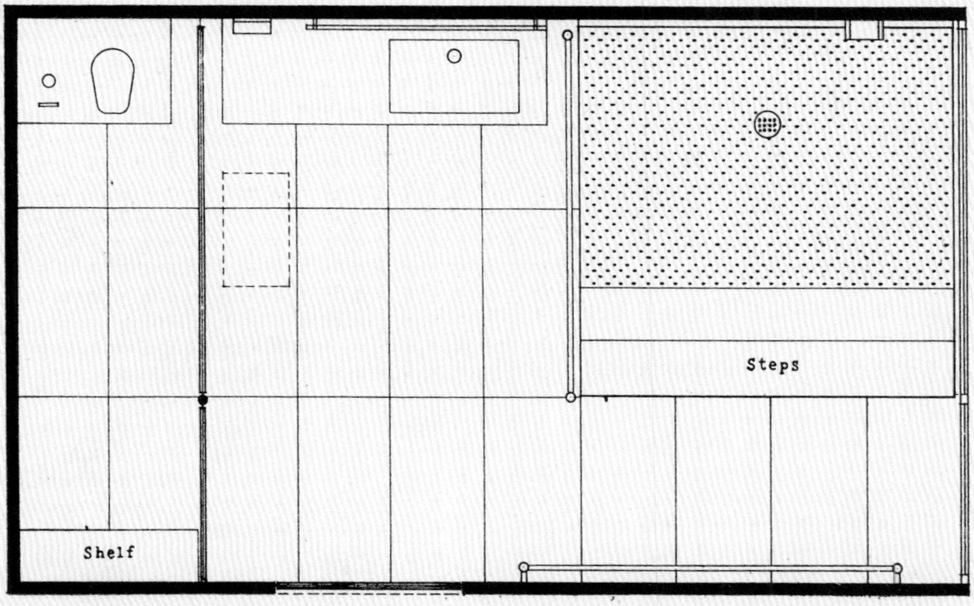

PLAN

1947 (?)

小住宅

Small House

该作品资料不足，目前只知道发表在 *Interiors to come* 杂志上。王大闳保留的旧文件夹里，刊登首页已遗失，标题与发表时间都不确定，作品名称目前暂定为小住宅。不过从作品风格来看，猜测是在城市中庭住宅以后，因为从浴室与卧室的细节观察，应是在城市中庭住宅的实验后，企图置入更多的东方思想。再者，*Interiors to come* 是每年《室内》杂志一月号针对未来趋势的特刊，因此或可推论是在 1947 年 1 月，即王大闳回上海前发表的作品，因为 1945 年与 1946 年已分别刊登了城市中庭住宅与浴室设计。尽管如此，也无法排除 1943 年与 1944 年 1 月的可能，此时王大闳已从哈佛大学建筑研究所毕业。

小住宅是一栋周围有高墙、内有修道院式花园的两层楼住宅，一楼除楼梯、置放修车或整理花园工具的储藏空间外，别无一物，开敞的空间可供停车及小孩的游戏空间，有点类似王大闳 1953 年至 1954 年间在阳明山为日本驻台湾地区代表处设计的驻台长官官邸。拾级而上，来到二楼，正对面矩形的储藏空间刚好让楼梯口形成入口玄关，同时也是至各个空间最近的核心点。在空间的组织上，真正区隔公共与私密空间的是楼梯、厨房与浴室；即便是这样，由于内部隔间墙几乎都不碰触南北两边的落地窗，因此室内保持一种不断与外在接触且持续流动的空间感，该做法自然受密斯影响。

1

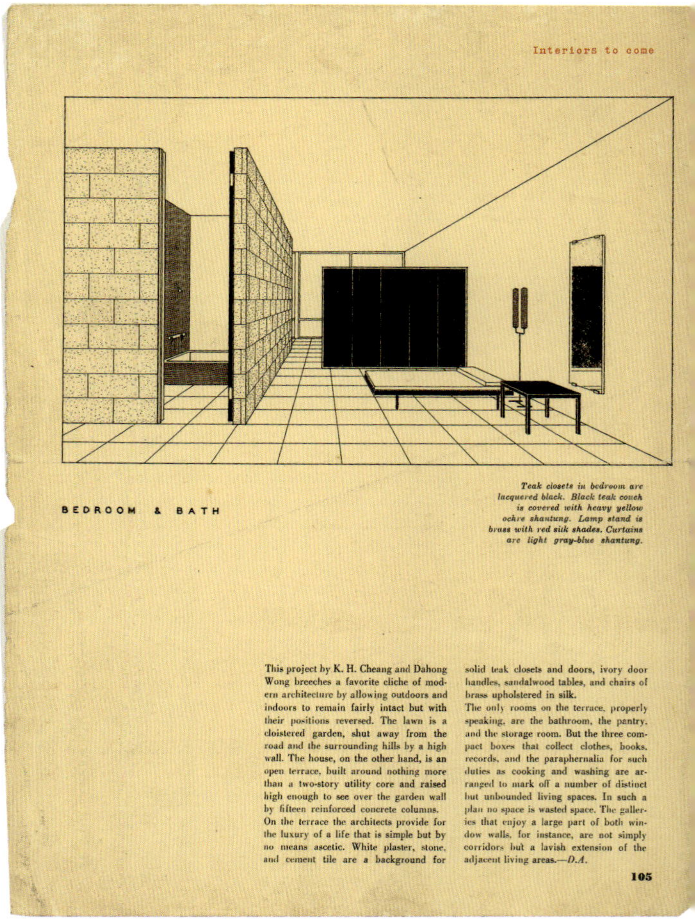

Interiors to come

BEDROOM & BATH

Teak closets in bedroom are lacquered black. Black teak couch is covered with heavy yellow ochre shantung. Lamp stand is brass with red silk shades. Curtains are light gray-blue shantung.

This project by K. H. Cheang and Dahong Wong breeches a favorite cliche of modern architecture by allowing outdoors and indoors to remain fairly intact but with their positions reversed. The lawn is a cloistered garden, shut away from the road and the surrounding hills by a high wall. The house, on the other hand, is an open terrace, built around nothing more than a two-story utility core and raised high enough to see over the garden wall by fifteen reinforced concrete columns.

On the terrace the architects provide for the luxury of a life that is simple but by no means ascetic. White plaster, stone, and cement tile are a background for solid teak closets and doors, ivory door handles, sandalwood tables, and chairs of brass upholstered in silk.

The only rooms on the terrace, properly speaking, are the bathroom, the pantry, and the storage room. But the three compact boxes that collect clothes, books, records, and the paraphernalia for such duties as cooking and washing are arranged to mark off a number of distinct but unbounded living spaces. In such a plan no space is wasted space. The galleries that enjoy a large part of both window walls, for instance, are not simply corridors but a lavish extension of the adjacent living areas.—*D.A.*

105

另外，就是王大闳对空间颜色的细腻描述，譬如说卧房：柚木衣柜涂黑色瓷漆，同样涂黑的柚木床罩上暗黄色的山东丝绸，旁边的立灯则是黄铜的支架饰以枣红色的灯罩，窗帘则是灰蓝色的山东丝绸。另外有白色檀木的圆形餐桌（王大闳第一次使用中式圆形餐桌）、打蜡后釉黑发亮的水泥砖地板、粉白空心砖或独立支柱、浴室低矮的大浴缸。

1 *Interiors to come*, 105 页

2 *Interiors to come*, 106 页

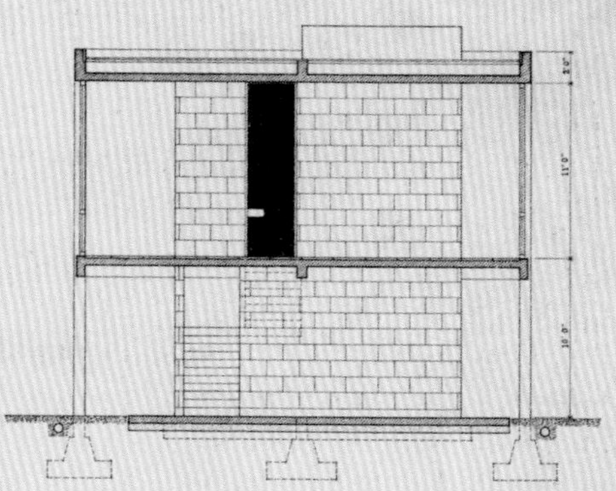

CROSS SECTION

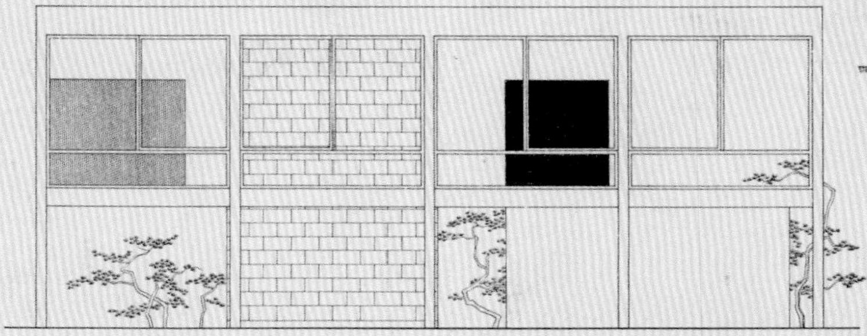

SOUTH ELEVATION

The reinforced concrete frame of the house is filled in at the ends with hollow tile, plastered and painted white. The glass side walls are set in teak with sliding sections framed with bronze. The core block is faced with local stone slabs; the floor is paved with light cement tile.

1953

建国南路自宅

Architect's House on Jien-guo S. Road

1

1942 年王大闳取得哈佛大学建筑学硕士学位，拒绝了当时普林斯顿大学弹道学研究所与布劳耶工作室的邀约，任驻美大使馆随员，时任大使为魏道明先生。留在美国或许跟父亲王宠惠(中华民国第一任外交总长)的授意有关，因为当时正值第二次世界大战末期，国内混乱，父亲希望他暂时留在国外，直到 1947 年国内稍事安定后，才回上海。

抗日战争结束后国共内战又起，迫使刚回国不久的王大闳迁至香港，后到台湾。在上海那段时间，王大闳与另外四位建筑师共同成立五联营建计划所①，也设计了一些建筑，可惜这段时间与后来在香港那两年的作品我们所知不多，有待来日进一步查证。

1953 年的建国南路自宅是他来台开业后的第一个作品，也是他为自己设计的住宅。这栋王大闳最早实现的自宅，据建筑界许多前辈说，是早期台南成功大学建筑系接受建筑洗礼的地方②，高而潘建筑师③就曾提到，看过这栋房子让他激动了三天都睡不着觉。尽管此建筑目前已拆，不过我们却掌握不少讯息，除早期成大的《今日建筑》第 5 期(1954/10)④有刊登外，最近王家也提供不少早期影像，让我们可以更深入掌握细节。

基地近 87 坪(62 英尺 × 50 英尺长宽)，中间坐落了一栋 27 坪(31 英尺 ×31 英尺长宽)左右的房子。南向正面有近 3m 的高墙，据王大闳的长子王守正⑤告知："当时建国南路自宅周围都是一些日据时代留下来的低矮宿舍，家里的围墙感觉就比周围房子高。"显见在当时的城市脉络中，王大闳那高大的红砖围墙的确异于寻常。

黑色油漆的双扇狭长木制院门由南面左侧围墙进入，踏石板穿过左右皆有扶疏花木的曲径，漫步至建筑物入口，进玄关，正对面是有四扇开门的朱红壁橱，约 2.4m（8 英尺）宽，直顶天花。左转是厨房，右转是餐厅与客厅，建筑物坐北朝南。

值得注意的是，由客餐厅外望南侧庭园，除有豁然开朗的感觉外，退缩落地窗外的两根黑色铸铁柱子恰恰响应了传统合院正厅左右对称的逻辑，也就是在看似不对称的整体配置(无论是围墙大门或入口玄关)，最后进入客、餐厅竟然又回到传统中轴线的"礼制"逻辑。因此前院所扮演的角色，正是传统的院落空间。然而这两根柱子也是结构所需，周围的一砖半厚的清水砖承重墙在南向由一排不间断、比例修长的大片落地窗所取代，结构上需要两根柱子支撑上方的钢筋混凝土梁，因此这两根柱子并不只是装饰性的存在。再者是关于整片落地窗的窗樘也颇有玄机，华昌宜教授⑥就曾忆起，一次陪一位外国朋友参观建国南路自宅，外国朋友非常惊讶落地窗窗樘的做法，因为王大闳直接挪用了传统建筑上下轴承支撑的做法，因此少掉许多框材，让室内外的视觉更没有阻碍。

餐桌是白色的圆形中式餐桌，周围则环绕六张没有靠背的圆形板凳，板凳面为柚木涂朱红色，支撑为涂黑漆的三支钢脚，客厅则有三张密斯似的白色沙发与一张同样有着洁白大理石面的茶桌，另一侧亦是密斯似的长型靠榻，"上面放着古色古香的垫子与枕头，再配合天花上悬下的大葫芦，充分流露出东方情调"⑦。

东西两侧是清水砖墙粉白，地板则是黑色水泥分割成 60.96 cm（2 英尺）宽的釉黑色水泥地面⑧，与卧房、浴室之间的隔间墙与平顶天花则涂以白漆，犹如白色画布，准备吸纳来自各处的景色，无论是昼间的自然或人

2

1 模型室内俯视，郭俊男、江昭德制作

2 模型正面，林健成工作室制作

工光线，或是人影移动的光影。至目前为止，我们描述了王大闳许多用色，敏锐的读者一定会察觉到，建筑师试着要活用那些传统的朱红、黑、白、清水砖等颜色，再配上有传统味道的摆饰来建构他的新东方空间。

客厅一侧转进后方，无门，是王大闳的卧室，东侧有直径 168cm（5 又 1/2 英尺）的圆形窗，外有木制窗棂可开关，界定室内外。卧房内的浴室不循唐宋做法，但也不实现成浴缸，据王守正描述，浴缸为砖砌，上方再覆以观音石。

从建国南路自宅可以看到王大闳另一个重要的尝试，密斯（特别可以比较 1934 年密斯的"三个中庭的住宅"）似乎被融入传统中国的氛围里。在 1945 年王大闳发表的城市中庭住宅中，所谓的"东方"还是以元素呈现，整体氛围仍然是密斯的，但建国南路自宅往前跨了一大步，因为建筑师在庭园与建筑中发现了传统，就像王大闳在一篇访谈中所说："中国建筑的特色……它的神秘感很重要，中国建筑与庭园的设计，往往善于使用'内造墙'、'外造墙'，让你一眼看不透，一进再一进……"⑨

① 参见本书《导读》部分三⑪。

② 当时年青建筑师及建筑系学生对建国南路自宅与王大闳，常抱着一种朝圣的仰望心情。比如成功大学建筑系教师金长铭，曾称王大闳为"一颗建筑界的新星"；李祖原则回忆说："我大学时同学们若能去参观你（指王大闳）的家，就像回教徒能去朝拜麦加简直不得了。"以上文字引自王俊雄，《忧郁的现代——王大闳与台湾建筑现代性，1950—1970》，见《王大闳》，建筑师全联会杂志社出版，注 17，第 21 页："……《今日建筑》第 5 期，1954 年 10 月，第 17 页；《访李祖原先生》，《成大建筑》第 19 期，1982 年 5 月，第 77 页。"亦可参见《建筑师》第 49/50 期，1979 年 3 月，第 88、97-99 页。

③ 高而潘，台湾知名建筑师，1928 年生于台北，省立工学院建筑工程系毕业。重要作品有台北市立美术馆。

④ 《今日建筑》是台湾光复后最早的建筑杂志，由成功大学前身的台湾省立工学院建筑系师生于 1954 年 1 月共同创刊，1955 年 12 月停刊，共出了 11 期。

⑤ 王守正为王大闳的长子，逢甲大学建筑系毕业，美国宾州大学建筑硕士，亦是开业建筑师。

⑥ 华昌宜，台湾大学城乡建筑研究所退休教授，现任"财团法人台湾不动产信息中心筹备委员会"执行长。台湾知名都市计划学家，对住宅问题尤有深刻见解。1956 年于成功大学建筑系毕业，1958 年进大洪建筑师事务所，成为王大闳职业生涯的第一位员工。

⑦ 《今日建筑》，第 5 期，1954/10，第 17-21 页。

⑧ 也曾换成灰绿色小尺寸马赛克。

⑨ 出自台湾《建筑师》杂志，王镇华、王立甫、黄模春、李俊仁等人对王大闳的访谈，1977/12，3 卷 · 12 期，第 38 页。

3

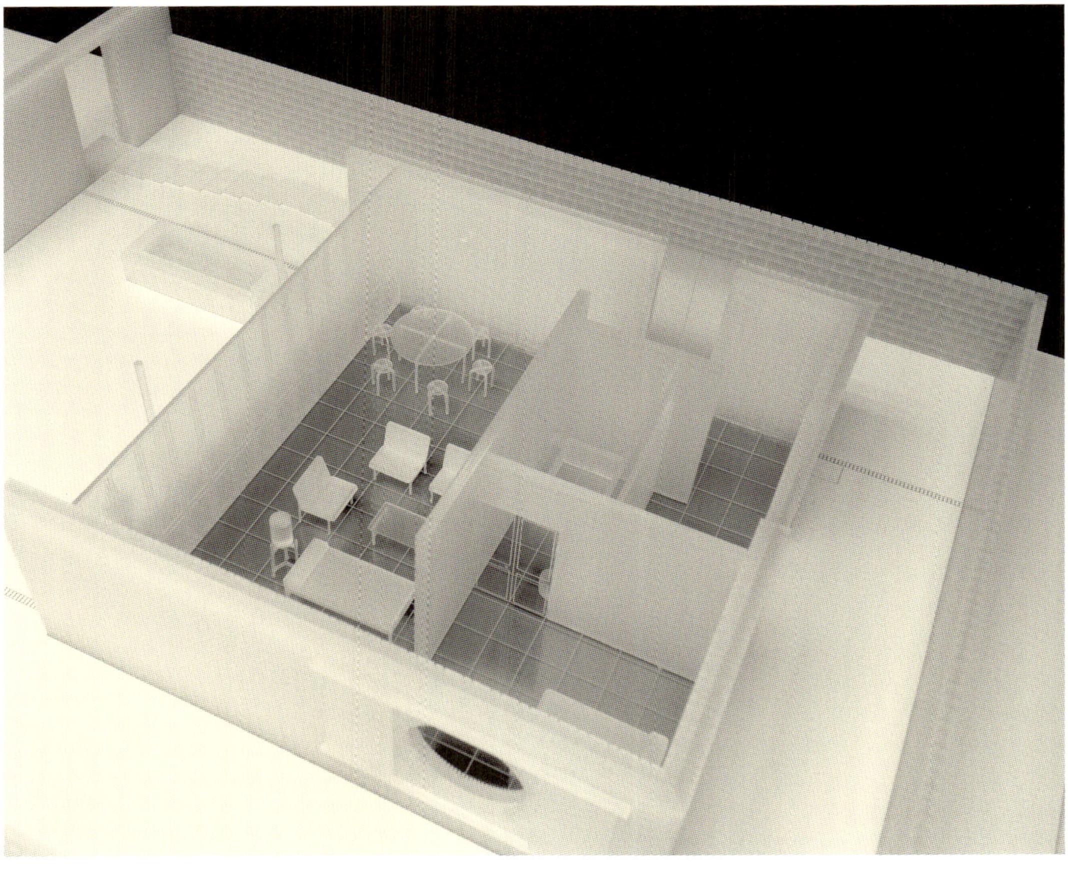

4

5

3 模型正面鸟瞰，林健成工作室制作
4 模型，宗迈建筑师事务所提供
5 模型庭园鸟瞰，林健成工作室制作
6 三合院厅堂模型

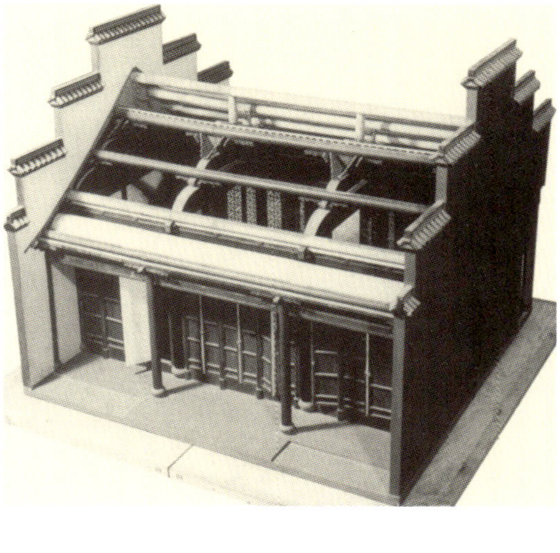

6

7

8

9

10

7 客厅,《今日建筑》, 1954 年 10 月, 第 5 期, 21 页

8 客厅与餐厅 ,《今日建筑》,1954 年 10 月, 第 5 期, 21 页

9 卧室 ,《今日建筑》,1954 年 10 月, 第 5 期, 20 页

10 卧房月洞窗 , 旧照片, 王美惠女士提供

11 卧室 , 旧照片, 王大闳先生提供

12 户外庭院, 王大闳先生提供, 台湾博物馆数位典藏

13

14

15

13 客厅望向庭院，王大闳先生提供，台湾博物馆数位典藏
14-15 客厅与餐厅，王大闳先生提供，台湾博物馆数位典藏
16 客厅望向卧室，王大闳先生提供，台湾博物馆数位典藏

16

17 密斯,“三个中庭的住宅”(1934年),室内模型俯视

18 平面,郭俊男绘

- **a** 大门入口
- **b** 玄关
- **c** 餐厅
- **d** 客厅
- **e** 卧室
- **f** 厨房
- **g** 后院
- **h** 前院

19 南向立面,郭俊男绘

20 东向立面,郭俊男绘

21 西向立面,郭俊男绘

22 北向立面,郭俊男绘

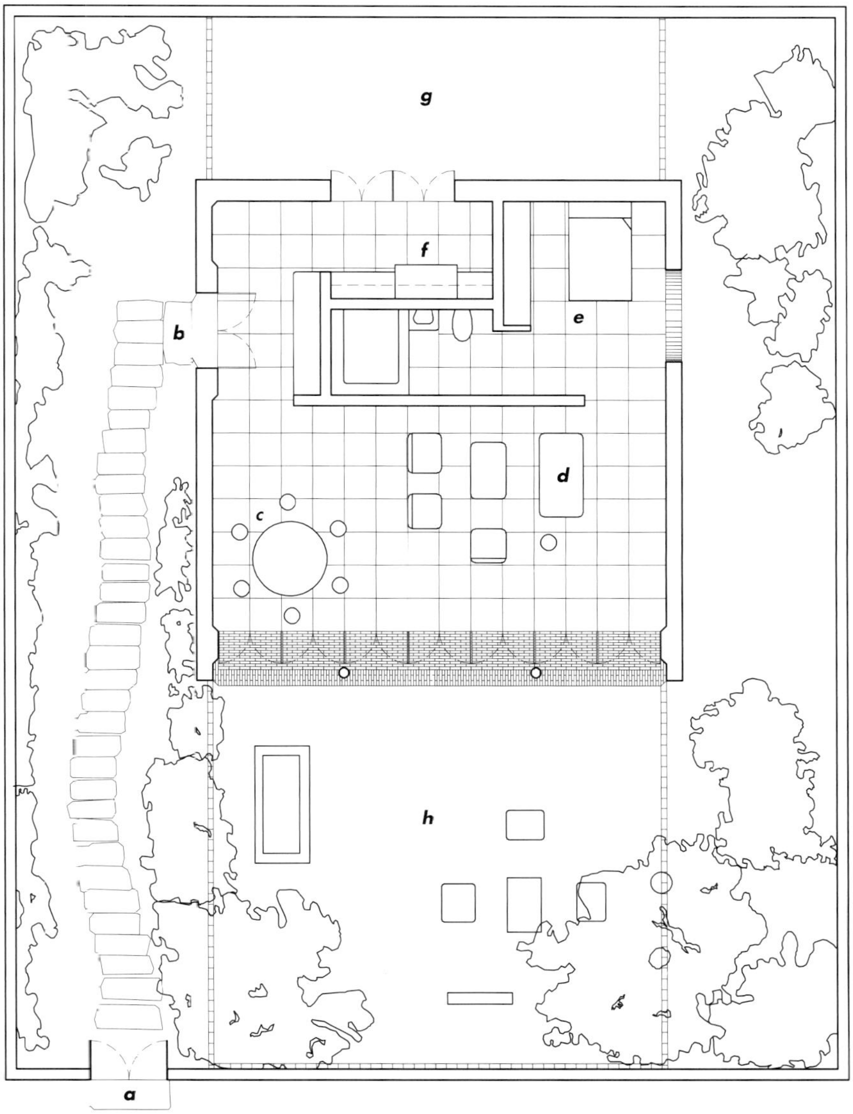

18

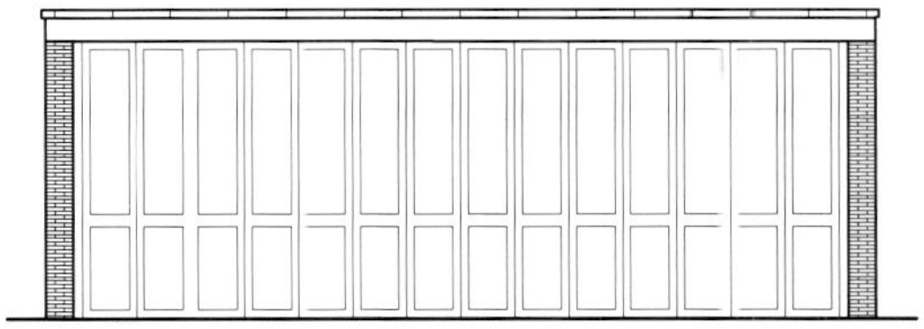

19

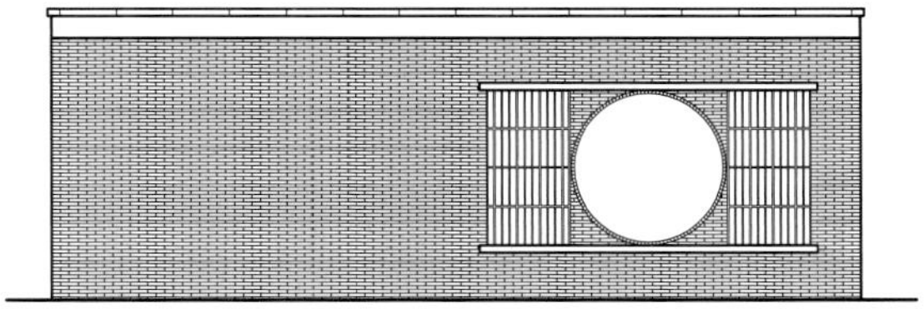

20

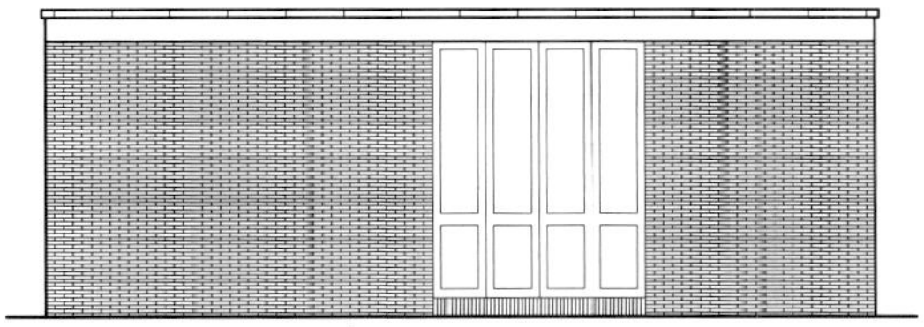

21

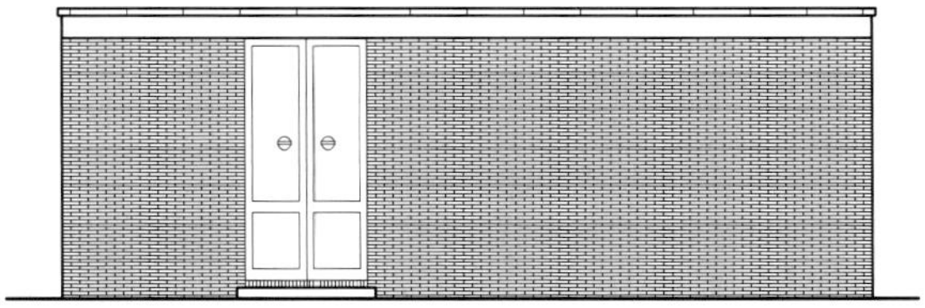

22

1953
日本驻台湾地区长官官邸
Official Residence of the Japanese Ambassador to Taiwan

Buildings and Projects 07

1 模型正面，林健成工作室制作
2 模型斜侧面，林健成工作室制作

日本驻台湾地区长官官邸与建国南路自宅周围环境截然不同，一栋坐落于风景优美的大自然，纱帽山山腰上，一栋坐落于即将都会化的台北市中心。建国南路自宅与城市中庭住宅在布局上有着内向式的处理，而日本驻台湾地区长官官邸则是架高的干栏式建筑，尽管如此，地势的自然屏障，也无异于立了围墙。

基地位于台北市纱帽山纱帽路斜切而出的陡坡上，拦腰将纱帽山整出一块平地，因此基地呈隐秘的狭长形，进深小，紧贴着建筑物后方便是挡土墙。

建筑物坐西朝东，但地形的关系，让朝西的日晒为后方多树的山坡所遮挡，微气候潮湿。因此建筑师决定架高建筑物，让楼下除必要的服务性空间（佣人房、卫浴、储藏）外，仅置放车辆，如此一来可让二楼避开大地直接的潮气。正面为七个跨度的奇数开间，因此有中轴线，相异于之前的小住宅偶数开间。王大闳有意地在布局上找回传统，通过奇数开间获得中轴线，就像建国南路自宅那两根柱子，只是这回是透过轴在线的ㄇ字型大楼梯。

上了楼梯，进门，对面有三座顶天立地的朱红壁柜，柜子背面有半套厕所与电话间。玄关右转是私密的卧房、书房与榻榻米室，以两个厕所阻挡来自入口玄关可能的视线干扰，并形成一个无法一眼望穿的层进空间；而左边则是会客室、客餐厅，也同样以服务性楼梯与厨房形成另一个无法望穿的层进空间，靠东西向长边为连续不断的落地窗，与周围景色相融合，东侧可远眺市中心，西侧则取大地的纹理为自然的景致。

这个作品从平面解读，王大闳除继续遵循密斯的教诲外，他也没忘记中国的空间是含蓄、层进的，因此我们可以将长官官邸的二楼平面入口玄关上的南北向走道解读为一条轴线，两端的隔墙犹如照壁，让视线永远无法一眼望穿，将空间层层叠叠在水平移动中，好像是传统三合院的抽象转化。这个简单的动作让空间多了一层异于西方的文化思考。

可惜的是，1953 年春天完工的长官官邸，至今没有找到一张兴建完成的影像。可能的理由是外交官邸禁止拍摄，乃至禁止报导。更遗憾的是，1955 年 12 月《今日建筑》虽有报导，仍然只是平、立面图，也缺乏文字的介绍。1970 年代，日本与台湾断交，该处移交台北市社会局，近几年再由下属的阳明山教养院接管，数年前改建，如今已面目全非。

1

2

3

4

3 模型侧面，林健成工作室制作

4 日本驻台湾地区长官官邸现况，徐明松摄

5 平面与一点透视，《今日建筑》，1955 年 12 月，第 11 期，34 页

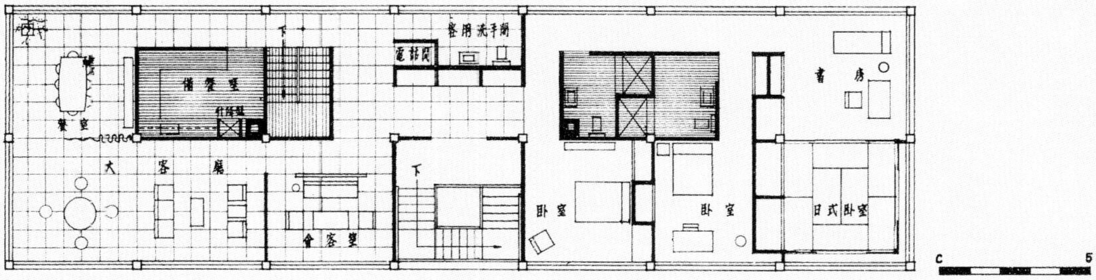
客用洗手間
電話間
下
備餐室
餐室
大客廳
會客室
下
臥室
臥室
書房
日式臥室
0
5M

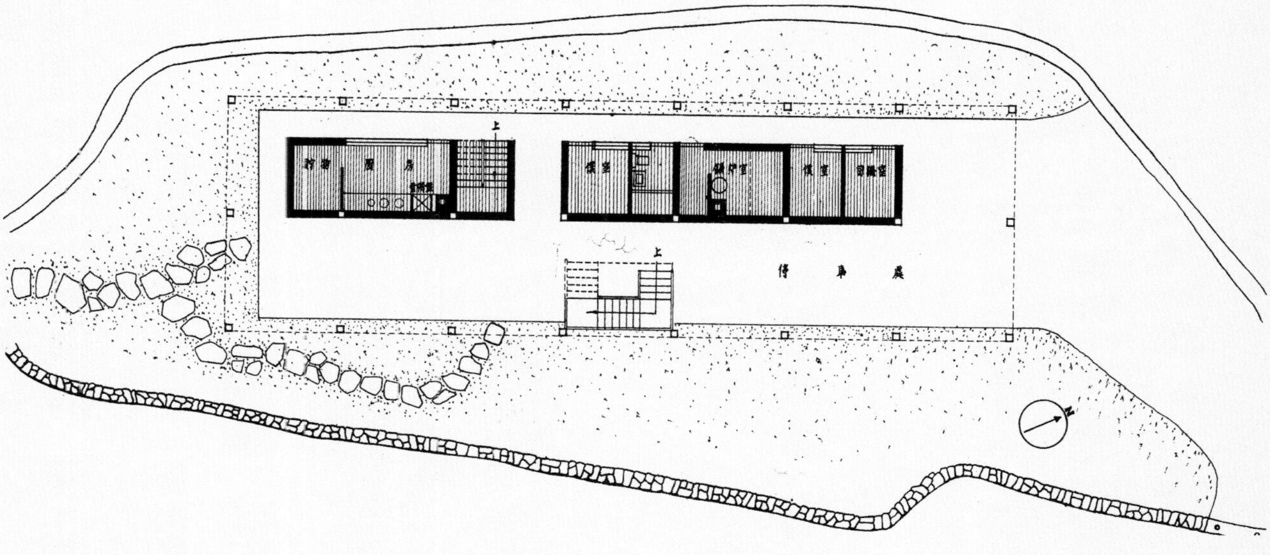
廚房
上
傭室
鍋爐室
傭室
司機室
上

1955

松江路罗宅

Luo House on Song Chiang Road

Buildings and Projects 08

松江路罗宅，是城市中庭住宅与建国南路自宅实验路线的持续研究。在前两个作品中，王大闳尝试走出密斯语言逻辑里的空间氛围，刻意在中国合院与苏州庭园里寻找答案。听王守正提过："从来不出国的王大闳（可能第二次大战期间，坐轮船给他留下不好的印象；也有一说，是他不愿意旧时美丽的记忆遭到破坏），2000 年以后几乎每年回大陆，特别是苏州，起初很失望，后来在偏僻的巷弄中发现旧时记忆，才高兴得起来。"①

1955 年 12 月《今日建筑》报导罗宅时，标题为"连院共墙住宅——松江路罗宅"，文字记述为 1955 年 9 月完工。业主儿子罗振东曾有细腻追忆："记得我念成大建筑系二年级的时候，父亲退休暂住公家机关的宿舍，想为自己盖一栋房子，我说我来设计，他说没问题。我画了图之后，父亲也同意，不过施工图怎么画也不知道，又忙于学业，更没有执照，都不行啊！结果就找了一位叫郑定邦的建筑师，他看了图之后，说没问题，我来帮你画施工图、申请执照。当时我们正在编《今日建筑》第 11 期，每两个月出一次，需要刊登作品，总不能老翻拍杂志，没意思。结果郑建筑师说有一位王大闳先生，从香港回来，盖了一栋房子，可以去看看……有一晚我就跟三四个同学去拜访王先生，不去则已，一去就觉得我设计的那个房子不能盖。后来王先生答应提供数据来丰实《今日建筑》第11期。回去以后，郑建筑师已画好施工图，预备开工，不过我跟父亲看完施工图后，送他出门，门一关我就跟我父亲说这个房子不能盖。我父亲说到时候退休没房子住怎么办，我说我有办法，找王大闳，结果他说王大闳父亲王宠惠他也认识。记得有一天，我们就约了王先生吃晚饭，之后拜访了他在建国南路的自宅。坐下后，我父亲不讲话，于是我说明来意，王先生很有雅量，君子之风，他说罗先生您公子是学建筑的，这个机会应该让给他。结果我父亲又不讲话，我很快地回答，我试过了，不行，就这么简单。那时候有两块地，一个预备自己住，一个预备盖好出租，两块地连在一起盖比较好，施工较方便。结果父亲同意，母亲也很高兴。设计进行得很快，一个多礼拜、两个礼拜吧？王先生就把草图画好，我这个业主完全没意见，王先生要怎么盖就怎么盖。……当这个房子盖好后，旧家具搬过来好像跟这边的格调不对，应该重新设计。我父亲也无所谓，怎么说就怎么做。我问王先生怎么办，王先生就简单一句话，你去设计啊，就一句话。……搬进去之前，家里面总要有一点花花草草，我又问花草怎么办？王先生说你去选啊。结果我就去挑，母亲喜欢杜鹃，我想杜鹃很容易种，母亲也喜欢鸽子桃，我又买了一些鸽子桃、杜鹃和一些凤凰木来种。种完以后很好看。结果过了几年，我在美国收到父亲的信说，他把那棵凤凰木砍掉，为什么呢？我那时候种的那棵凤凰木，没有想到它会长大，所以种完以后非常漂亮，但那棵树长大后，花园满到要搬都来不及。……总而言之，那个时候我有两个身份，一个是学徒，一个也是投降的业主。建筑师要怎么做我就听命。那三个月其实也很好玩，虽然王大闳先生说不付薪水，但走的时候他

1 外观全貌,《今日建筑》, 1955 年 12 月, 第 11 期, 32 页

送我一幅毕加索的画，很可惜搬家弄丢了。后来父亲搬进去，我当兵两年后就出国，一去就是 35 年。”②按《成大建筑简讯》内的资料，罗振东 45 级（1956 年）毕业，与华昌宜同班③，因此忆述中所说“成大建筑系二年级”，应是 1954 年罗宅决定兴建。按罗振东忆述：“……那三个月其实也很好玩，虽然王大闳先生说不付薪水，但走的时候他送我一幅毕加索的画，很可惜搬家弄丢了……”再加上《今日建筑》里的信息罗宅完工时间为 1955 年 9 月，由此可看出可能是三年级暑假，也就是 1955 年 6 月到 9 月间，罗振东在中华路大洪建筑师事务所无薪打工，帮忙设计、监造在松江路的自宅。

基地为前后两栋，总面积为 633m^2，前屋（南向）96m^2，后屋（北向）144m^2，建筑面积共为 240m^2。这栋建筑后来不太为建筑界注意，无论是 1980 年代初林盛丰编的《中国当代建筑师——王大闳》④或是 1990 年代马以工主导的《居——王大闳的建筑设计艺术》⑤都没有提起它，就像日本驻台湾地区长官官邸般遭到冷落。

基地位于今天松江路 46 号（或 64 号）上⑥，是两栋南北向的房子，各自有道路出入。从照片的外观看，当时周围颇为荒凉，仍循建国南路自宅的逻辑竖起高墙。基地内有两栋可各自独立的“连院共墙住宅”，南栋坐北朝南，而北栋坐南朝北。有趣的是，前后两栋建筑完全在中轴线上。南栋过照墙、前院，进客厅至餐厅后，可发现一个外凸至北栋基地的户外庭园，庭园的背墙是高耸的空心砖墙，两侧则是较为低矮的镂空空心砖墙，庭园角落再搭配一株状似枯树的植物，颇具东方庭园的雅意。北栋则紧邻外墙，入口以廊进入，大门直接置于门廊中央，过廊后是一个内向式的天井，天井北侧置半户外廊道，将人左右导入室内，至客厅得穿天井进入，再透过落地窗与偌大的后院衔接。南北两栋的做法产生一种对偶（庭园一内一外）的游戏，也借由这种对偶游戏让空间层进更为丰富。

罗宅是一个企图更接近中国层进院落的实验性尝试，王大闳似乎没那么担心直接碰触传统，或许他对什么是现代建筑了然于胸，因而能大胆地出入传统。这种完全回到礼制、左右对称、典雅的语汇，似乎也成为他下阶段处理公共建筑的态度。

① 王守正访谈, 2006 年 6 月 3 日, 王守正建筑师事务所。

② 《东海建筑讲座》, 东海大学建筑系, 罗振东本人自述, 未出版, 1997 年 3 月 7 日、8 日与 22 日。

③ 《成大建筑简讯》, 成功大学建筑系, 2003/5, 第 20 页。

④ 参见本书《导读》部分注⑱。

⑤ 马以工主编,《居——王大闳的建筑设计艺术》, 三六建设股份有限公司策划出版, 1990/3。

⑥ 同注①。

2

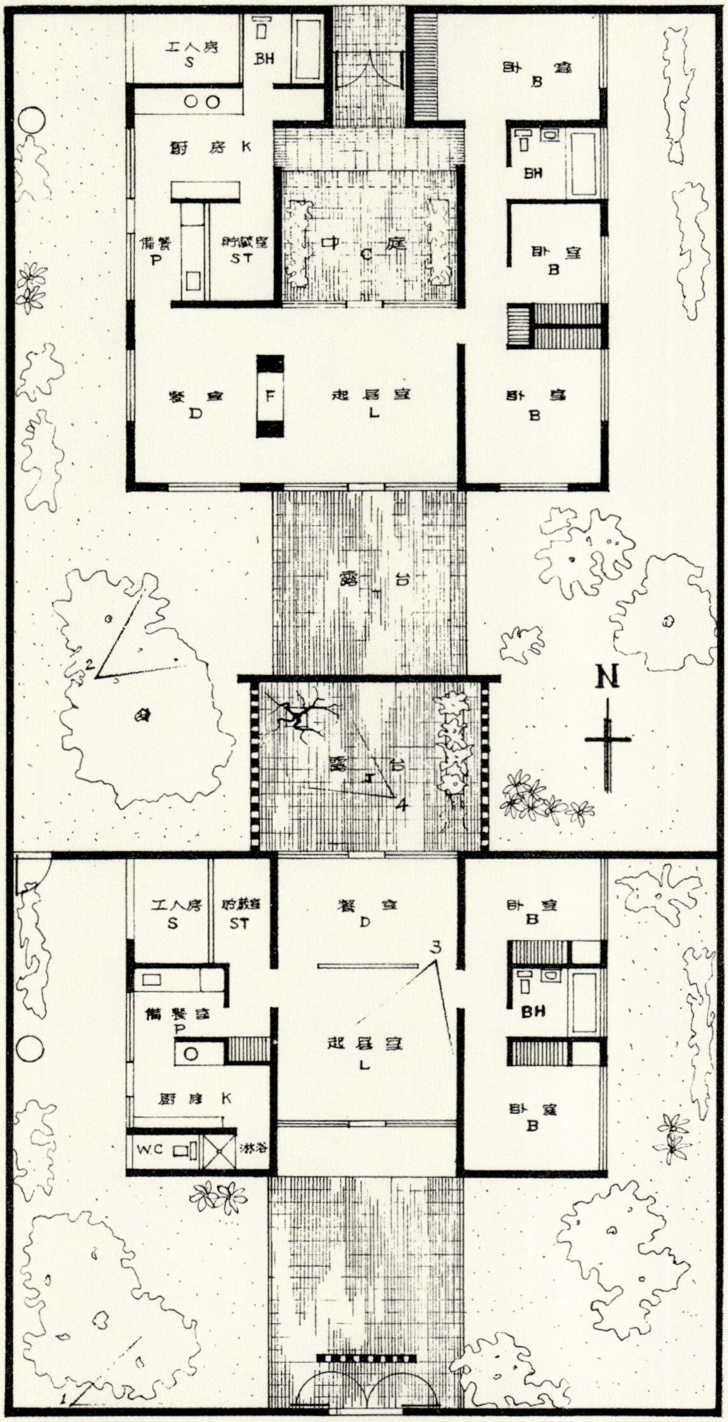

工人房 S
BH
厨房 K
备餐 P
贮藏室 ST
中庭 C
卧室 B
餐室 D
F
起居室 L
露台
N
工人房 S
贮藏室 ST
餐室 D
卧室 B
BH
备餐室 P
起居室 L
厨房 K
W.C
淋浴
卧室 B
0 1 2 3 4 5 10M

平面图

2 平面,《今日建筑》, 1955 年 12 月, 第 11 期, 32 页
3 南栋入口照墙与前院,《今日建筑》, 1955 年 12 月, 第 11 期, 33 页
4 北栋后院一景,《今日建筑》, 1955 年 12 月, 第 11 期, 33 页
5 南栋客厅望向入口照壁,《今日建筑》, 1955 年 12 月, 第 11 期, 33 页
6 南栋后花园一景,《今日建筑》, 1955 年 12 月, 第 11 期, 33 页

3

4

6

5

1956–1960

沙利文宅

The Sullivan House

Buildings and Projects 09

1

按作品开始设计的时间，大洪建筑师事务所尚未聘请任何员工，因此设计必定在自宅内独立作业，这里自然包括建国南路自宅、纱帽山日本驻台湾地区长官官邸、松江路罗宅、清大东院十舍。根据胡鑫（玉璇）的忆述，他是 1957 年 8 月进事务所的第一位行政人员，但根据华昌宜忆述，他才是事务所全职上班的第一人，而且进事务所的时间为 1958 年 3 月，因此或许可以猜测胡鑫刚开始的工作仅是兼职。不过确定的是，大洪建筑师事务所刚开业时是与华泰（张昌华）建筑师事务所在中华路 77 号共享办公室，直到 1958 年 9 月左右才搬到怀宁街 90 号三楼，事务所也陆续增加许多新成员，像林和珠、潘有光、金石开、谢伟、胡鑫（管事务、写施工说明及拟契约书）及文书打字徐锡君小姐①。

这段描述或可说明，1958 年 3 月之前，王大闳所有的设计都在建国南路自宅完成，当然 1956 年开始，为剑桥大学建筑系同班同学迈克尔•沙利文（Michael Sullivan）设计的沙利文宅也不例外。就像华昌宜所说，“记得在这以前曾在王先生建国南路自宅内看到他在一个绘图板上替清华大学教职员宿舍（按：指清大东院十舍）做的设计。相信在那个时代，就凭建筑师的这样一张设计图就可交给营造厂，再凭口头对材料及颜色的挑选就可建好住宅之类的建筑。如果有施工图，那是营造厂的事。我怀疑，在 1953 年王先生在建国南路建造他那后来名满台湾的小住宅时，并未曾有过正式施工图，而是临场指示完成的。”② 1958 年 3 月华昌宜都还见到王大闳在自家画图，可见大洪建筑师事务所刚开始时，业务不多，王大闳设计都不假手于人，简单的平面、立面、剖面，大抵就可交营造厂施工。

沙利文宅在我们唯一知道的图面上，完成初稿的准确时间为 1956 年 12 月 12 日，而第一次修正的时间为 1960 年 6 月 30 日，有无其他修正不得而知，最后未兴建。现有图面，平面呈向心的六边形，六个角有消波块造型的柱墩，而屋顶平面与平面错开 30°，形成所有立面开口都有折板雨遮的画面，另屋顶为折板，分六组折叠，低点架于柱墩。六角平面边宽为 18 英尺（约 5.48m），平面边至对边宽为 31.6 英尺（约 9.63m），角至对角为 36 英尺（约 10.97m）。平面分两层，一楼楼高为 9 英尺（约 2.74m），柱墩高为 16 英尺（约 4.87m，不含折板屋顶），建筑全高为 23 英尺（约 7.01m，含折板屋顶）。

这是一栋非常简单的两层楼的房子，由于图面未标明北向，所以无法判定建筑坐向，总之平面组织是将边至对边横切对半，就图面位置，一楼平面主入口为右下方进入，进入后的玄关立刻有圆楼梯上二楼主卧（含置中的卫浴）与书房，而左侧则为客厅及置中的壁炉，整个前半部的空间挑高两层，视野宽敞。一楼后半部为餐厅、厨房与卧室（同样含置中的卫浴）。整体形式以厚重的柱墩对照于轻盈的玻璃立面，再加上折板屋顶刻意与其下体量错开 30°，造成视觉上两个体量的错动流转，颇有万神殿的效应。

① 关于徐锡君小姐的姓有两种版本，一为华昌宜的忆述为“许”，一为胡鑫的忆述为“徐”。今暂采纳“徐”，因胡鑫在大洪建筑师事务所工作时间较长，又与徐锡君小姐同为行政人员。

② 《今日建筑》杂志第 5 期，1954 年 10 月，台南成功大学建筑系，第 17-21 页，第 18 页仅有一张墙的剖面大样。

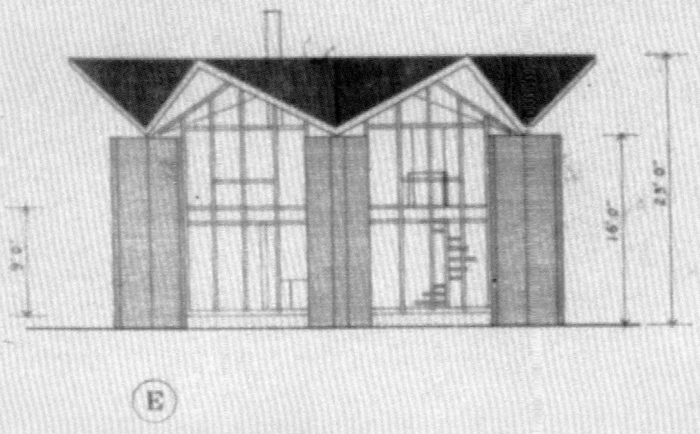

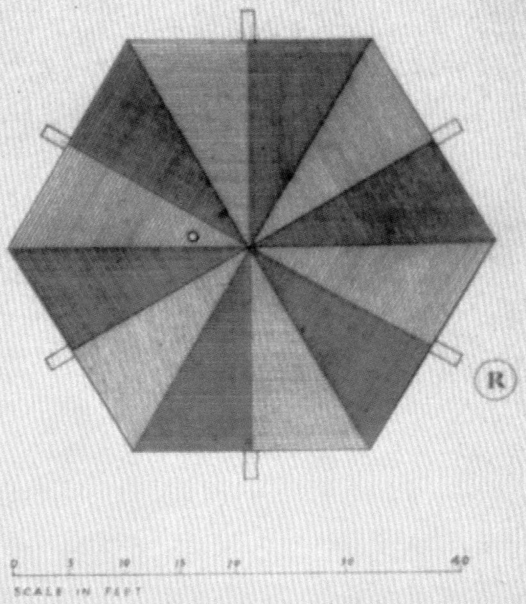

1 士林官邸园区内，张群宅旁一亭楼，可能亦是王大闳设计，徐明松摄
2 平面与立面，王大闳先生提供

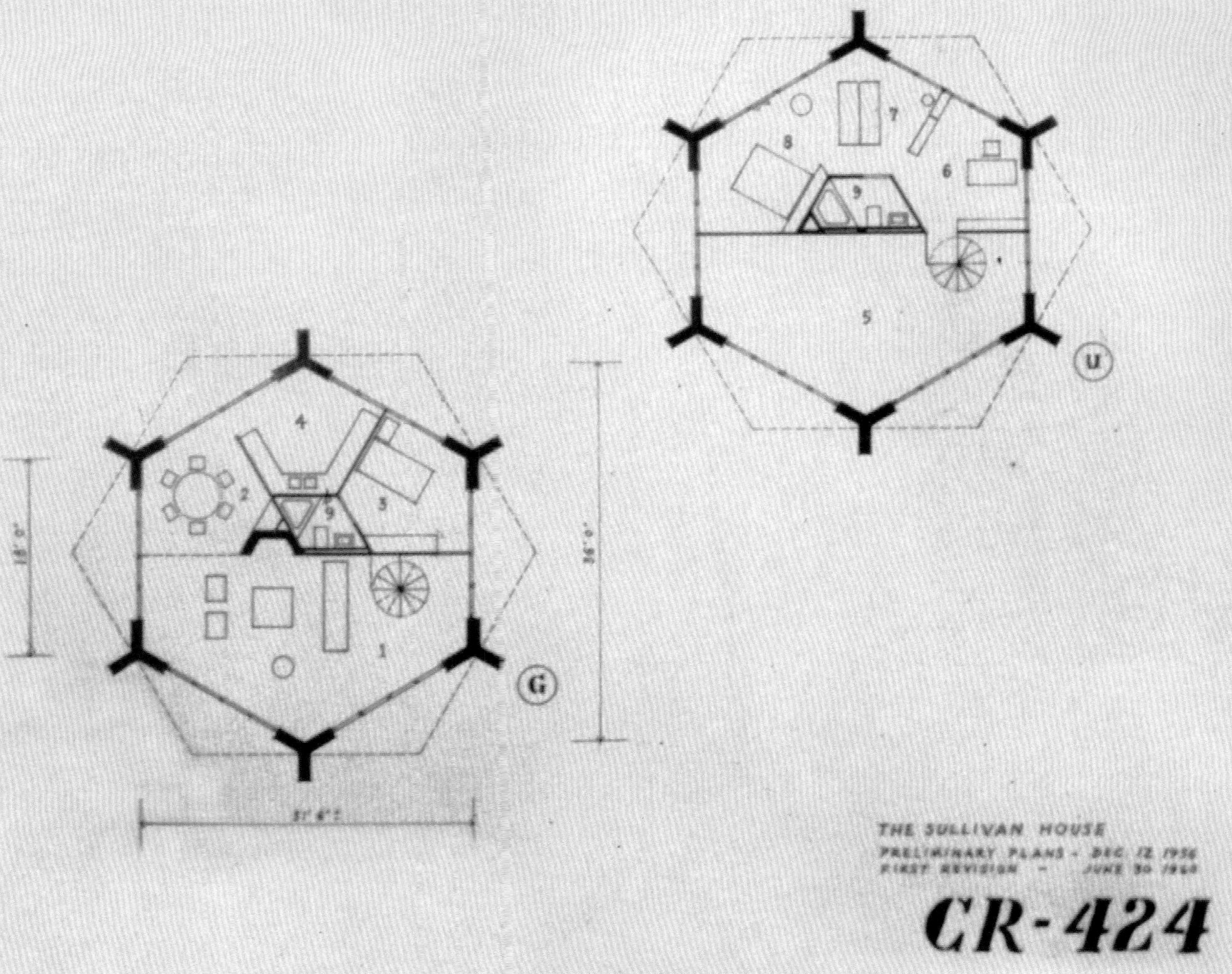

2

1 双拼楼梯并靠型，围墙大门，邹昌铭摄

1958
台湾省政府两层连栋式宿舍
Two-story Terrace Dormitory of the Taiwan Provincial Government

王大闳盖过不少宿舍，本文介绍的台湾省政府两层连栋式宿舍（简称省府宿舍）是他第二次针对宿舍功能建筑所做的提案，而且也是一个有不同类型的大型委托案。

比这个更早的清大东院十舍（1957），则是几栋非常朴素的斜屋顶小房子，在周围成荫的大树下，颇有一份苏州庭园的诗意。之后还有台湾银行台北宿舍（1965）、台大新建女生宿舍（现称女九舍，1966）、台大归台学人宿舍（1970）、高雄中钢宿舍（1972）、台湾"中央研究院"学人宿舍（1987）等，所有这些作品，都属于他对居住空间的另一思考。或者可以说，王大闳是台湾当代建筑师里，在居住空间下做过最多实验，也获得最高成就的人。

以下我们就举省府宿舍这批不同类型的建筑作说明。

类型一：连栋两两对称双拼的两层楼住宅，由于早期国民党经济拮据，公务人员宿舍每户单元仅十来坪①，因此楼上楼下分属不同的住户，连栋住宅里每四户组成一组。建筑外观多用1950年代的清水砖、空心砖、水刷石之类素朴的材料，最有趣的部分是楼梯，亦是两两双拼、左右对称。一般连栋住宅大抵在这样的状况下只会给一座楼梯，而王大闳却给了两座并靠在一起的楼梯，颇有各扫门前雪的意味，但走到二楼的平台时，铁栏杆扶手又非常低矮且具穿透性，低到小孩子都可攀爬而过，因此楼上的两户人家并不会因各自的楼梯而缺乏互动。这种对那个时代华人又"离"（各扫门前雪）又"合"（邻里互动）的文化观察，充分表现在建筑师对台湾现代性"集居住宅"的看法上。

类型二：同样是低层楼连栋住宅，也是四户形成一组，却更具私密性。首先是房子不再分前后，其次是两座楼梯也分别前后安置，形成每户都拥有一楼庭园的居住单元。传统的方式，大抵庭园都归一楼住户，如今借由入口的前后安排，将庭园切成四块，两块分别归二楼住户使用，也就是每户入口旁的庭园就归该住户。优点当然是入口独立性与私密性增加，且各户拥有一块绿地；缺点是二楼住户所拥有的庭园可能干扰一楼住户的私密性。

从这两个案例，我们可以看到一个不断思考、不断求变的王大闳。经费不足从不是阻碍建筑师创作的最终条件——预算不过是创作条件之一，费用低有时还更激发出建筑师的挑战潜能，这批省府宿舍就是最好的见证。

① 1坪约等于3.3 m^2。

111
113

2

2 双拼楼梯并靠型，二楼大门，邹昌铭摄

3 楼梯与空心砖花隔墙类型，外部，邹昌铭摄

4 楼梯与空心砖花隔墙类型，内部，邹昌铭摄

5 楼梯与空心砖花隔墙类型之铸铁扶手，徐明松摄

6 另一类型之楼梯，徐明松摄

3

4

5

6

1960

“中油”大楼马公办事处

Taiwan Petroleum Corporation Magung Office

Buildings and Projects 11

1

2

王大闳的建筑执业生涯中，很少出现圆形建筑，我们知道20世纪70年代初他曾为自己在淡水设计了一个圆形度假别墅，状似飞碟，可惜未实现。60年代初的这栋“中油”大楼马公办事处算是早期少数圆形建筑的有趣实验。

“澎湖列岛是发展渔业的好所在，由于机动渔船逐年增加，汽油消耗量日增，“中油”业务因之蒸蒸日上，乃有兴建一办事处的想法。”①这是早期刊登“中油”大楼马公办事处（简称“中油”大楼）的《建筑》双月刊上的说明文字。

又：“澎湖冬季多风，风力强劲，夏季日光炽烈。故采用开口较小之圆形结构，以期能在劲风之下，于背风方向开口获得良好通风。钢筋混凝土结构，水泥原色柱梁外露，细长铝窗分列柱之两侧，施以粉白之填充墙使结构更为凸出。平面处理则顺理成章地将圆形楼梯设于圆心位置，成为联络垂直的重要交通动线，如此一来可以有效地利用外围空间。”②

澎湖海港无风之夏季极为宁静优美。此案完整之圆桶形必能够增加港口环境特色，宛如港边一个回旋动人的舞者。室内工作人员居高临下，凭窗远眺，海港景色尽收眼底。除圆桶形体块外，屋顶圆形楼梯间墙面刻意的节奏性矩形裂口，似乎暗示了瓶盖的开口，因此该栋建筑在优雅背后，也不经意地让人想到炼油圆形油槽。但这只是一个隐喻，丝毫没有掉入那令人担忧的化工制造厂区氛围里。

①② 《建筑》双月刊，1962/6，第2期，第16-17页。

1 《建筑》双月刊，1962年6月，第2期，17页
2 《建筑》双月刊，1962年6月，第2期，17页
3 《建筑》双月刊，1962年6月，第2期，17页
4 《建筑》双月刊，1962年6月，第2期，16页

3

4

5

5 外观全貌，旧照片，王大闳先生提供
6 二楼平面，谢幸儒绘
7 地面层平面 谢幸儒绘
8 立面，谢幸儒绘

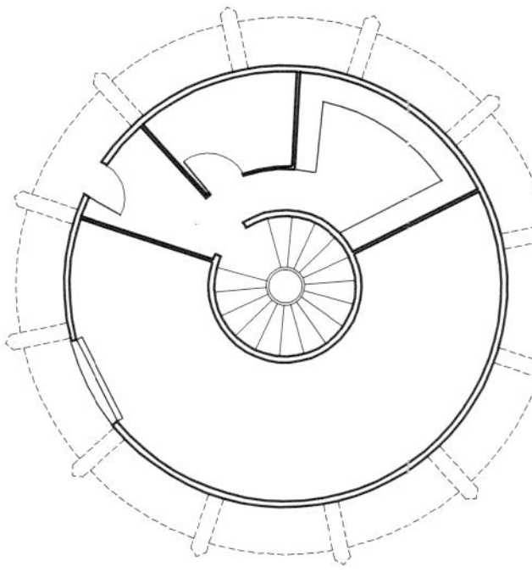

6

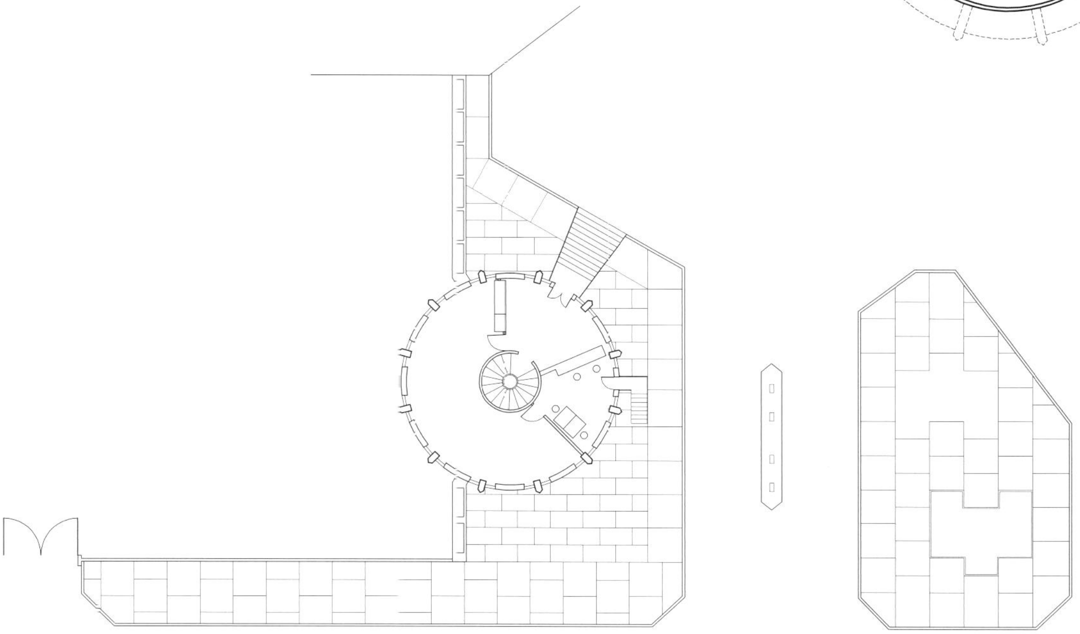

7

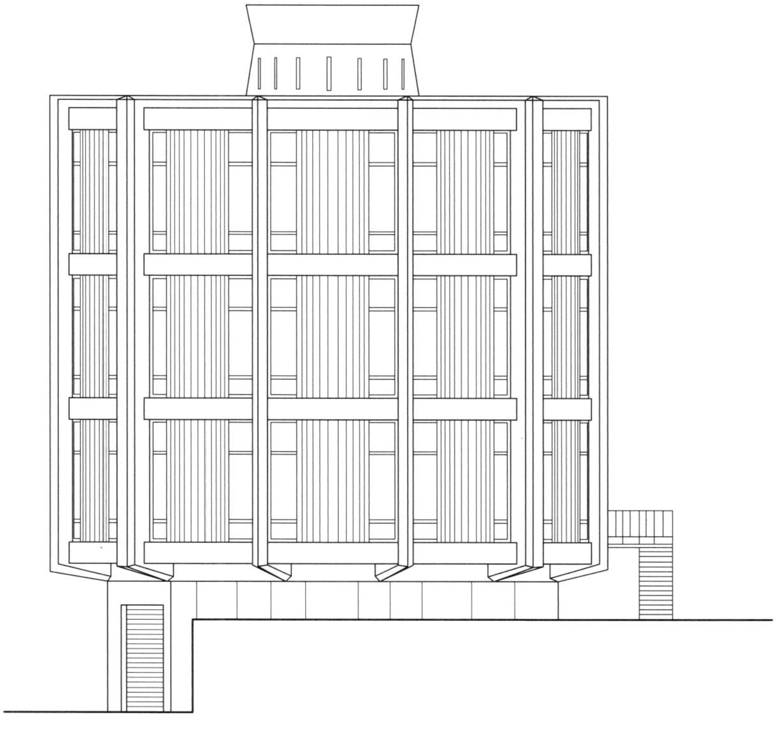

8

1961
台北故宫博物院竞图计划案
Competition Project for the Palace Museum of Taiwan

1 正面全景透视，王大闳先生提供

据王秋华与苏泽建筑师①回忆，当时有四组团队竞逐台北故宫博物院新建竞图，期间台北故宫博物院兴建筹备委员会主席王世杰②还曾通过在美国工作的女儿王秋华，请当时在纽约的几位知名建筑师给复审意见，从岛内评审已认定的作品中再作确认。回复的答案是，他们一致认为只有王大闳比较了解现代建筑，不过大量的玻璃外墙并不适合像故宫这样的博物馆，希望建筑师再作调整。因此竞图评审委员会应该是出于某种尊重境外意见的考虑下，给了王大闳第一名。随后的修正案阶段，或是由于委员会过分保守，或是由于王大闳过分坚持他对中国现代建筑的诠释，以至惹恼了当时筹备委员会的核心成员，再加上筹建有时间的压力，后来才转而委托担任评审后任顾问的黄宝瑜③为执行建筑师。这个事件从道德层面来看确有瑕疵，无论是业主或是黄宝瑜建筑师本人。如今事过境迁，我们尽可以诟病黄宝瑜建筑师的道德操守，不过终究还是保守的威权主义决定了一切，因为这种保守威权的鬼魅伴随着台湾历经国父纪念馆，直到中正纪念堂、台北火车站等重要公共建筑。

台北故宫博物院竞图（以下简称"台北故宫"），在1960年代初不只是台湾文化界与建筑界的一件大事，也是国际大事。1949年国共和谈破裂后，国民党一声令下，所有大陆的重要文物开始南迁，举凡北平故宫博物院、"中央博物院"筹备处、"中央研究院"历史语言研究所、"中央图书馆"与"外交部"等的重要收藏，全数运到台湾。当时还为此成立了"联合办事处"，之后台湾教育主管部门部长杭立武建议成立"'中央'博物图书院馆联合管理处"。先将运来的文物存放在杨梅，之后改存在较为干燥的中部地区，就是今天雾峰乡吉峰村北沟的台中糖厂仓库。起初完全不对外开放，随后在外界的压力下，先增辟了三栋临时建筑作为展览空间，之后又有各处的借展事宜，尤其是1960年的美国行，更是创下了借展最远的距离，因此1960年年底，台湾当局决定在台北外双溪辟建一座现代博物馆来容纳这批文物 。

台北故宫竞图的公布时间应该是在1960年9月9日后，因为1960年9月5日台湾行政主管部门公布筹建台北故宫于外双溪，9月9日即择定了关颂声（基泰）、王大闳、吴文熹、林澍民等人参加比图。据当时任职基泰的高而潘建筑师回忆，1960年9月事务所正在全力冲刺竞图之事，后来11月27日关颂声过世，因此退出竞赛。也就是说竞图在1960年年底前就已选出执行建筑师。1962年6月18日，官方有个开工奠基典礼，看来当局的确以颇为快速的方式完成规划，而且直接委托黄宝瑜设计。这个胎死腹中的作品，就纪念性建筑而言，算是王大闳截至目前最重要的计划案。

台北故宫的概念基本上还是来自密斯纪念性建筑的做法，周围有挑高的廊道，巨大、简洁、壮阔得乃至具有象征性的屋顶。因此王大闳显然只是在构造细节与材料颜色的脉络下找答案，大架构还是密斯的。当然今天看来，他的答案总是让人思绪低回，尤其这时屋顶的诠释是较为抽象的，自然这也符合我们所说的空间氛围。

台北故宫左右两侧有柱，前后则无，二楼以上为凸出的帷幕墙（指在结构上不扮演承重的墙，可以是任何隔间材），其下再以外伸的梁强调出构件本身的力量，凸出体量的侧墙则故意退缩，在转角形成凹陷转角，就像

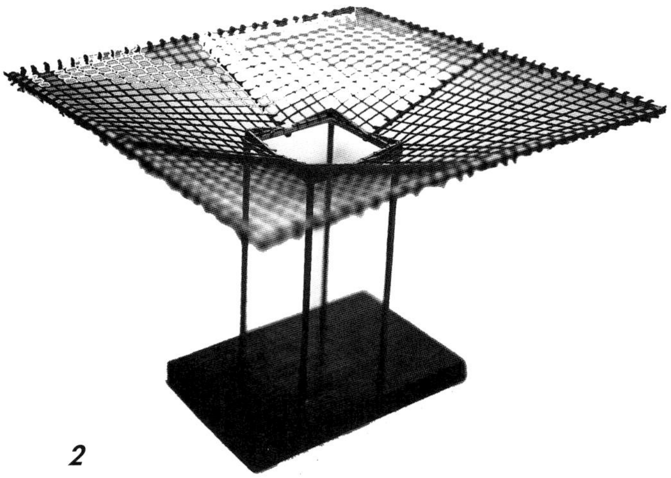

2

2 结构示意图，王大闳先生提供
3 模型正面，林健成工作室制作
4 模型侧面，林健成工作室制作

侧立面上的柱子没有完全升到体量顶端，也形成同样的转角凹陷。再回头说，正立面与侧立面玩了一个有趣、对偶性的柱位游戏，因为正立面凸出的幕墙故意在柱位的投影线上内凹，凹的空间正好是一根柱子的大小，因此形成一个虚柱位，而侧面则是被强化的实柱位，因此形成一个实虚的对偶性游戏。

另外就是屋顶的倒伞状结构。1960 年代初，台湾做了不少此类倒伞状混凝土屋顶的尝试，无法确定王大闳是不是始作俑者。1961 年陈其宽⑤也在华昌宜的协助下，小尺度地在东海旧建筑系系馆尝试过，1963 年的艺术中心更将柱子转 45° 作更动态的运用，更别说张昌华⑥在台湾清华大学体育馆的大尺度实验。有趣的是这两位建筑师也都跟台北故宫有些关系，先是陈其宽在故宫指定黄宝瑜设计后，同是“中央大学”毕业的他给了不少设计意见，因此必然也熟悉王大闳故宫提案的原始想法，我们可以大胆地猜测，或许陈其宽的东海旧建筑系系馆的灵感是来自王大闳的台北故宫。至于土木系背景的张昌华，熟悉结构，1950 年代短暂合作期间也为王大闳的建筑做结构计算⑦，谁影响了谁不得而知。不过可以确定的是，王大闳赋予了该结构系统在形式上的意义，尤其在计划案中的倒伞状支柱不是一根柱子，而是一个有玻璃顶的采光中庭空间，让室内增加了更多层次性的光影变化。

为什么要选择这种倒伞状结构？说穿了还是它的外挑曲线，因为反梁正十字交叉的结构系统，让四个对角板面产生抛物线，是一个非常优雅的曲面造型，它更能抽象地指涉与中国传统建筑曲面屋顶的关系。

总之，我们在台北故宫竞图中仍然读到一个不断创新、永不受挫的王大闳，他知道中国传统的幽灵只有借由密斯现代性语言的再诠释才能重回 20 世纪，就像安藤忠雄的日本现代性是包裹在柯布西耶的意念中。台北故宫的受挫并没有立即让王大闳灰心丧志，因为更精彩的 1960 年代初仍然不断挥洒出灿烂的火花。

① 苏泽建筑师为当时实际执行此案的黄宝瑜建筑师事务所的资深设计师，成功大学建筑系 42 级（1953 年）毕业。

② 王世杰（1891—1981），字雪艇，清光绪十七年二月初一日生于湖北省崇阳县白霓桥回头岭。1913 年赴英国，考入伦敦政治经济学院，于 1917 年获得法学士学位。同年秋，转赴法国，入巴黎大学研究公法，于 1920 年取得法学博士学位。1922 年与音乐名家萧友梅之妹德华女士在北京结婚，育有二女二男，次女即为王秋华。1962 年台湾“中央研究院”院长胡适过世后，接任第四任院长。

③ 黄宝瑜，知名建筑师、教育学者。1940 年毕业于重庆国立中央大学工学院建筑系，追随中国营造学社文献部主任刘敦桢教授，后至美国宾州大学修习国民住宅及都市计划。1949 年来台，先担任省立工学院（今成功大学建筑系）专任讲师，主授“中国建筑史”及“建筑设计”等课程，后转任台湾电力公司建筑课长。1960 年担任中原大学建筑系创系首任系主任，并创办大壮建筑师事务所（“大壮”之名取自其师刘敦桢自号“大壮室主人”）。1973 年涉及王正谊台北市外双溪中央社区 2236 户住宅弊案，后移民加拿大，2000 年过世。

④ 那志良：《故宫四十年》，台湾商务印书馆，1966 年初版。

3

4

⑤ 陈其宽，1921 年生于北京，2007 年卒于旧金山。台湾知名建筑师、画家。1944 年毕业于“中央大学”建筑系，1943 年入美国伊利诺伊州立大学。1951 年任麻省格罗皮乌斯建筑师事务所设计师。1952 年任教于麻省理工学院建筑系，1960 年任台湾东海大学建筑系主任，1980 年任东海大学工学院院长。美术史学家吴讷孙赞誉他在绘画上的成就，称其为“三百年来第一人”。

⑥ 张昌华，1908 年生于焦作，2009 年卒于台北。长于北京，待过苏州，祖籍江苏吴县。1925 年进入清华大学工程学系就读，1929 年毕业，1932 年取得美国康奈尔大学土木工程学系硕士学位。回大陆后历任公职，战争期间成立华泰建筑师事务所，随后应美军要求改为华泰营造厂。亦曾任教西南联合大学土木系。1948 年随国民党撤退来台。“清大”在台复校后，再次邀请张昌华将营造厂改回事务所，协助建校事宜。“清大”每年校庆他都受邀，因为他是在台湾最老的校友。

⑦ 在 2006 年 7 月 15 日的张昌华访谈中，他提到王大闳 1952 年年底来台后，曾有短暂的数年时间，大洪建筑师事务所寄居（或合作）在张昌华位于中华路中华商场的旧址华泰建筑师事务所（1954 年华泰营造厂改成华泰建筑师事务所）里，1957 年因如何拆账未厘清而结束了关系。

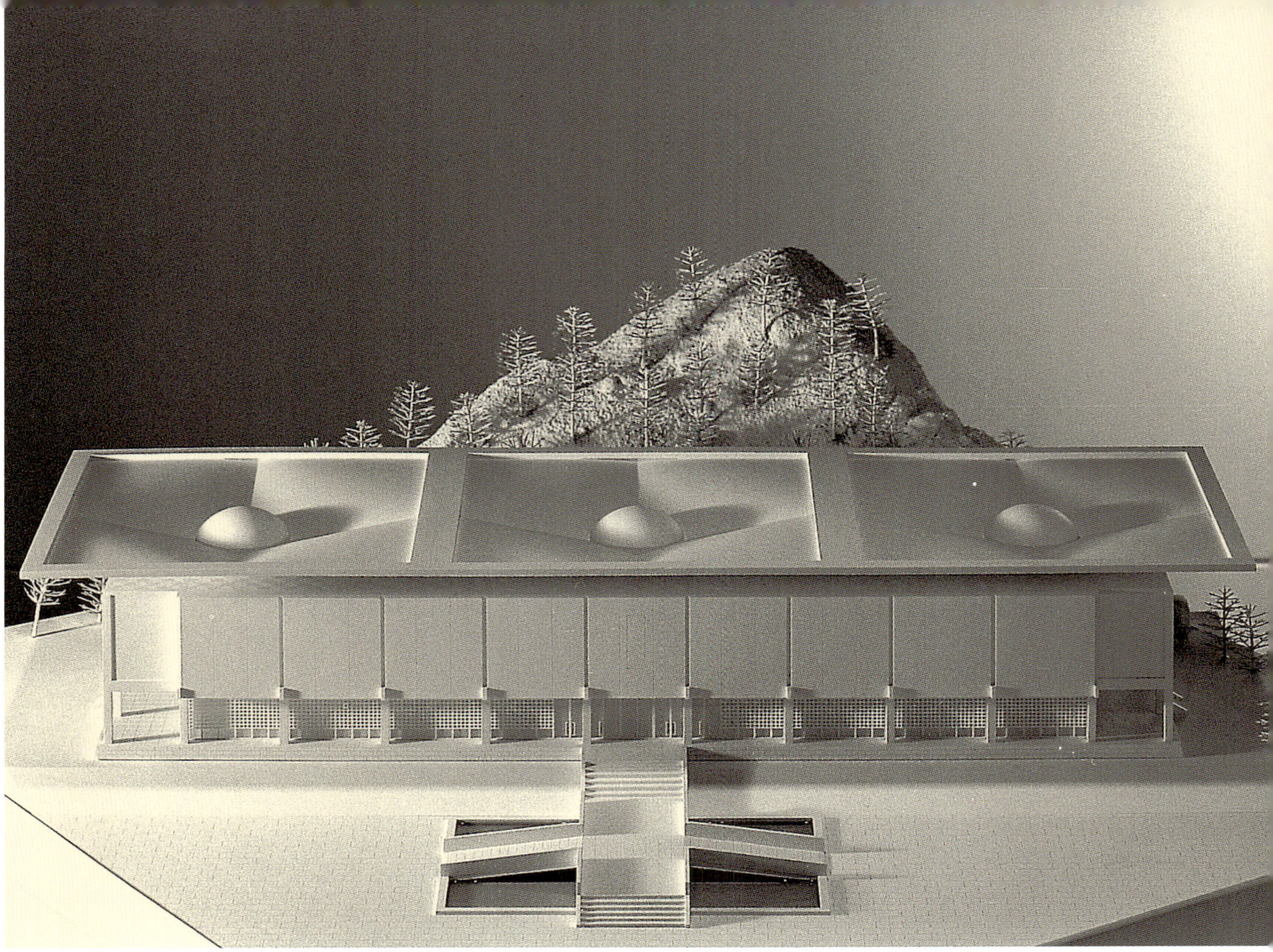

5

6

7

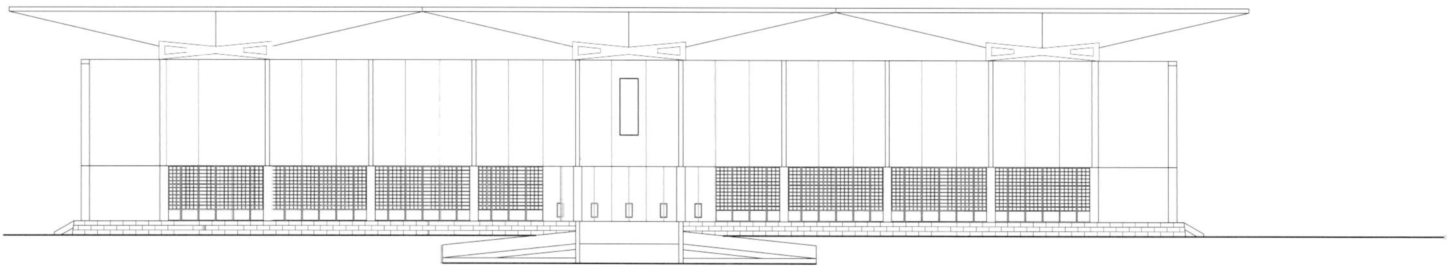

8

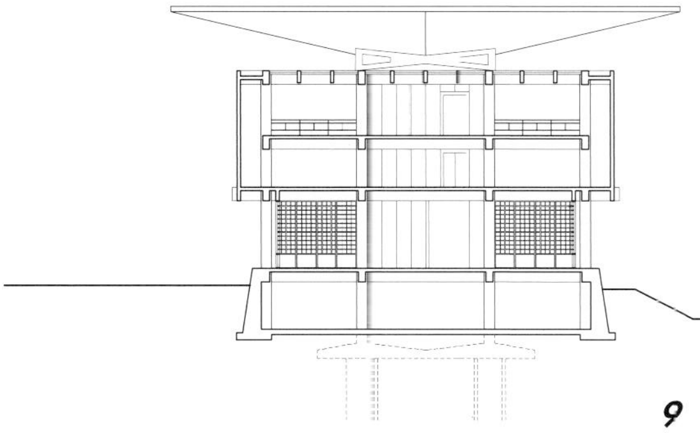

9

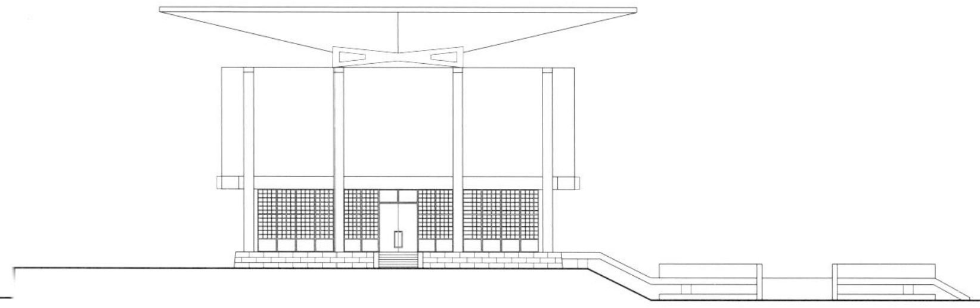

10

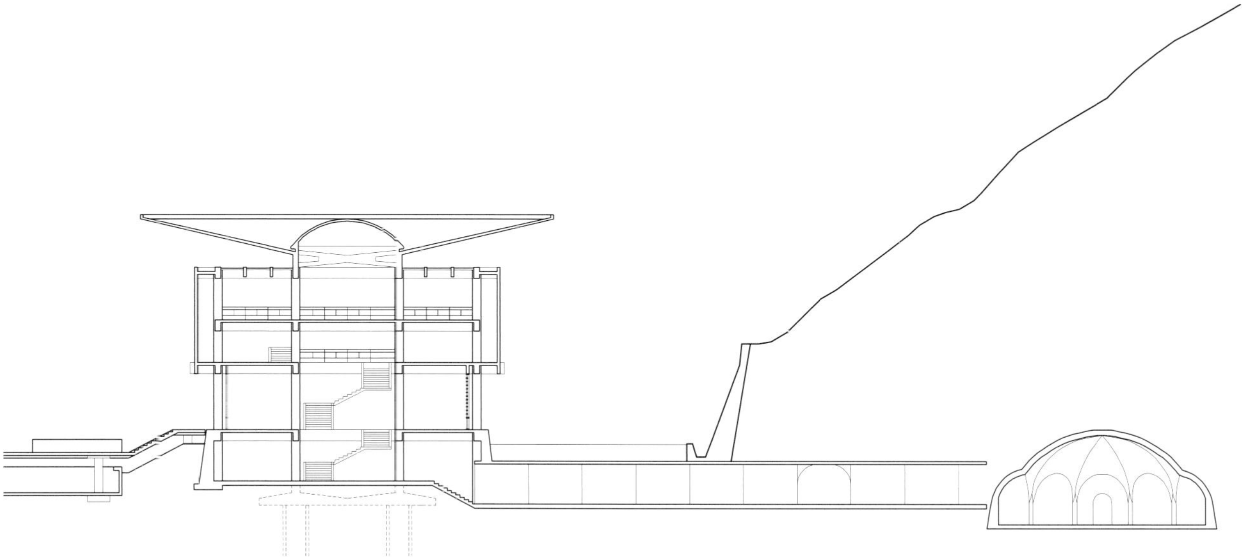

11

5 模型正面俯视，林健成工作室制作

6 张肇康在太平行的螺旋伞状雨棚工地留影（1964 年 8 月），王大闳先生提供

7 张昌华设计的台湾"清华大学"体育馆，1959 年。图为雨庇下一景，徐明松摄

8 南向正立面，胡祖同绘

9 东西向剖面，胡祖同绘

10 东向侧立面，胡祖同绘

11 南北向剖面，胡祖同绘

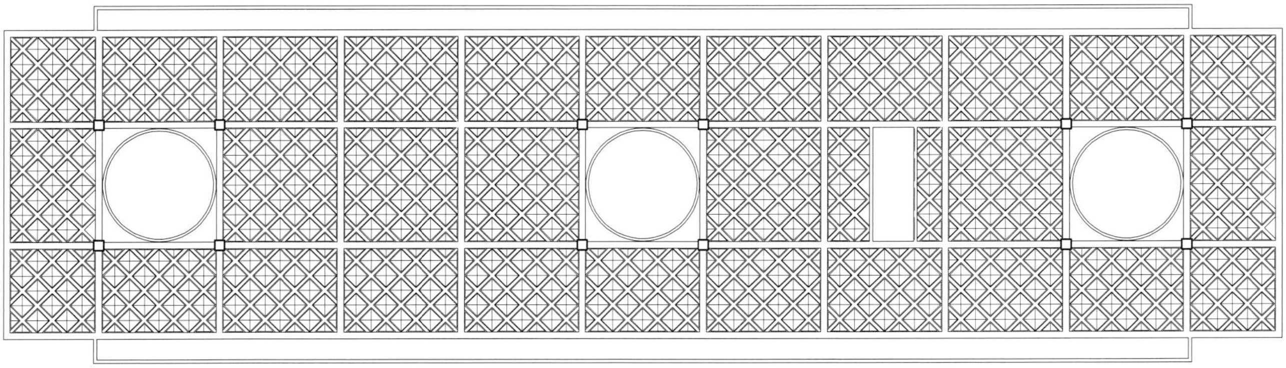

12

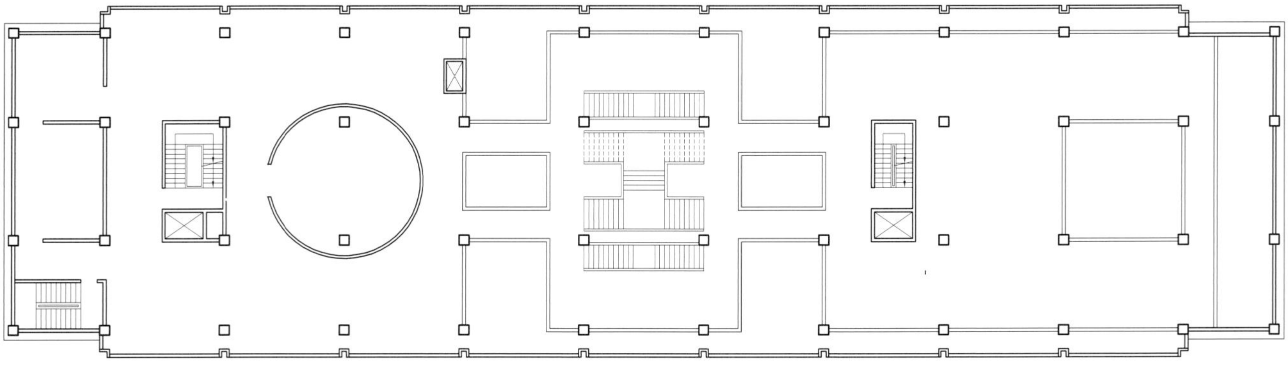

13

12 屋顶平面，胡祖同绘

13 三楼平面，胡祖同绘

14 二楼平面，胡祖同绘

15 地面层平面，胡祖同绘

a 门厅

b 水池

c 询问台

d 楼梯

e 会议室

f 办公室

g 梯厅

h 回廊

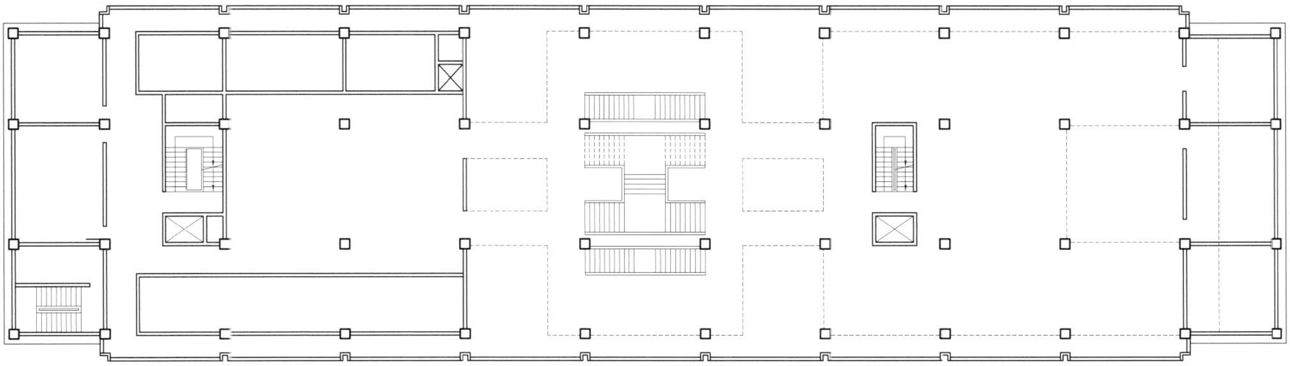

14

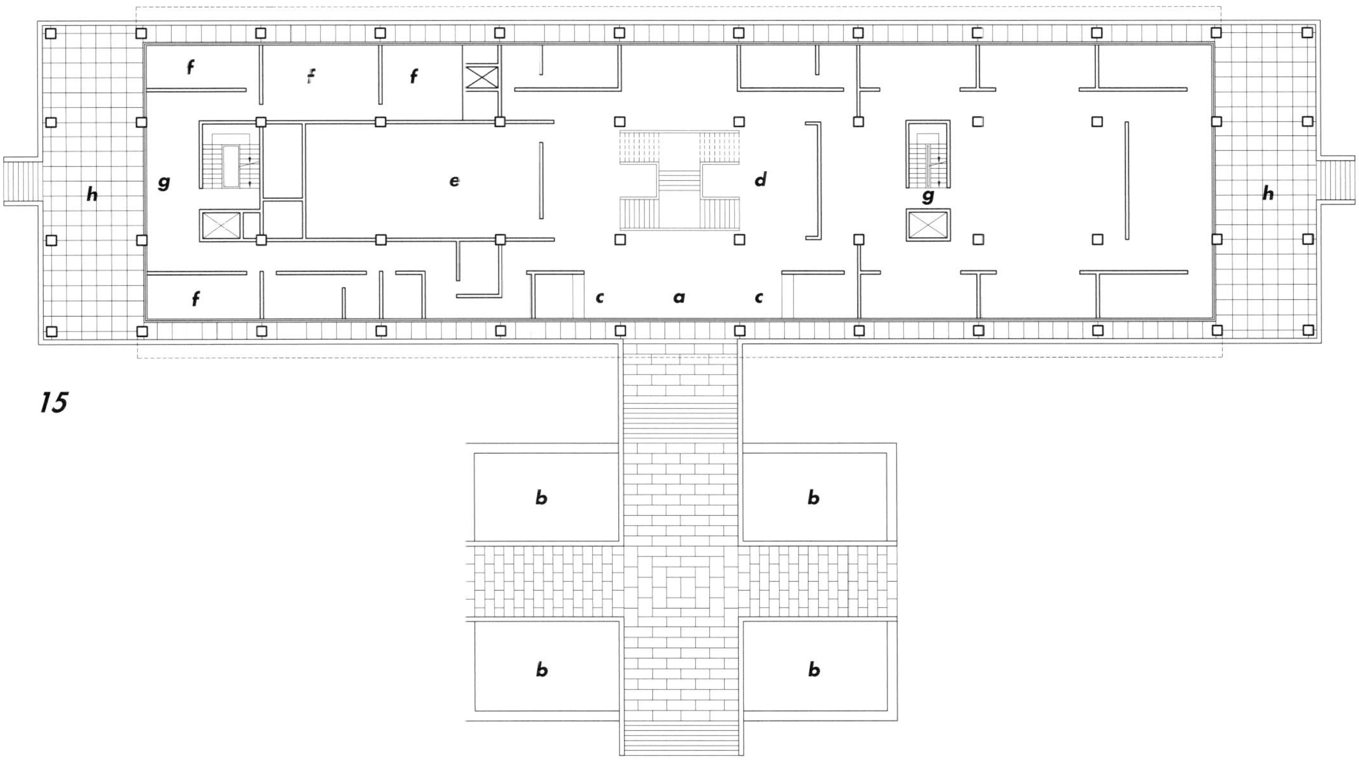

15

1961

台北监狱龟山新监总办公厅

General Office of Taipei Prison Guishan Precinct

1

台北监狱龟山新监是一个复杂的计划案，除监狱内的行政办公、监舍等建筑外，还有外面的宿舍区，包括相关的活动中心、餐厅等，俨然一座现代小区。当时有多位建筑师参与设计，可惜目前无人深入研究，令人非常担心资料佚失，造成日后研究困难。目前知道，除王大闳的大洪建筑师事务所，还有吴文熹建筑师事务所及张昌华的华泰建筑师事务所参与设计监造。以下就只针对发表在《建筑》双月刊的台北监狱龟山新监总办公厅（简称总办公厅，现称行政大楼）进行讨论。

2005年年底申请进入龟山新监，里面没有像电影里边沁①式空间般的摄人，后来深究才知王大闳放弃那种监视式的向心形平面，改用较具人性的空间布局。据王镇华老师说，龟山新监是王大闳自己蛮喜欢的作品，按时间来说，也是他巅峰时期的作品。

旧建筑杂志报导时，仅盖完总办公厅，后来陆陆续续又建了监狱其他设施，乃至外面职员的餐厅、福利社、活动中心与宿舍群，是一个规模极为庞大的计划案。不过目前能掌握的文献资料有限。

杂志里的叙述文字说："监狱为一复杂之机能性建筑；安全、效率及心理应兼顾。境外监狱多首重安全，故警卫森严，气氛凛然。台湾今日狱政则较重视教化与人道，故建筑方面须考虑受刑人心理，使尽可能学校化。龟山台北新监即据此为设计原则。今从其办公厅亦可察出其特异。境外之监狱多将其办公厅远置于监外，以长道相连；而将受刑人进出监、警卫、探监等各处另行分设。于本设计中则合而为一，即以此建筑分监内监外；而得节省人力，易于管理。"②这段话反映了建筑师对狱政人性化空间布局的看法，所以作为管理前哨站的总办公厅就显得格外重要。

又提到："正中进入部分及中央内庭为总办人员及外来人员所用。右侧厢内为送往受刑人庭场，经送右方之医院检验后即入右方建筑，办理手续，更衣，缴出私人对象入库，于讲解室内听讲后，男受刑人即从中央穿道经铁栅门入监，女受刑人穿左厢之地道入女监，出监路线相同。探监人入左侧厢内，入室办理手续后，经休息室入会见室；男女受刑人分从后方与左方入候见室按序入会见室；中央置管制室控制一切并验收送监物品。受刑人之产品展览室置于左厢，便于外人之参观及接洽购买。警卫人员置于后部之中央便于管制。从二楼瞭望台可俯视全监活动。"③建筑师在这合院四周安排了所有入监、探监与行政办公的功能，服刑人与一般人共同出入在这个气氛不那么凛然与森严的气氛里，的确跳脱了传统的监狱布局。

本案建筑师在总办公厅立面上采用了隔热花隔砖，但保留了一、二楼外露的垂直柱子，特别是一楼楼层的刻意拉高，增加了建筑物高耸的感觉。在内部回廊上方，混凝土梁脱离天花板或尾端收以圆弧的处理方式，则明显有将建筑元素构件化的企图，似乎也有呼应传统木构造建筑的用意。可惜该建筑外观已遭修改，唯中庭仍可感受到一丝旧日气氛。

① 杰里米·边沁（Jeremy Bentham, 1748—1832），英国著名哲学家、法学和社会改革家。他是最早支持功利主义和动物权利的人之一。著有《政府论片断》（*A Fragment on Government*, 1776），在其中对英国宪法进行了探讨；《道德与立法原理导论》

2

3

(*Introduction to the Principles of Morals and Legislation*, 1789)，第一次明确表达了功利主义的原则。边沁在实践上是激进的社会改革者，他反对君主制，提倡普选制度；也是最具影响力的古典自由主义者，其影响力不仅来源于他的著作，而且来源于他全世界的门徒，包括约翰·斯图尔特·米尔（John Stuart Mill）和一些政治领袖。

②③ 《建筑》双月刊，1962/10，第 4 期，第 20-22 页。

1 外观全貌鸟瞰，旧照片，台北监狱龟山新监提供

2 模型正面，王大闳先生提供

3 外观侧面全貌，《建筑》双月刊，1962 年 10 月，第 4 期，21 页

4

5

6

7

8

9

4 外观正面全貌,《建筑》双月刊,1962 年 10 月, 第 4 期, 22 页

5 外观斜正面全貌,《建筑》双月刊,1962 年 10 月, 第 4 期, 21 页

6 中庭鸟瞰,《建筑》双月刊, 1952 年 10 月, 第 4 期, 21 页

7 外观正面局部,《建筑》双月刊,1962 年 10 月, 第 4 期, 22 页

8 中庭回廊,《建筑》双月刊, 1952 年 10 月, 第 4 期, 22 页

9 楼梯,《建筑》双月刊, 1962 年 10 月, 第 4 期, 22 页

1962

台湾大学第一学生活动中心

1st Student Activity Center, Taiwan University

1

台湾大学（简称"台大"）第一学生活动中心（简称"一活"）的设计兴建，是1960年代初台湾大学与建筑界的头等大事，更是王大闳建筑另一个文化性的重要尝试。其实原计划包括台大礼堂一座，教职员休息中心与"一活"各一座，位于该校椰林大道尽头。王大闳将此三幢建筑以台大礼堂为中心排列成品字，由一宽敞广场联成一气。首先建造者为"一活"，现该建筑已扩建至第二期工程，其余两栋后来未兴建，原因不明，殊为可惜。

"一活"为折板式屋顶，正面有直达屋顶高二层楼的柱廊。进门后主要为交谊厅，内分棋、桥、书报阅览及谈话交谊等活动空间。交谊厅与外面柱廊间隔以中式窗门，必要时可将使用空间延展至室外廊下或广场上。此一有利条件同样适用于可容四百多人的餐厅。餐厅旁偌大的中庭除加强室内通风、采光效果外，还将上下两层空间融为一体，又可作为一封闭的露天游憩活动场所，实为良好的半户外空间。楼上以外廊环绕中庭而联结所有大小房间，以供各学生社团办公及活动用。

建筑的细部与颜色设计相当精彩，譬如说屋顶，那细腻带韵味的折板处理，令人赞叹：折板高点比低点还往外移出数十厘米，颇有另一飞檐之势，侧面折板忽地在高点停止，也形成了一个轻盈飞翔的线条，两者都加强了折板屋顶与传统屋顶的有趣联想，但又不乏创新。

还有就是两个恰如其分的天井，有水池的天井较小，取其宁静；没有水池的，两倍大于前述天井，可将室内活动延伸至户外。该栋建筑在用色上也使用了传统的黑、朱红与金色，让整栋建筑沉浸在既现代又传统的氛围里。这个中庭的运用也可看作传统合院空间立体化的首次尝试。

"一活"对面，原计划兴建与学生活动中心几乎同一形式的教职员休息中心，唯内部中庭与各室的分划与此不同。

位于轴在线的台大礼堂，其形态、高度与气势在当时校园必定颇为壮观，最值得注意的是其折板屋顶，顶与墙共同形成上下交错的双折式屋顶，左右则形成一个巨大的三角拱，围塑出一个中间没有任何落柱的大跨度空间。更有趣的是，整个外形酷似一顶古代的官帽，它那上下交错的双折式屋顶，在立面读起来宛如折纸般优雅，完全没有钢筋混凝土构造上的笨重。这种既吻合现代结构与功能需求，又捕捉传统意象的形式创作，一向是王大闳建筑创作的精要，可惜没有实现，否则在空间经验上一定可以为台湾当代建筑史增添色彩。

1 台大礼堂规划案模型，旧照片，王大闳先生提供
2 台大礼堂模型侧面，秦巧颍、邱婷婷制作
3 台大礼堂模型正面，秦巧颍、邱婷婷制作
4 台大礼堂模型背面，秦巧颍、邱婷婷制作
5 第一学生活动中心外观全貌，旧照片，王大闳先生提供

2

3

4

6

6 第一学生活动中心外观全貌鸟瞰，邹昌铭摄
7 第一学生活动中心增建外观全貌，詹勋次建筑师提供
8 第一学生活动中心增建前后栋间庭园，詹勋次建筑师提供
9 第一学生活动中心局部正面，邹昌铭摄

7

8

10 第一学生活动中心天井山墙，邹昌铭摄

11 第一学生活动中心外观全貌，邹昌铭摄

12 第一学生活动中心入口门厅照壁，徐明松摄

13 第一学生活动中心内部大天井，旧照片，王大闳先生提供

11

12

14

14 第一学生活动中心入口门厅，邹昌铭摄

15 第一学生活动中心地面层平面，秦巧颖、邱婷婷绘

- a 门厅
- b 水池
- c 天井
- d 餐厅
- e 阅览室
- f 厕所
- g 管理室

16 台大礼堂周边规划案总配置，秦巧颖、邱婷婷绘

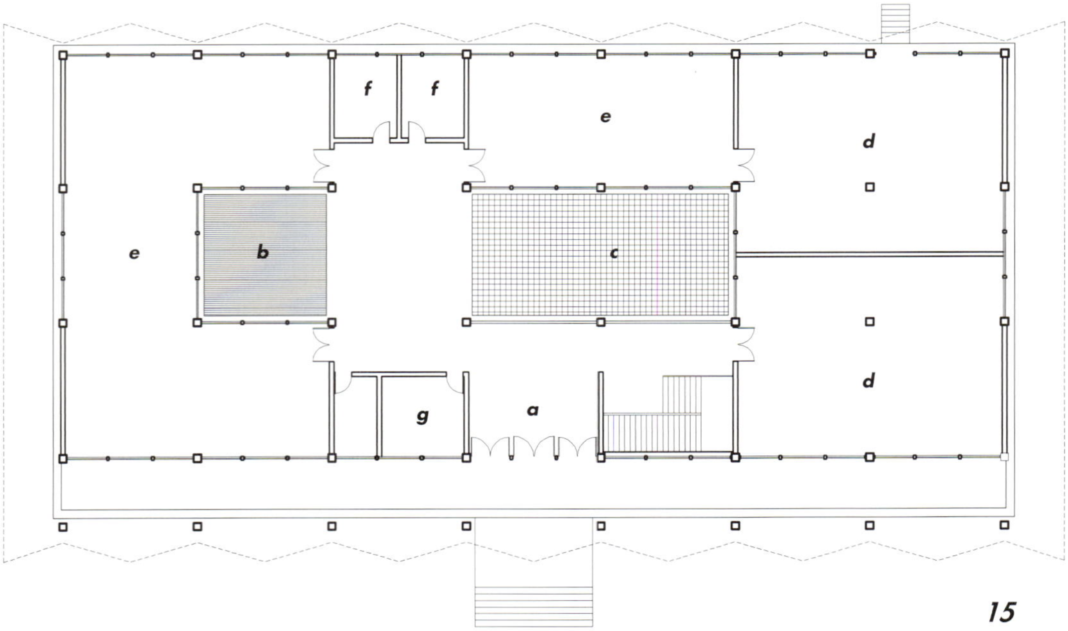

15

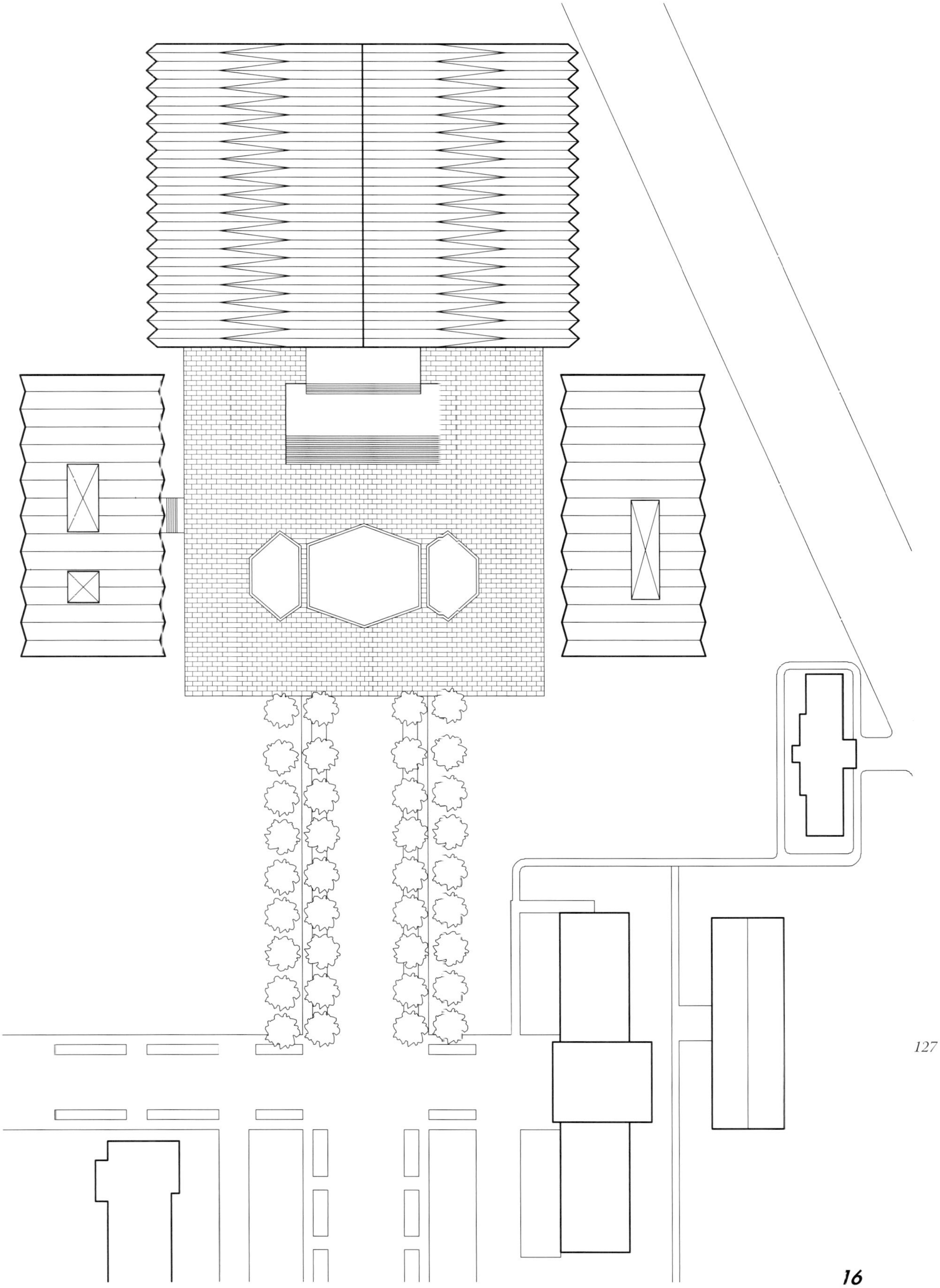

16

1963

淡水高尔夫球场俱乐部

Golf Club at Tam-Shui

Buildings and Projects 15

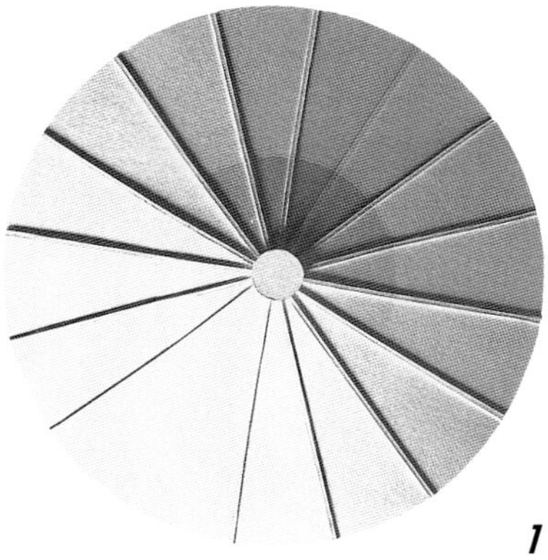

1

淡水高尔夫球场俱乐部位于淡水滨海的山坡上，视界辽阔、绿草如茵，是台湾早期规模较为完善而宽阔的高尔夫球场，由于当时会员增加迅速，日据时代所遗留的旧址不敷使用，于是请王大闳继台北水源路高尔夫俱乐部之后，设计这座可以容纳百余人，且仅供会员游憩及用餐的圆形交谊厅①。

建筑物位处一座高岗上，周围地形高低不平而又狭窄。为保持原基地的广大视野，并避免空间拥塞，再者希望使新建交谊厅能清晰地透视高尔夫活动、观赏四周美丽风光，建筑师将整个建筑物做成直径20m的圆形体，由中央一根圆锥形的大支柱腾空支起，楼板及屋面板分别由20支等距离的预力肱梁作伞骨状伸张支托，中间层的最外圈为铝制支撑，红漆桧木圆形栏杆内圈全部为铝制落地长窗，镶以由新竹玻璃工厂供给的特别加工的6mm平光玻璃，从内外望景物清晰真切，毫无歪曲变形等走样现象，置身其内犹如休憩于树荫之下，环视四周，近山远海俯伏脚下，整个设计创意十足且姿态轻盈②。

淡水高尔夫球场俱乐部为台湾第一座悬臂预力梁结构，结构工程师为留法学者凤后三③。远看不仅有王大闳酷爱的飞碟外貌，也与中国塔的片段接近。记得1980年代在淡水还见过它，只觉得它简洁利落，却不知是王大闳的作品。如今已遭拆除，只能在柯锡杰的影像中凭吊它的昔日英姿。

①② 此两段文字改写自林盛丰主编的《中国当代建筑师——王大闳》，大仁出版社，1978年左右。

③ 凤后三，留法结构工程师，生平不详。1960年代初，曾协助许多台湾重要建筑师解决建筑的结构问题，除王大闳淡水高尔夫球场俱乐部外，东海大学的路思义教堂亦出自他的手笔，教堂完成后，贝聿铭先生说："凤先生功劳第一，功劳最大。"后来经陈其宽先生推荐至纽约贝先生事务所任职，之后逝世于芝加哥。

1 模型全貌俯视，利晓佩制作

2 模型全貌，利晓佩制作

2

3

4

3 外观全貌，旧照片，柯锡杰摄，王大闳先生提供

4 全貌概念图，《越南时报》，1963 年 2 月 10 日

5

6

7

8

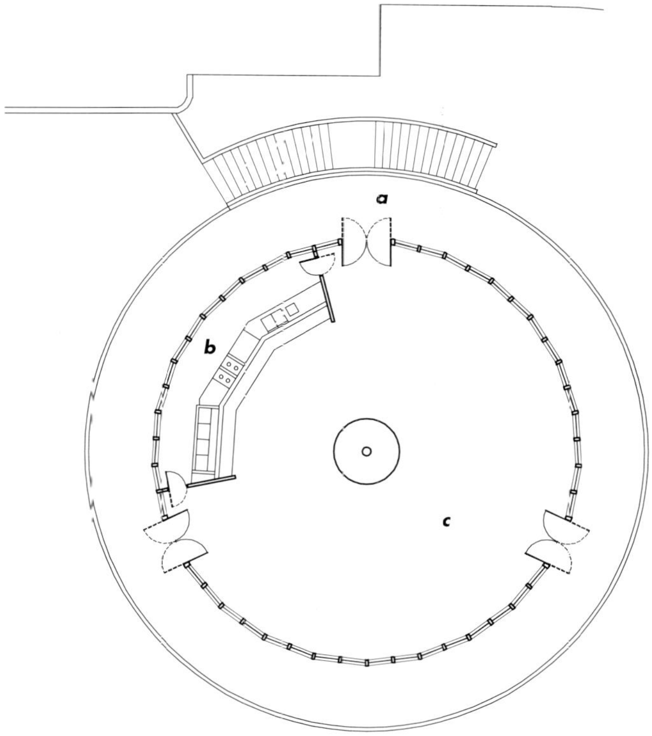

9

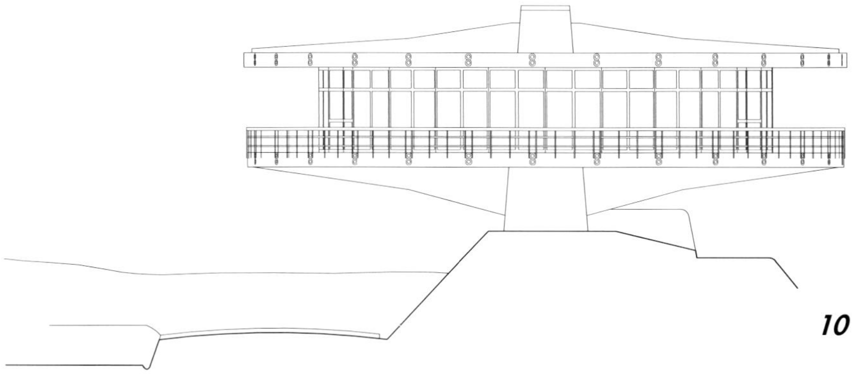

10

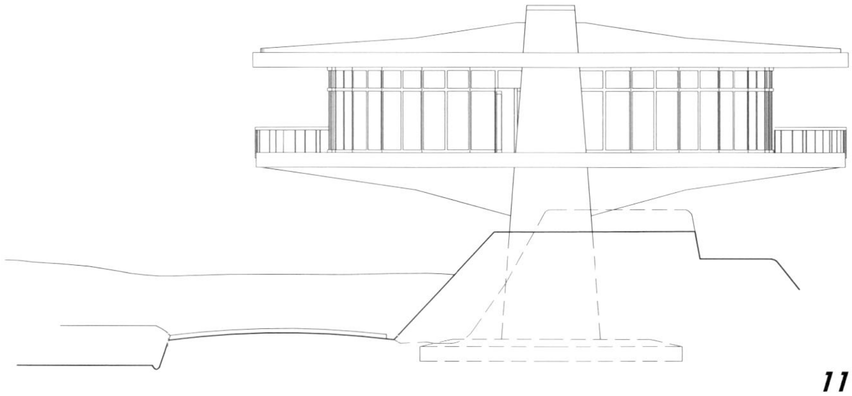

11

5 外部楼梯,《建筑》双月刊, 1963 年 4 月, 第 7 期, 26 页
6 外观一隅,《建筑》双月刊, 1963 年 4 月, 第 7 期, 26 页
7 室内,《建筑》双月刊, 1963 年 4 月, 第 7 期, 26 页
8 远景,《建筑》双月刊, 1963 年 4 月, 第 7 期, 26 页
9 俱乐部层平面, 利晓佩绘
　a 入口
　b 吧台、厨房
　c 餐厅
10 立面, 利晓佩绘
11 剖面, 利晓佩绘

1963
台湾大学地质工程馆
Department of Geosciences, Taiwan University

台湾大学地质工程馆（简称地质馆）与台湾大学化学工程馆（简称化工馆），是王大闳早期开始大片处理遮阳的两栋重要建筑。不过资料显示，1959 年在北宜公路二段 200 号的中央银行青潭仓库（简称青潭仓库）可能才是他最早大片使用遮阳的建筑。

地质馆可能是王大闳个人喜欢的一栋建筑，因为我们在整理王大闳个人资料时，发现卷宗里还保存了许多张地质馆的底片与照片。今天建筑物最右侧为增建，施工非常粗糙，应当不是大洪建筑师事务所设计。建筑的平面呈非常简单的一字形，内部的楼梯也不甚特殊，因此剩下的就是立面的分割与雕塑性遮阳处理。

王大闳作品里建筑遮阳的处理分两个模式：如果遮阳的雕塑性强，梁柱系统就会隐而不显，像之前提到的青潭仓库与化工馆都是成例，后来的“中研院”植物所或庆龄工业研究中心也不脱此逻辑；另一种模式就是地质馆的方式，梁柱与雕塑性同时存在，类似状况还有 1970 年的台南区基督教大专服务中心。

总之在这个作品里，王大闳雕塑的白色加深的拱形遮阳板，嵌在红色清水砖的墙面上，然后梁柱的表面也以条面状斩石子的姿态勾勒出立面的框架形式。最有趣的则是拱形遮阳板的垂板在过窗台后突然弧形内缩，形成一个带点不知名东方味道的弧形转角。从侧面一定视角看，所有的遮阳板又再次形成一个丰富的白色波浪，直到立面、梁柱消失不见。

1 外观正面全貌，邹昌铭摄

1

2

2 正面局部，旧照片，王大闳先生提供

3 拱形雨遮与出檐，徐明松摄

4 拱形雨遮，徐明松摄

3

4

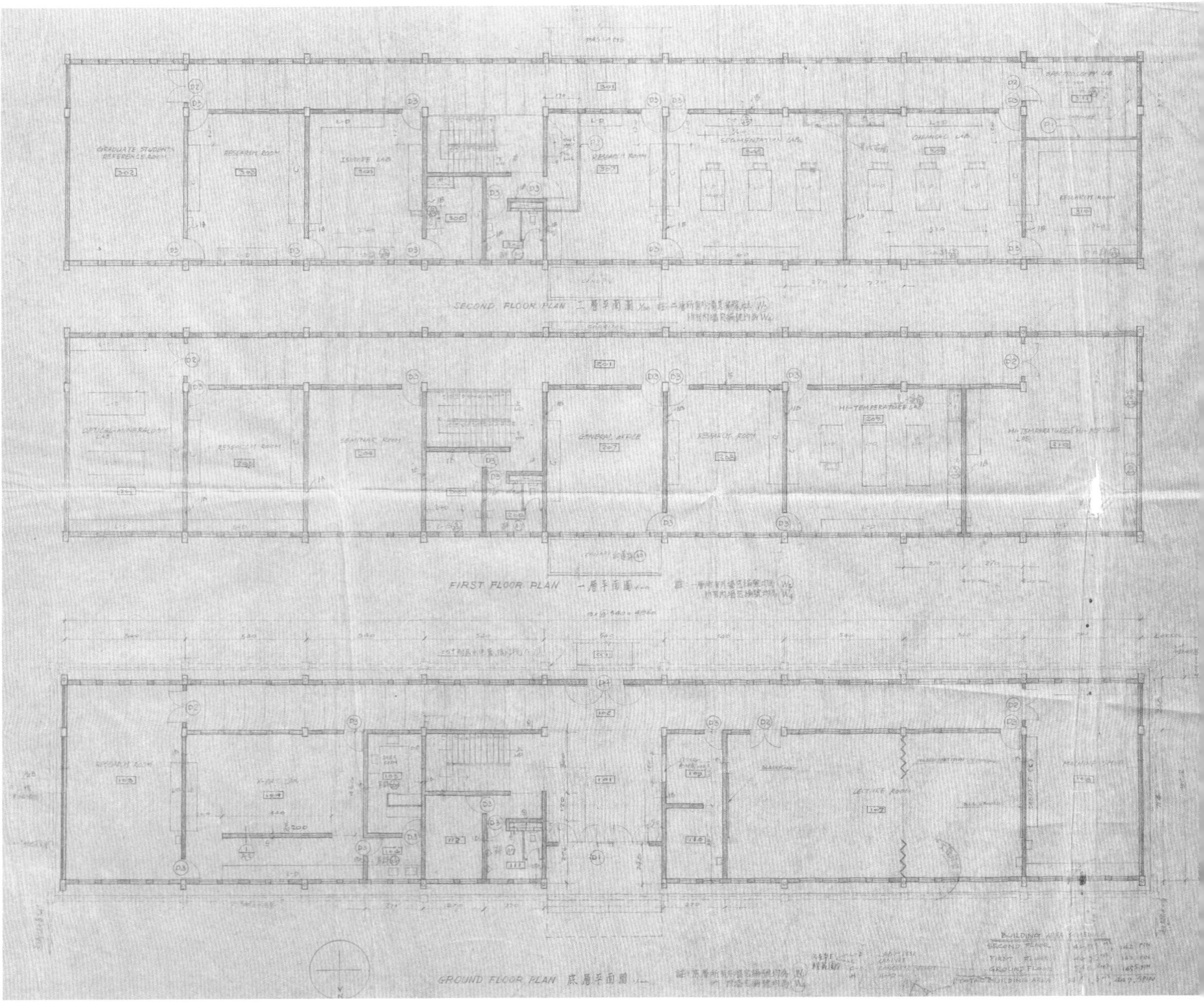

5 施工图, 地面、二、三层平面, 台湾博物馆数位典藏

6 施工图, 正立面与背立面, 台湾博物馆数位典藏

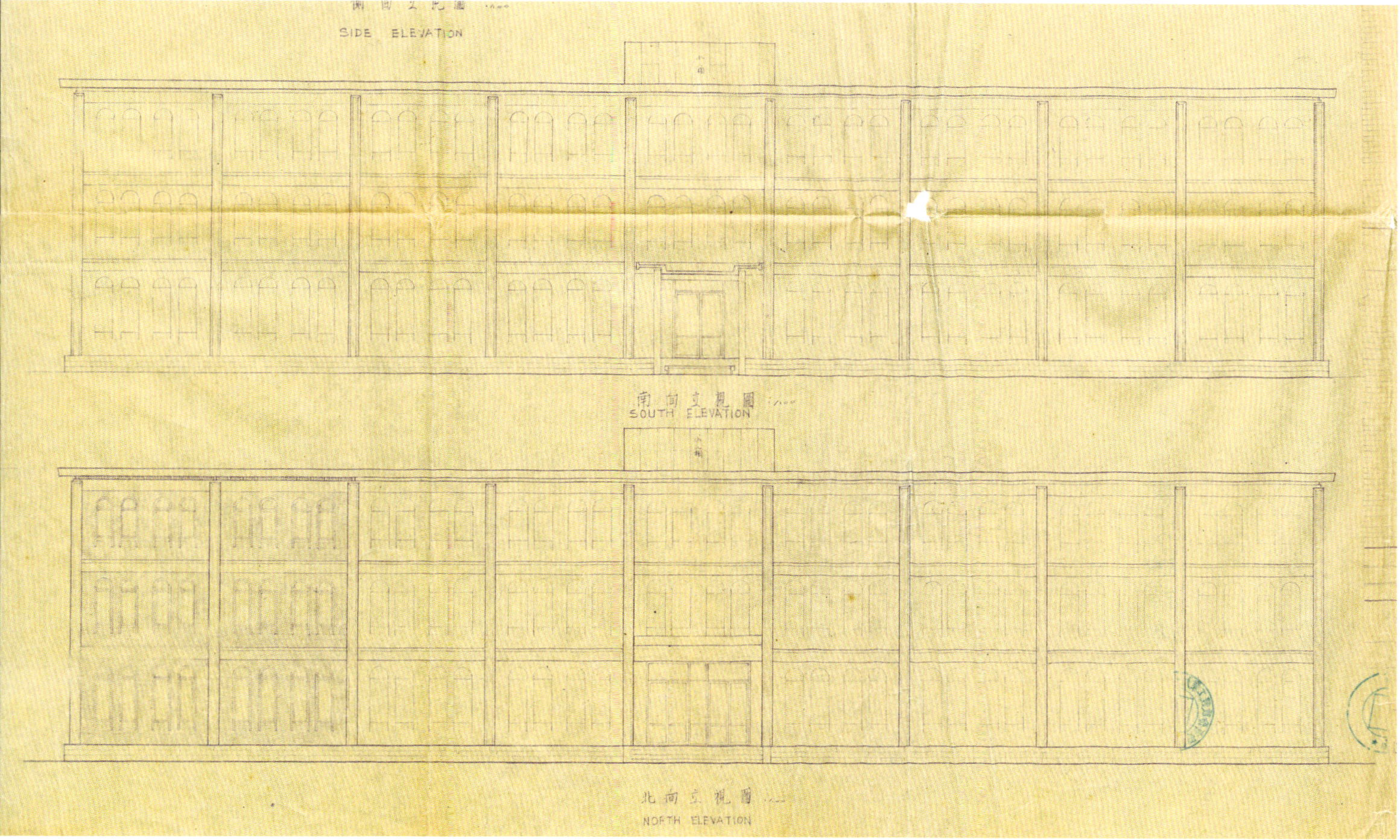
SIDE ELEVATION
南向立視圖
SOUTH ELEVATION
北向立視圖
NORTH ELEVATION

6

1963

台湾大学法学院图书馆

Law and Social Sciences Library, Taiwan University

1

1 外观正面全貌，旧照片，王大闳先生提供

2 外观侧景旧貌，旧照片，王大闳先生提供

位于台北市徐州路的台大法学院，原拥有日据时代所建的一座木造图书馆，1960年代以来学生人数急速增加，馆藏规模也已扩展（当时台大法学院学生已逾两千人，藏书已逾二十万册），原仅供藏书五万册的旧馆已不敷应用。为解决此需求，开始筹建台湾大学法学院图书馆（简称法学院图书馆）。

法学院图书馆于1962年11月底正式开工，用时一年完成。早期刊登该作品的《建筑》双月刊有这么一段话："新馆建于原馆之右侧，坐东朝西。为减少馆内西晒之强光，乃用嵌陶质花砖之墙面为遮阳之用。砖面碧绿，粉金缝，示'金碧辉煌'之意。益以红墙白柱，深檐重影，设计者之用意乃在清新怡重，庄严肃穆的感觉。"①

建筑物刻意将一楼抬高半层，方便光线进到地下室书库。平面将所有服务性空间（楼梯、厕所、行政办公）都集中在靠前方五分之二处，留下一个完整五分之三的矩形空间作为图书、阅览的用途。一楼后半部五分之一处的开架书库区还做了个夹层，除增加藏书容量外，也增加了不少空间变化。

这栋建筑采用古典建筑三段式做法，有台基、屋身与屋顶，但方式是间接与隐喻的。在屋身正面部分，除外露原有的结构柱以外，花隔砖的部分还加了六根非承重细柱，每个柱间距两根，切成三等份。因此在五开间的立面上，又叠上了九开间的花隔砖立面。但有牢固大片花隔砖功能的垂直细柱，在视觉上因此更加强了立面垂直扬升的效果。同时"法学院图书馆之出檐与立面分割形式，似乎亦有格罗皮乌斯1961年所做之希腊雅典美国大使馆之味道"②。

侧立面的游戏则更为有趣：同样每个柱间距两根垂直细柱，且五个开间全数施作，但这回不用花隔砖，而是三等分后，左右两侧在屋身处开大片窗。从整个侧立面来看，红钢砖覆材因此显得明显，反而斩石子的结构柱因为与台基、屋顶颜色相近而隐而不显，所以我们在视觉上会产生一种不断错动的节奏。这种视觉游戏让人想起意大利文艺复兴建筑师拉斐尔的阿贝尔里尼官邸（Palazzo Alberini）③。

屋顶部分仍是通过女儿墙与梁、柱交错的细部处理来隐喻木构造的交接组合。再者就是入口左右的扶手，在细部的处理上也是难得的佳作，譬如说扶手面走到建筑物前两厘米左右处戛然而止，或者扶手立柱在与扶手面接触前的收缩，都让简单的扶手增加了许多空间感。

1963年，仍具创造性的王大闳，为什么给了一栋架构稍显保守，但仍细腻的现代建筑？特别是1961年前后，又是台北故宫博物馆竞图，又是台大礼堂计划案，更别说1964年又完成了虹庐。原因可能是王大闳在60年代初已感受到社会的保守氛围，此时宫殿式建筑开始大量出现，因此试图开发另一条研究路径，在不失格调的前提下，也能满足业主的要求。因此类似的形式在1970年代的台湾教育主管部门大楼或1980年代的台湾"中央研究院"历史文化陈列馆都再次出现，因此法学院图书馆可看成王大闳试图用较为具象的方式与传统对话的实验性案例。

① 《建筑》双月刊，1964/2，第12期，第22-24页。

② 王俊雄：《忧郁的现代——王大闳与台湾建筑现代性，1950—1970》，见《王大闳》，建筑师全联会杂志，注11，第21页。

③ 徐明松：《古典、违逆与嘲讽——从布鲁涅列斯基到帕拉底欧的文艺复兴建筑师》，台北，田园城市，2003/07。

2

3 外观正面全貌，邹昌铭摄

4

5

4 正面入口栏杆转折处细部，邹昌铭摄

5 正面入口栏杆与墙接邻处细部，邹昌铭摄

6 一楼平面，《建筑》双月刊，1964 年 2 月，第 12 期，23 页

7 正面立面，《建筑》双月刊，1964 年 2 月，第 12 期，23 页

8 西侧立面，《建筑》双月刊，1964 年 2 月，第 12 期，23 页

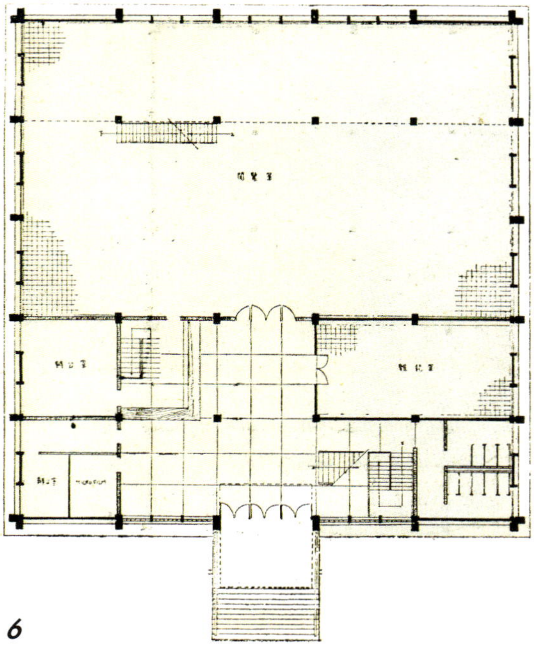

6

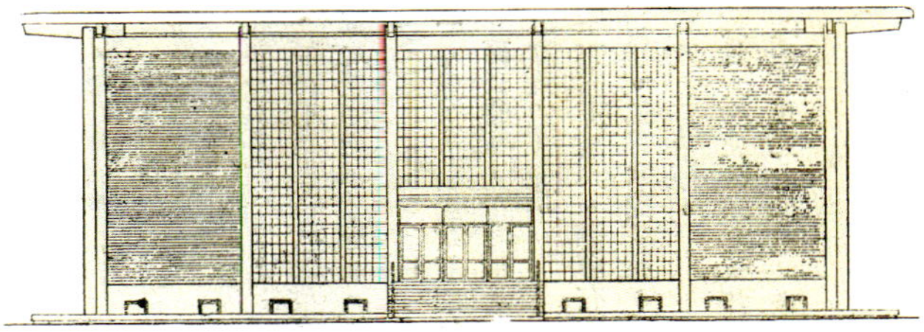

7

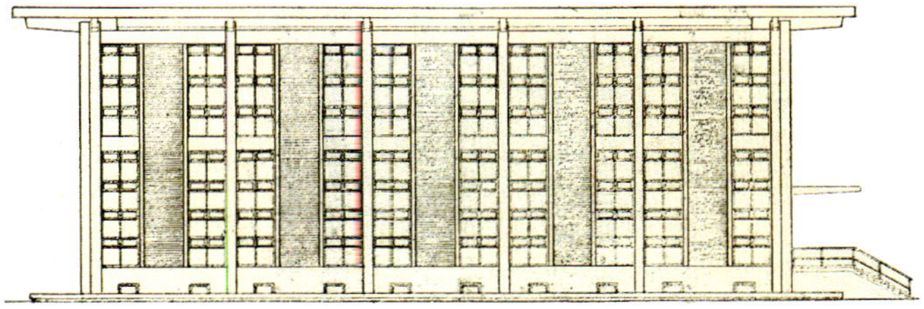

8

1964

济南路虹庐

Hong-Lu Apartment on Jinan Road

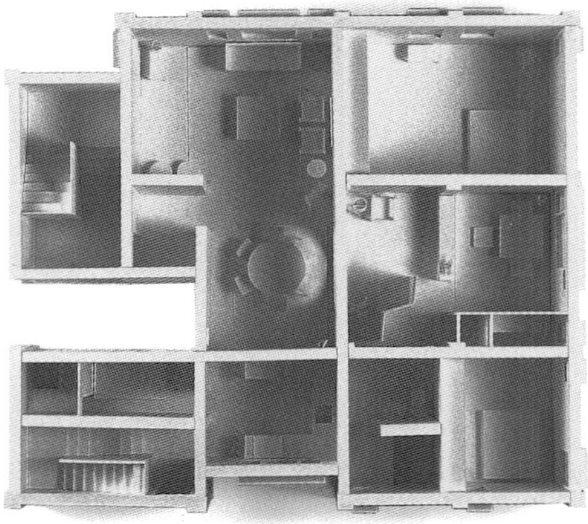

1

虹庐是1960年代都市里鲜有出现的高层公寓。就像建国南路自宅，这一栋巨大、封闭的白色清水砖墙建筑日后也成为朝圣之地，络绎不绝的访客甚至打扰了住户的安宁。

1964年兴建完成的虹庐位于台北市济南路三段18号，立面由两片巨大却不对称的清水砖粉白的墙构成，在二楼以局部墙面联结形成所谓内凹H形立面，后来的良士大厦(1970)与台湾“中央研究院”生物化学研究所(1974)皆是同样的手法。

这种围闭、内省性的空间处理，在王大闳的住宅哲学里是普遍存在的。早期低层楼住宅是直接用墙来区隔内外，而高楼建筑以后(无论是住宅或公共建筑)则运用较为进深的方式来处理入口，因此形成左右有巨大体量的冂字形或H形平面，在感觉上内部自然也形成一种包裹感，因此与早期低层私人住宅的巨大围墙概念还是一致的。王大闳在所谓“都市”高层建筑设计上另有一个着力语汇“雨庇”，它一则可以解决台湾物理气候多雨、多日晒的问题，二则可以让体量更具雕塑感、更封闭，几近一座对抗都市喧嚣的堡垒。

按铃，进了铁门，是一个光线和雨水都会进来的小天井，角落植垂柳，宛如一座压缩过的三合院天井。就如同王镇华教授在其未发表的笔记中所言：“就虹庐叫门的方式，可以说保留了传统社会人与人沟通直接的亲切，不用对讲机，透过镂空的铁门与斥向天井中的小窗，来客可以与家人直接对话，而开门电钮就在小窗附近。”①

虹庐的空间组织：从半户外的楼梯层层而上，每走半层会经过一个较暗的平台，再半层，回到可以眺望庭园绿意且较亮的入口平台。这种一明一暗的空间节奏，颇有将“重门叠院垂直化”②的趣味。就是这种重门叠院垂直化的转译，让一座封闭的传统合院重现在台湾的都市脉络里。“重门叠院垂直化的转译”是王镇华教授深入而细腻的观察，传统合院的每一进竟是通过一座楼梯的转折来达到合院层进的明暗效果，传统空间室内、室外的不明显区隔，几乎是王大闳在五六十年代延续的氛围，不只是虹庐如此，良士大厦、弘英别墅(1979)的天井和垂直楼梯亦如此。这种细腻多层次的空间安排，如今看来仍是治疗都市躁郁的一帖良药。

1964年王大闳完成的虹庐，空间中精湛的传统氛围、自然主义论述，非常类似安藤忠雄在1976年住吉长屋设计中提出的“片断的水、片断的风与片断的光”③。安藤借由没有天窗的天井安排，让建筑经验回到传统的氛围里。这种脱离西方功能主义的空间处理方式，让安藤找到日本现代性的另一出路。遗憾的是，早12年提出了同样概念的王大闳，却由于台湾政治地理的边缘性格以及王大闳的不善立论与张扬而尘封于世。如今，就像我们重读王大闳译写的《杜连魁》，高信疆在序里的一段话：“在1977年出版它，似乎嫌太早了点，一般人还不容易认得它所描摹的物质世界；也不容易理解或感受到那种享乐主义的物化生活，那种官能放纵的精神倒错；当然更来不及反思这个日趋精致的物质世界里，文明堕落的腐败气息和人性扭曲的恶德伪善了。”④虹庐像极了早已预知文明堕落与伪善所筑起的反都市的高墙。

①② 参见本书《导读》部分注⑬。

③ 徐明松，《从皮蓝内西的“酷刑”谈安藤忠雄早期的住宅》，见《建筑师》杂志，2004/06。

④ 王大闳译写，《杜连魁》，言心出版社初版，1977年。九歌出版社多次再版。

3

2

1 室内模型俯视，秦巧颖、邱婷婷制作

2 模型正面，秦巧颖、邱婷婷制作

3 模型背面，秦巧颖、邱婷婷制作

4

4 模型西侧面，秦巧颍、邱婷婷制作

5 外观正面全貌，邹昌铭摄

6

7

8

6 外观正面全貌，旧照片，王镇华先生提供

7 立面大门上方镶嵌地址的灰绿马赛克墙面，徐明松摄

8 天井仰视，王镇华先生提供

9

10

9 楼梯间一（改成大洪建筑师事务所后），王镇华先生提供

10 楼梯间二（改成大洪建筑师事务所后），王镇华先生提供

11 起居室，《建筑师》杂志，1977 年 12 月，第 12 期，38 页

12 卧房，《建筑师》杂志，1977 年 12 月，第 12 期，40 页

11

12

13

14

15

13 穿堂与月洞门,《建筑师》杂志, 1977 年 12 月, 第 12 期, 37 页
14 穿堂望向客厅,《建筑师》杂志, 1977 年 12 月, 第 12 期, 36 页
15 王大闳摄于虹庐客厅, 王大闳先生提供

16

17

18

16 客厅与餐厅,《建筑师》杂志,1977年12月,第12期,38页
17 餐厅、月洞门与穿堂,《建筑师》杂志,1977年12月,第12期,38页
18 客厅,《建筑师》杂志,1977年12月,第12期,39页

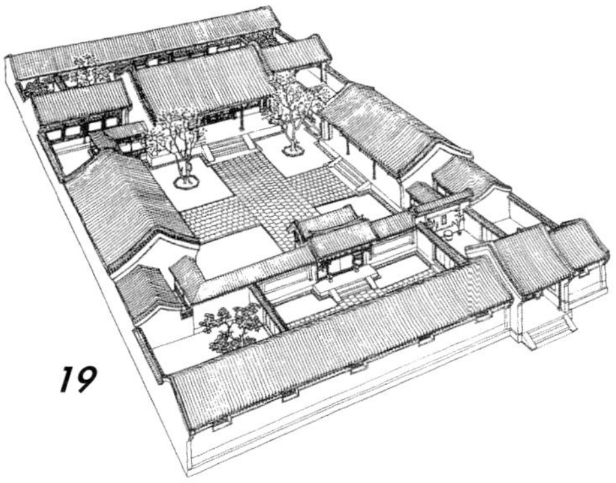

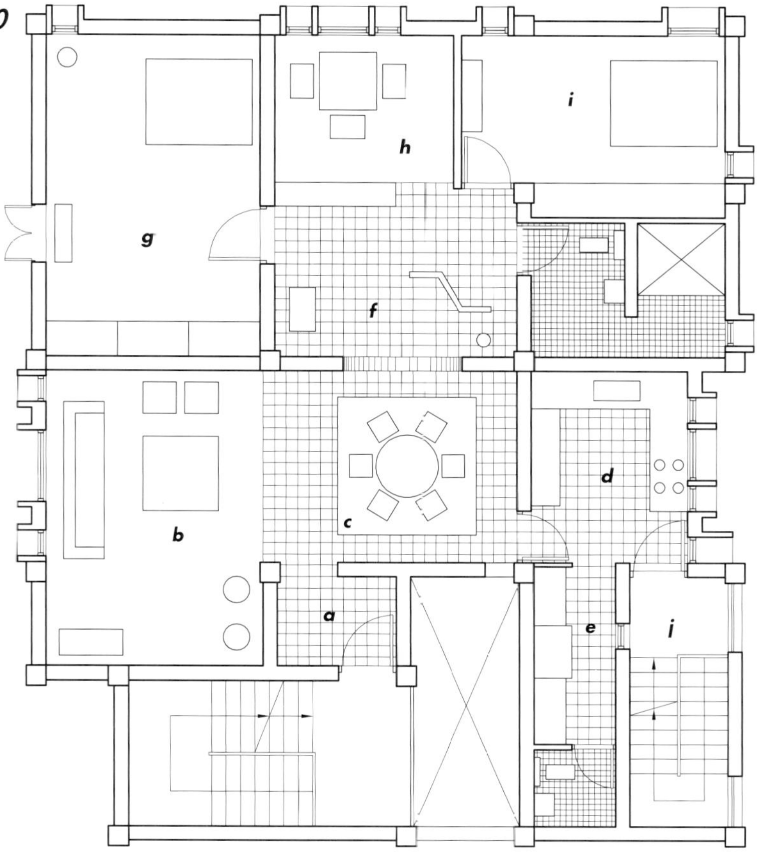

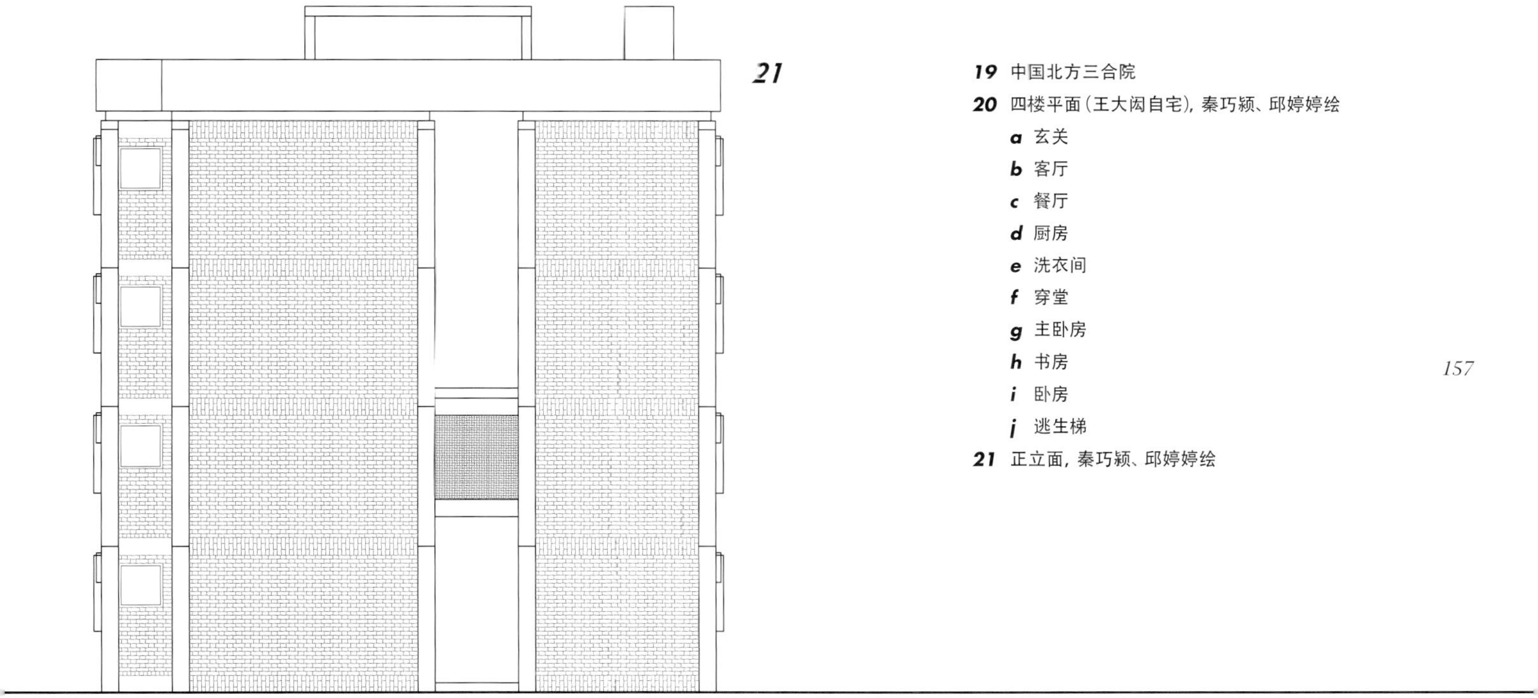

19 中国北方三合院

20 四楼平面（王大闳自宅），秦巧颖、邱婷婷绘

- ***a*** 玄关
- ***b*** 客厅
- ***c*** 餐厅
- ***d*** 厨房
- ***e*** 洗衣间
- ***f*** 穿堂
- ***g*** 主卧房
- ***h*** 书房
- ***i*** 卧房
- ***j*** 逃生梯

21 正立面，秦巧颖、邱婷婷绘

1965—1969

登陆月球纪念碑计划案

Monument in Commemoration of the Landing on the Moon

王大闳有三个心愿：谱一首好曲子，写一本好小说，盖一栋好房子。曲子已经完成了，在诚品书店董事长吴清友位于阳明山的自宅演奏过；小说也写完了，是以英文写就、最近出版的科幻小说《幻城》. 这本书写了近一甲子，过程当中字斟句酌、涂涂改改，我们在手稿中发现，封面上书名 *Phantasmagoria* 构成魔幻三角形，封面底部则有 C. Bartholomew 与 D. Wang 两位作者署名。除封面外，我们还看到致读者的前言，里面提到了前生（公元 3069 年）乘坐美杜莎宇宙飞船游历太空的小孩的回忆；至于一栋好房子，就是始终未完成的登陆月球纪念碑。

1953 年至 1964 年间，王大闳连串地提出他对中国现代住宅的看法，同一时期. 在公共建筑部分也有许多实验性的作品，无论是台北监狱龟山新监（1961）、台大礼堂计划案（1962）、台北故宫博物院竞图（1961），或国父纪念馆（1965—1972）。然而此案却别出心裁，选取了一个全球建筑师都不敢轻易尝试的题目：登陆月球纪念碑。

早在 1965 年至 1969 年间，人类还未登月之前，王大闳已经浪漫地思考如何建构一座纪念塔来纪念人类历史的这一刻。1969 年，登陆月球成功，王大闳再度对他的模型做最后的修改，并将此构想发表，同时和美国方面进行初步的接触。1969 年 12 月号《进步建筑》杂志（*Progressive Architecture*）刊登专文，介绍这个纪念碑方案，获得美国建筑界的普遍好评。美国的民间团体对这个纪念碑非常感兴趣，纷纷争取。德州休斯敦市寄来三张空照地图，标出登月碑的基地位置，征询王大闳的意见；阿拉巴马州亨茨维尔市市长也来函积极争取，请求把纪念碑立在他们城内。

为了促使赠送纪念碑的盛举早日实现，热心人士组织了一个"台湾筹建登月纪念碑委员会"，负责推动各项事宜。委员会由前台湾外交主管部门长官魏道明支持，有各界人士百余人参加，1974 年 10 月 18 日起开始筹建工作。据王大闳估计，建立纪念碑的全部费用当时约需新台币六千万元，委员会先尽力在岛内进行募款，并将请美国境内的华侨与美国人民共襄盛举。可惜后来由于台湾地区和美国断交，功败垂成。

休斯敦市湾区狮子会（Bay Area Lions Club）建议的基地，位于休斯敦东南方太空总署附近。基地有三个优点：

一、每年由世界各地到太空总署参观的游客达百万人以上，而且参与太空计划的航天员均居住于此，使纪念碑的纪念性有更深一层的意义。而参观太空总署的游客，也必定会把这一纪念碑列入行程。因此纪念碑完成之后，将成为世界上游客最多的纪念建筑物之一。

二、此基地离休斯敦市有一段距离。休斯敦市内有不少建筑物高度超过纪念碑的高度两倍以上，假使将纪念碑安置于市区内，将影响纪念碑，而失去宏伟矗立的效果。这段距离将使登月纪念碑保有一个超然而特立的环境。

三、基地所有权为哈里斯郡所有，西接太空总署，西北为一个公园区，是野生动物保护区，环境优美。正北是高级住宅区，南面也是哈里斯郡的一个公园，这样一个环境不可能发展成商业区，能永远保持宁静与优雅。

1 实景拼贴，王大闳先生提供

王大闳设计了一对洁白的碑塔，耸向无边的苍穹。这一对碑塔象征人类伸向天空的一双手臂，表达了人类摘月的渴望，也象征着人类对宇宙的崇拜。这个设计所表达的，是人类登月的骄傲与面对无尽的时空时的谦卑。登陆月球纪念碑本身是纪念人类的成就，但是内部设计却有小教堂般的崇敬与肃穆，提醒吾人随时记省人类理性的限度与人力之不逮，在无边的宇宙中，地球只不过是恒河沙数的星球之一。在整个设计的外观与内部，均以极简单的形式，表达出最复杂的情感，以宁静与纯净驾驭激荡与变化。

登陆月球纪念碑全高 252.71 英尺（约 77m），每一英尺代表一千英里，象征月球与地球之间最大的距离 252 710 英里（约 406 697km）。纪念碑由两片高窄的碑塔组成，矗立于一个方形的基座之上，碑的顶端部分是一段平板，由顶端而下至基座，渐渐形成两个半圆形，内部围成一间直径 30 英尺（9.144m）的纪念堂。堂之上方一直挑空至顶部，仰望是一线蓝天，高度似乎延至无限。这一线狭缝，日夜之间，将有万千光影的变化。

纪念堂的中央设立一座正方形平台，台面用首次登月带回的灰土拌和地球的泥土塑成，上面将铭刻美国首次登月的功臣姓名 30 人。堂内设有两排排列成弧形的椅子，游客可以静坐沉思，建筑物内部平面所形成的曲线，以及两片碑塔之间所造成的音响效果，只有待来日完工时才可以知晓，风吹时或许有如天籁，发出雄壮浑厚的声音，回荡不已。

纪念堂还是一间小型的艺廊。两侧的曲面墙上，各有巨型浮雕一幅：一边为嫦娥奔月，另一边为后羿射日。一阴一阳的画面，除了表现中国阴阳对立与调和的观念之外，也把中国人自古以来对宇宙的遐想所产生的神话故事带给参观者，使得这个碑塔带有典雅的中国风味，一望即知是中国人的礼物。浮雕的设计及制作，将邀请国际知名的艺术家主持，以符合这一纪念碑的严肃意义。纪念堂的后方有一个金属的屏风，分隔堂之内部与外部，却不妨碍空间的穿透。镂空的图案有看透和通风的效果，花纹将由名雕刻家设计。屏风本身，亦将是一件艺术品。

基座为钢骨水泥，两座塔身为钢架结构，外部为白色大理石板，内部覆白色马赛克。基座两侧贴浅灰色石板，地面用两色瓷砖贴成带状图案。纪念堂地面全部铺设黑色观音山石，显示庄严肃穆的气氛与沉稳有力的基础。地下室有服务性附属建筑，包括可容 40 个车位的停车场、一个巴士站，以及行政空间、纪念品柜台、咖啡室、厕所及储藏室等。

王大闳以万分虔敬的态度设计出这个白色纪念碑，构思之严谨与设想之周密自不待言，而外形与内部之戏剧性表现，亦是王大闳建筑师登峰造极之作。美国斯坦福大学东方艺术教授沙利文博士（M. Sullivan）说：“这一设计具有真正的美，仅有少数的纪念碑能如此，典雅、诗意、纯净与洗练，能引人入胜。”人类登月的壮举，是人类文明史上的一件大事。地球上的人们，同时感到一种无分国界的骄傲。直到目前，对于这一项成就，还没有人设计出任何纪念性的建筑物以表达人类的感动与骄傲。王大闳的登月纪念碑把这种激越的冲击凝聚成永恒的感恩，的确具有深远的意义与耐人寻味的境界。

* 本文改写自林盛丰主编的《中国当代建筑师——王大闳》，大仁出版社，1978 年左右。

2

4

3

2 模型斜侧面，林健成工作室制作

3 模型正面全貌，林健成工作室制作

4 模型侧面全貌，林健成工作室制作

5

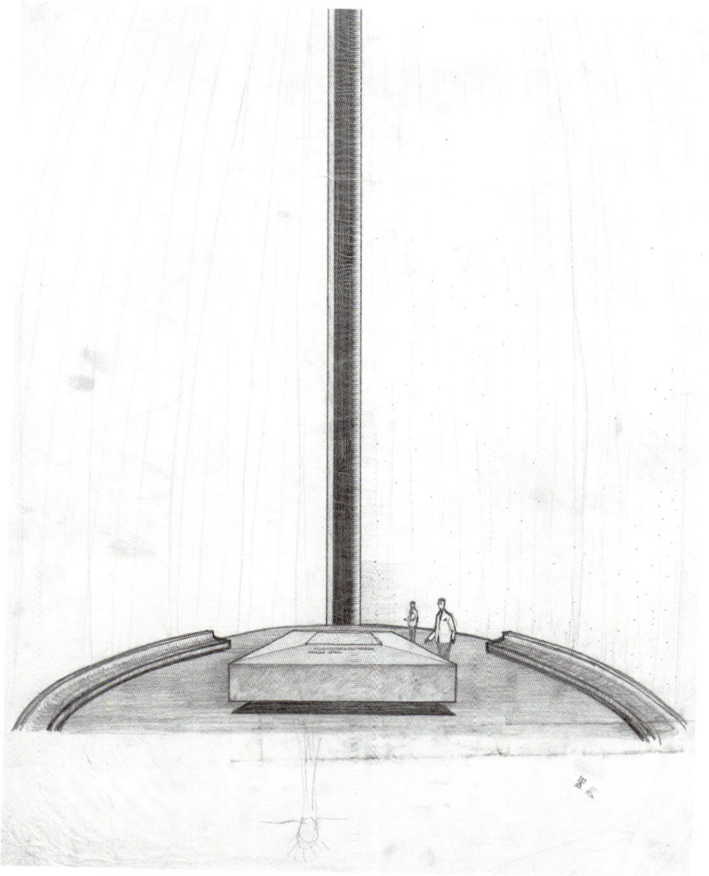

6

5 正面局部，设计研究，台湾博物馆数位典藏

6 内部，设计研究，台湾博物馆数位典藏

7

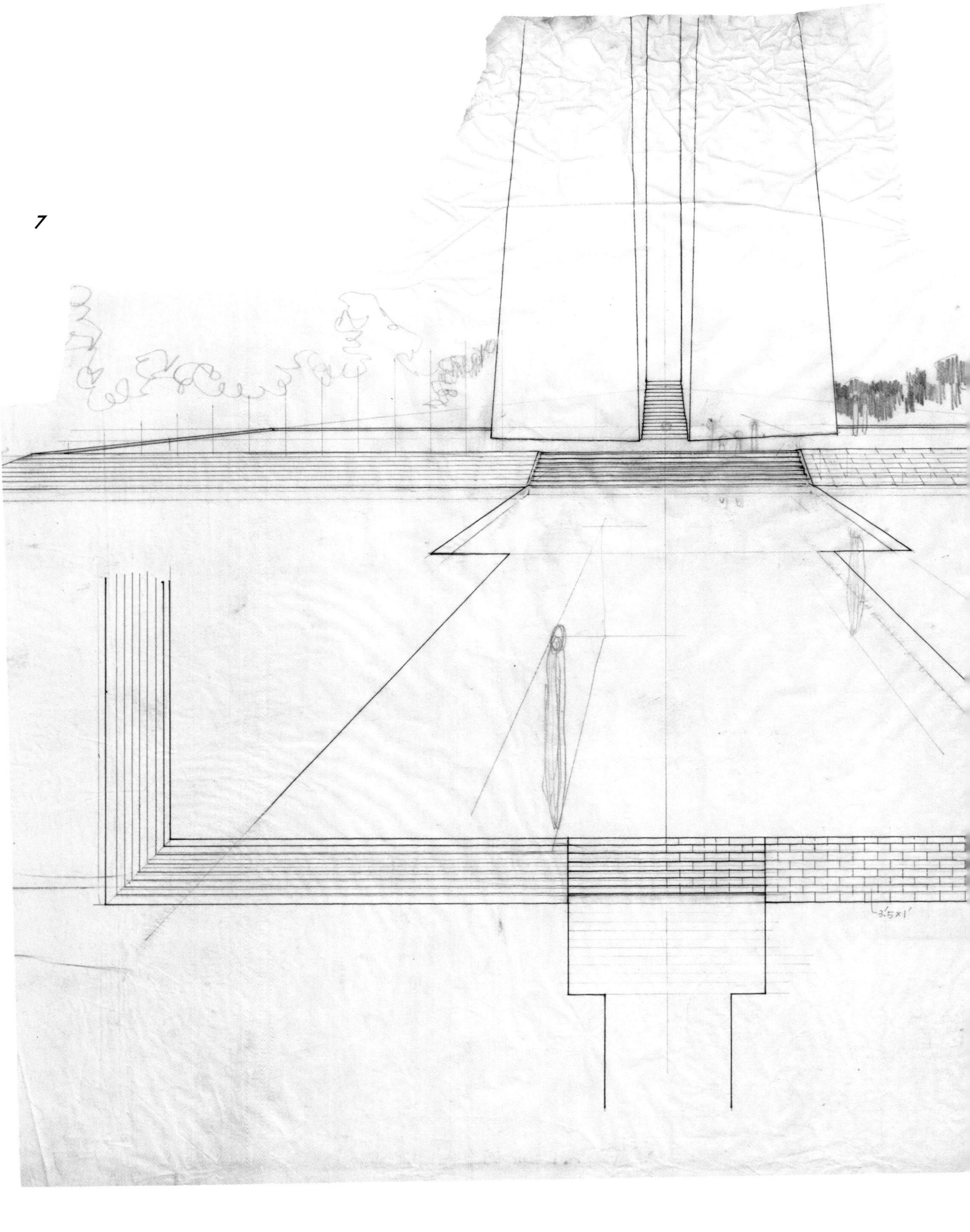

7 正面透视，设计研究，台湾博物馆数位典藏

8 细部，设计研究，台湾博物馆数位典藏

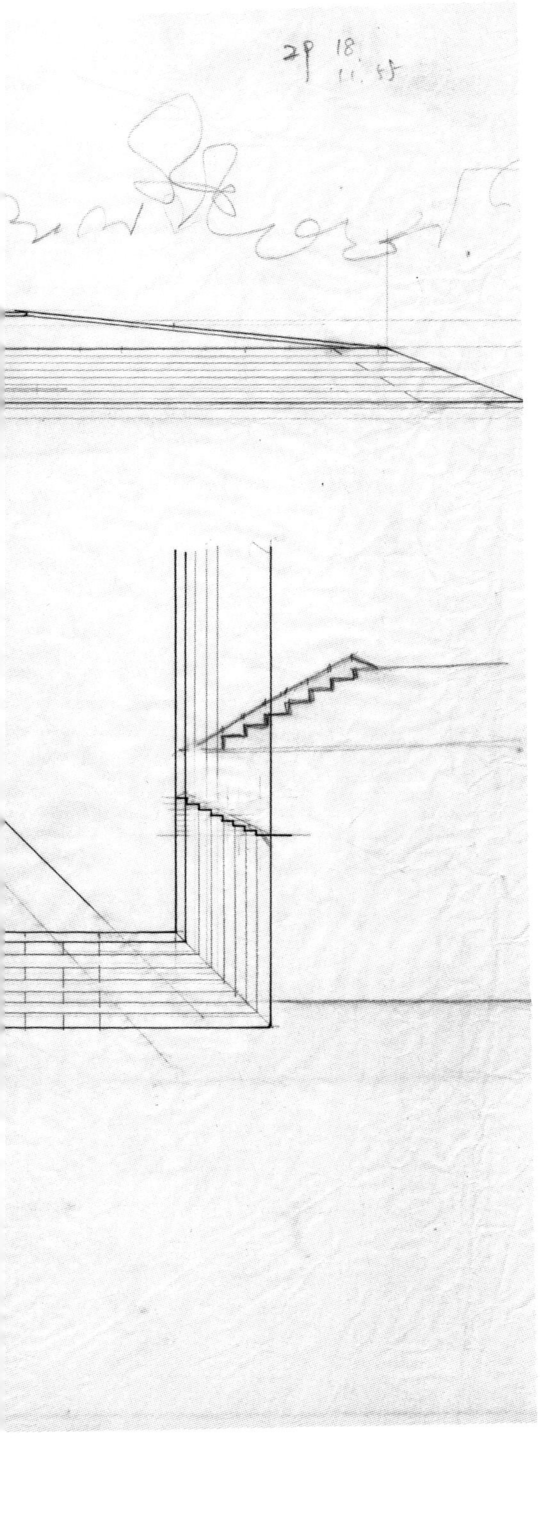

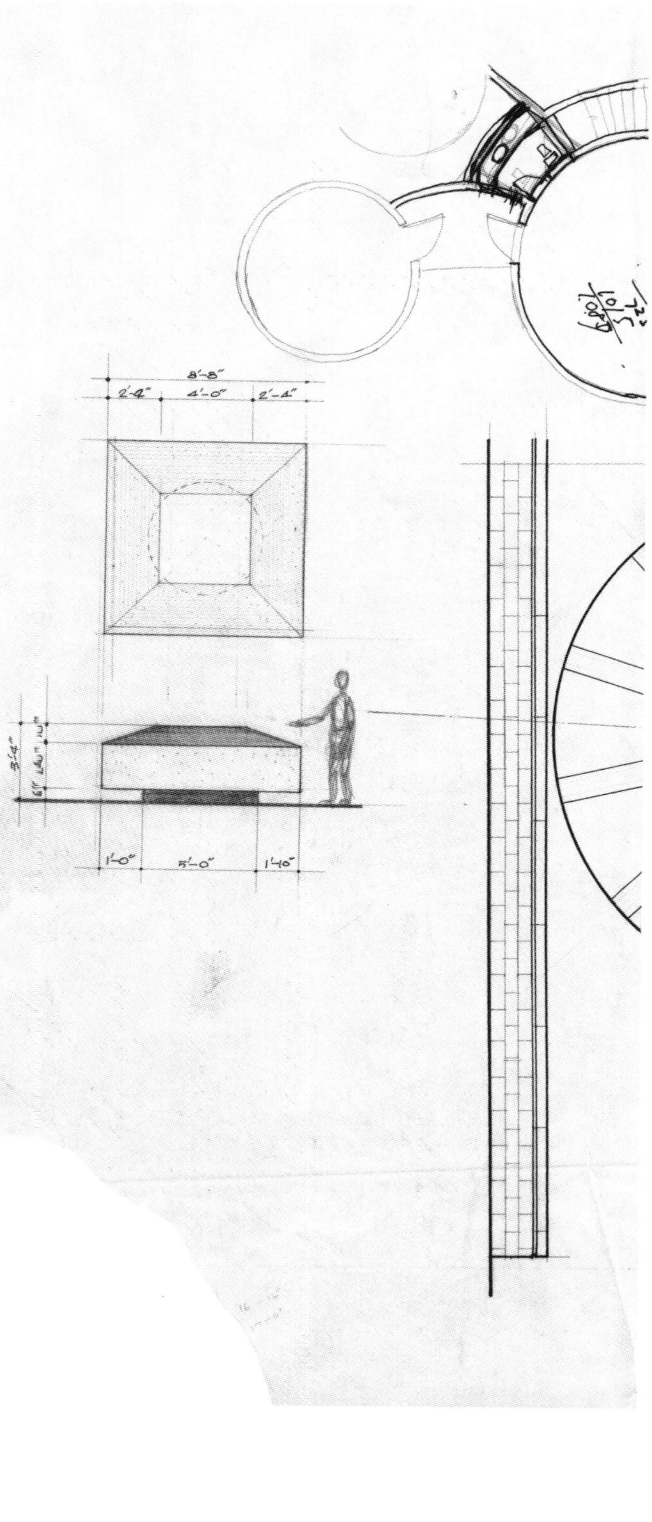

8

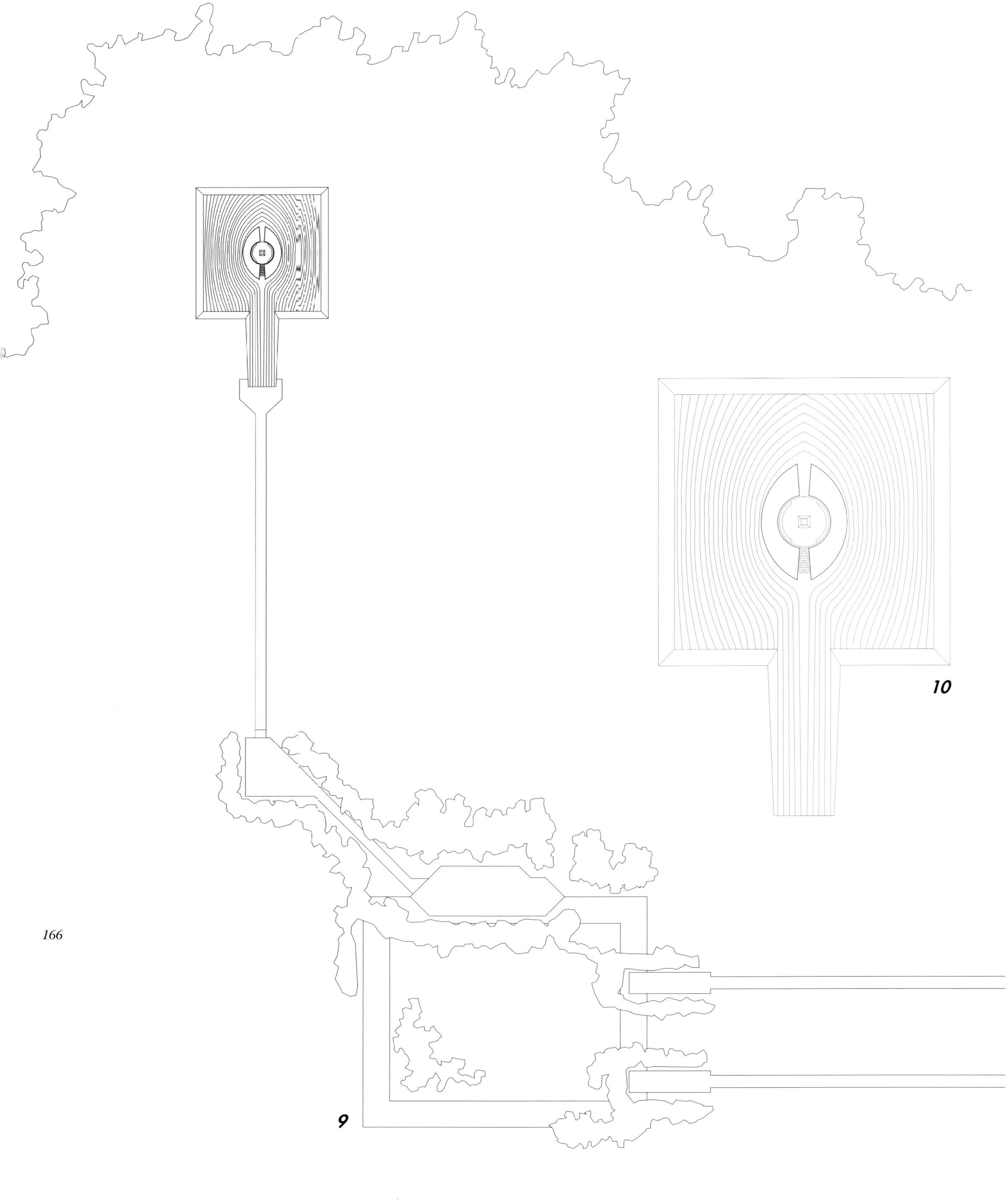

9

10

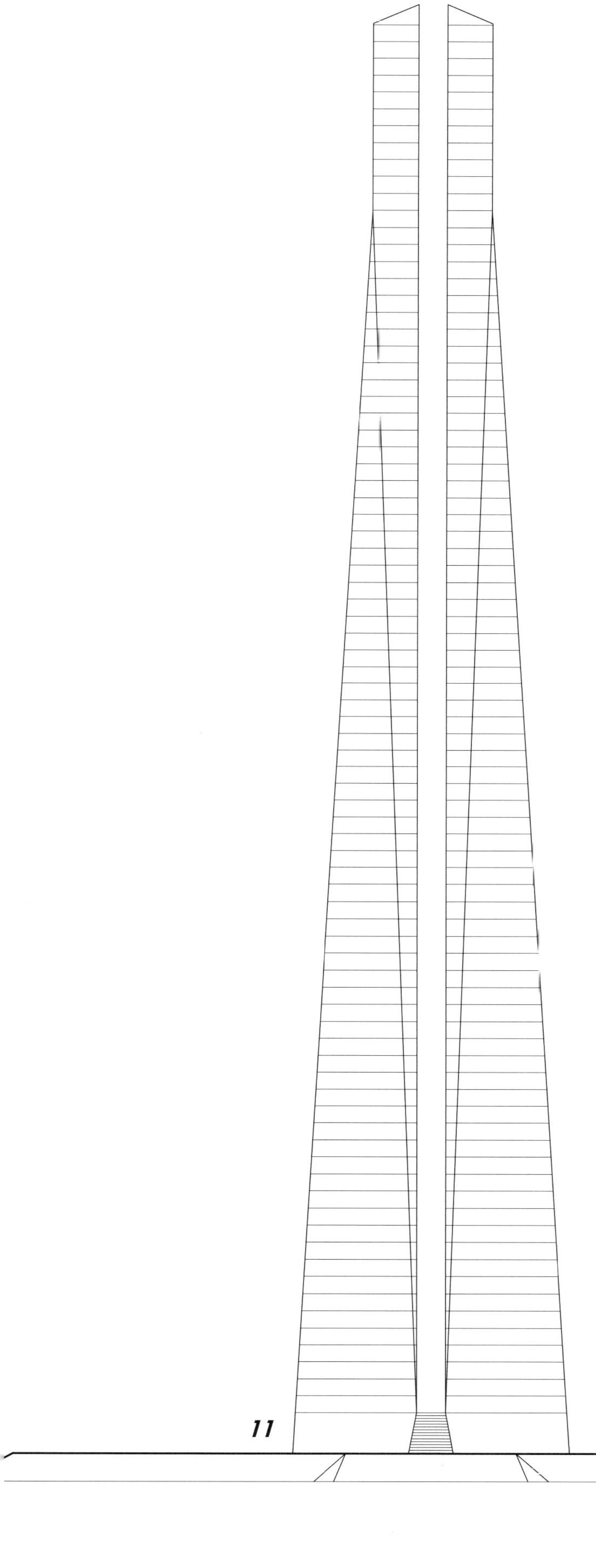

11

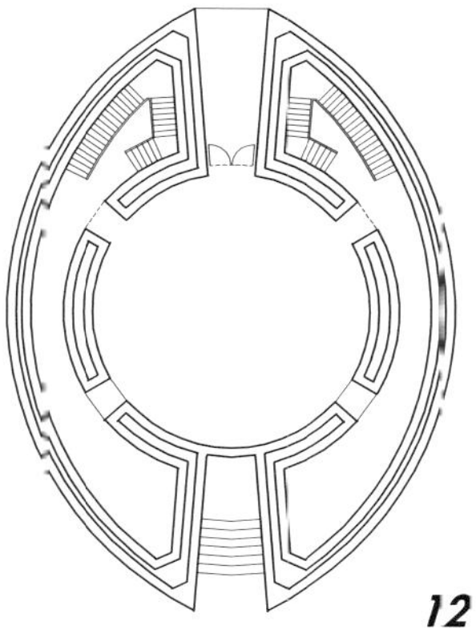

12

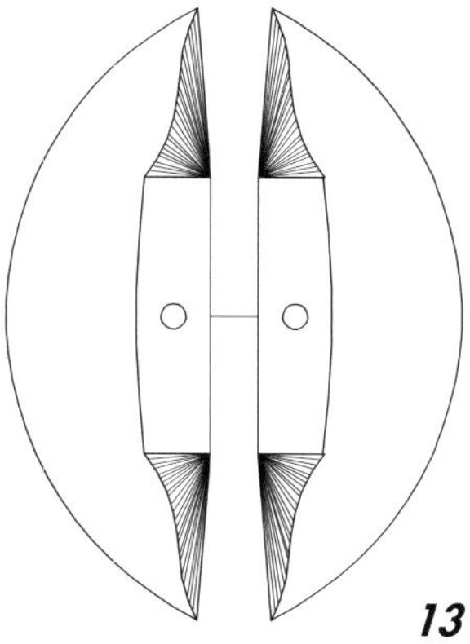

13

9 配置图，胡祖同绘

10 一楼平面图，胡祖同绘

11 正面立面图，胡祖同绘

12 地下室平面图，胡祖同绘

13 顶层平面图，胡祖同绘

1965–1972

国父纪念馆竞图计划案

Call for Competition Project for Sun Yat-Sen Memorial Hall

Buildings and Projects 20

1

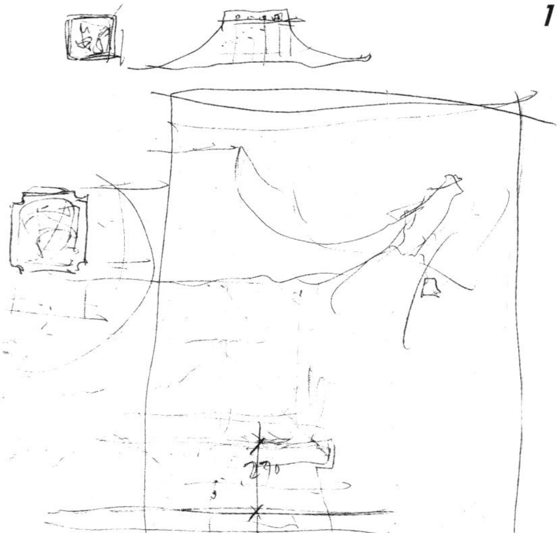

1 手绘稿，王大闳先生提供

2 竞图案模型正面，林健成工作室制作

国父纪念馆的兴建，表面上是为了纪念国父孙中山先生百年诞辰，其实背后有复杂的政治因素。当时正值国共对抗，台湾又并入所谓美国冷战系统中东南亚的防守链，再加上 1964 年大陆“文化大革命”，导致国民党不得不以“中华文化复兴运动”相抗衡，因此较早的国父纪念馆或稍后的阳明山中山楼都肩负“不仅供文化教育活动与发扬国粹，同时亦设为青年文化活动中心。整个计划辅以整修海外故居、编印学说论著、筹募中山文化基金、以及配合庆典之各项活动，逐步构建出国民党在台湾的政权正当性与典范式的集体记忆”①的责任。因此兴建国父纪念馆的目的，从业主的政治立场来看，不仅在宣示正统性，也在教化人民。

目前关于该栋建筑及建馆始末的研究有一本书值得参考，即国父纪念馆 2007 年 12 月出版，由多位学者共同完成的《国父纪念馆建馆始末——王大闳的妥协与磨难》②。简述如下：据《国父百年诞辰纪念实录》一书里所载，最后核定了 12 个团队作为邀请提案建筑师，其中有陈濯、陈其宽、杨卓成、王大闳、余振中、林澍民、张崇生、虞曰镇、力霸振中美亚建筑师联合设计中心、郑定邦、黄宝瑜与杨元麟，并于 1965 年 8 月 11 日举行公开说明会，规定各参赛方必须在 1965 年 9 月 30 日下午 5 时以前缴交设计图，否则视为弃权。

最后 11 件呈交的作品，经过复杂的两阶段投票，由大洪建筑师事务所胜出。竞图案平面跟今天的现况差别不大，唯大会厅外围的椭圆曲线让空间保持了某种程度的流畅，大门与后门的入口也与今天稍有不同。倒是外形上有较大的差别，就像蒋雅君所说，“采中央高起之平屋顶设计，并顺着屋顶高度骤降由两侧曲线引领下探，呈现‘中国官式乌纱帽’隐喻。”③

王大闳提出的中国传统文官的纱帽造型，并不常见于传统建筑形式，入口轴线安排在建筑物的高点（即山墙面），也是中国建筑所少见。不过影响王大闳甚多的密斯风格——静默与抽离——仍然出现在国父纪念馆的空间中，差别在于密斯作品谨守中性及虚无，没有任何表征语言，而王大闳的屋顶则选择了再现中国文化传统元素，表征之情显而易见。相较于台北故宫竞图，王大闳设计国父纪念馆时，已充分理解业主的形式诠释霸权心态，为能脱困，修改势在必行。

最终的定案是：“从传统的造型中，王大闳撷取了古典飞檐的精神与姿态，但是以更为夸张的手法，强调了挑伸与凌空的感觉。飞檐的细部充分表现了混凝土的塑性。挑出的大梁纵横交错；在这里，结构所展现的应力隐然可见，这是 RC 结构独有的形式。在正门的入口，王大闳设计了一座起翘的巨顶，耸然深入穹苍。这座向上提升的顶檐，打破了中国传统建筑正面屋檐线的稳定感，为整个建筑带来更具雄伟力量与飞跃精神的气势”。尽管艺术的意志力还是对政治的口号作了妥协，但今天我们所见到的国父纪念馆仍是台湾现代史上最好的公共建筑。

① 国父百年诞辰纪念实录编辑小组：《国父百年诞辰纪念实录》，台湾各界纪念国父百年诞辰筹备委员会，1966。

② 梁铭刚等著：《国父纪念馆建馆始末——王大闳的妥协与磨难》，徐明松编，国立国父纪念馆出版，2007/12。

③ 蒋雅君：《从国父纪念馆谈台湾当代的纪念性建筑》，见《王大闳》，建筑师全联会杂志，2006/10，第 28 页。

3

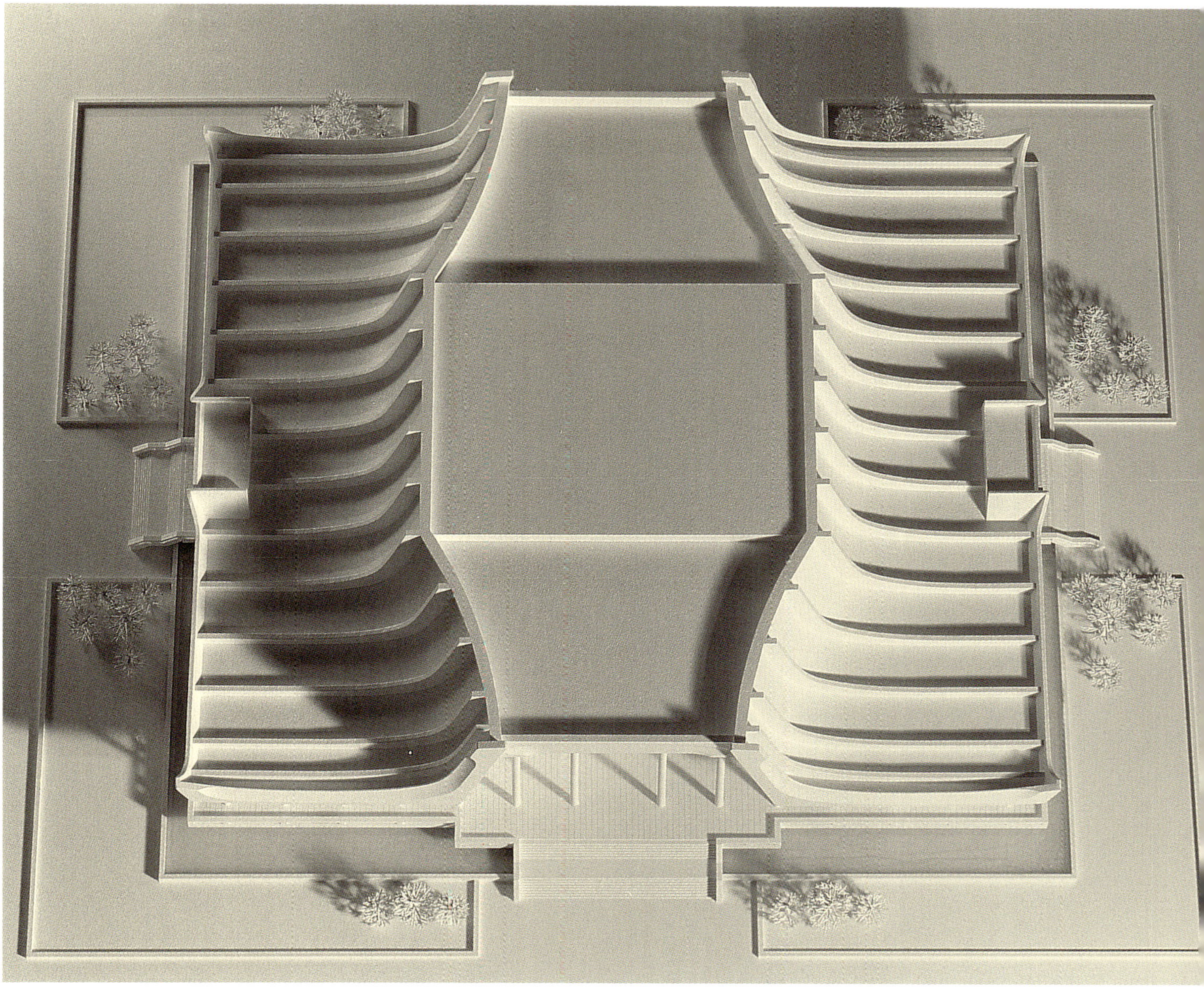

4

3 竞图案模型正面，旧照片，王大闳先生提供

4 模型俯视，林健成工作室制作

5

5 竞图案模型全景，旧照片，王大闳先生提供

6 竞图案模型侧立面，王镇华先生提供

7 竞图案透视图，黄政雄先生提供

6

7

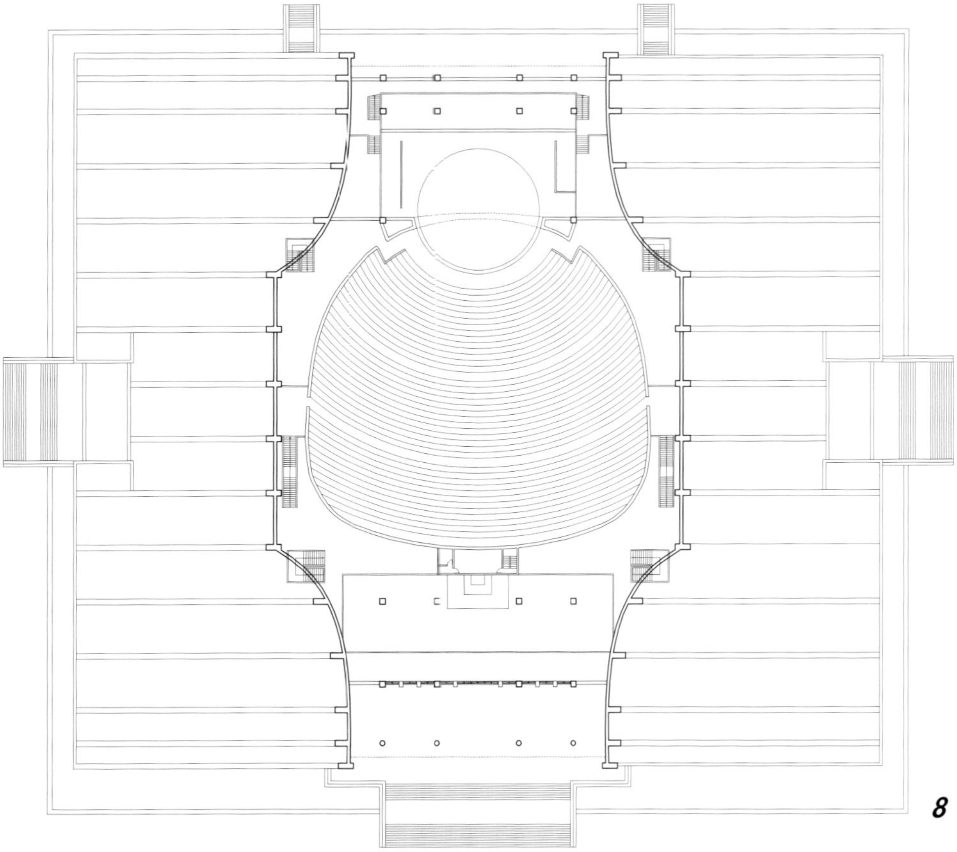

8

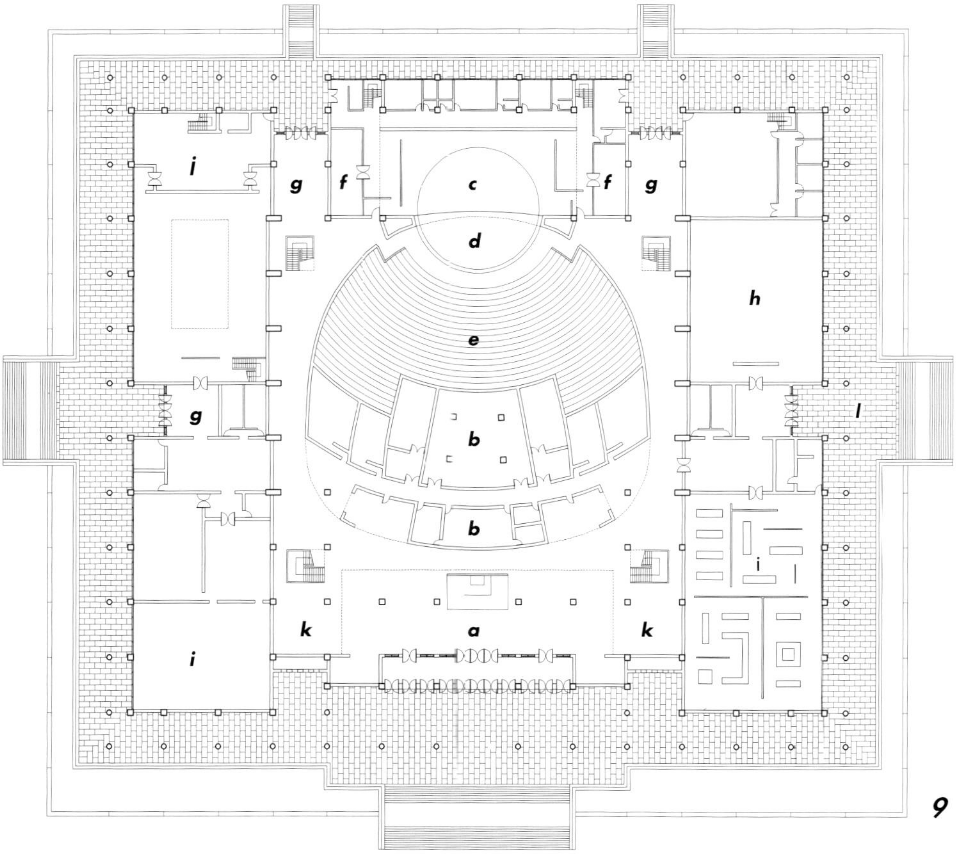

9

8 竞图案二楼平面，胡祖同绘

9 竞图案一楼平面，胡祖同绘

- ***a*** 门厅与国父铜像
- ***b*** 办公室
- ***c*** 舞台
- ***d*** 乐队升降台
- ***e*** 观众席
- ***f*** 厕所
- ***g*** 次入口
- ***h*** 图书馆
- ***i*** 展览室
- ***j*** 休息室
- ***k*** 询问台
- ***l*** 回廊

10 竞图案正立面，胡祖同绘

11 竞图案东西向剖面，胡祖同绘

12 竞图案南北向剖面，胡祖同绘

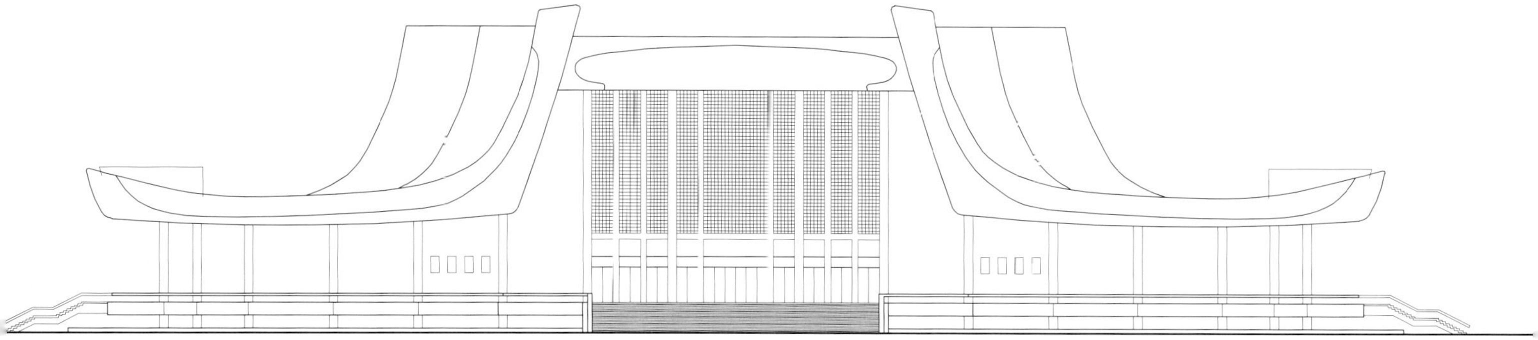

10

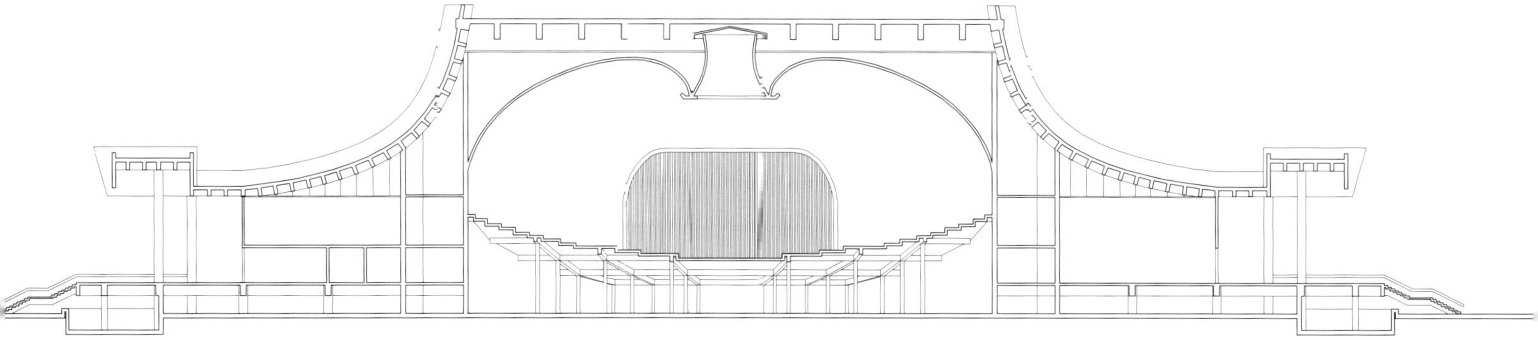

11

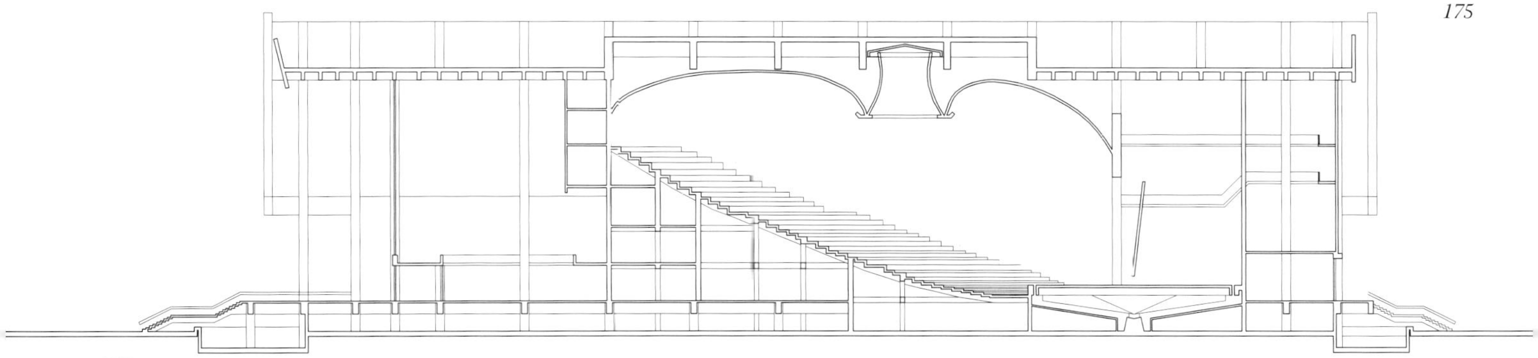

12

13 施工中，侧面，黄政雄建筑师提供
14 施工中，转角反曲一隅，黄政雄建筑师提供
15 施工中，斜侧面，黄政雄建筑师提供
16 施工中，外观全貌，黄政雄建筑师提供

13

14

17 现况屋顶起翘，邹昌铭摄

18 现况廊道，邹昌铭摄

19 现况外观全貌，邹昌铭摄

18

19

1965

台湾银行台北宿舍

Official Residence of Bank of Taiwan in Taipei

1

第一次听到台湾银行台北宿舍是萧梅老师提到的。她说："小时候偶尔会到住在宿舍里的表姐家玩，楼梯间是一个非常有趣的公共空间，小孩子可以在那玩躲迷藏，四处隐匿，好玩极了。"她还画了一张草图。尽管如此，拜访该栋建筑是更晚的事。在房子被拆除前，2006年，有一批年轻艺术家占据了主管宿舍栋，在里面涂鸦创作。此外我们还发现了一张平面施工蓝图，得以更精准地掌握空间尺寸，随后我们也在里面拍了纪录片。

这四栋建筑（三栋一般职员宿舍面临广州街，主管宿舍则临爱国西路），萧梅提到的应指主管宿舍栋，因为在平面格局上有明显差异，除面积较大外，空间布局也较为有趣，因此以下只针对主管宿舍作说明。

一进朱红大门的主入口，就是一座偌大的直通楼梯，每走一层，得绕一圈回原垂直点，再上。因此楼梯前后都不设门窗，且有不小的半户外空间。每层楼有四个单元，面积应在50坪（约165.3m^2）上下，在那个年代可算是一个豪华公寓了。

每个单元都有两个入口，主入口刚好设在楼梯周围四个角落，遥遥相对，保持各自的私密性，服务性入口则在楼梯两侧。每两户共享一个单元，进去之后，有一长廊，先至厨房，再至晒衣阳台，由于两户共享，因此被迫产生邻里互动。以上提到的公共空间构成一个十字形平面，中间正好为楼梯所阻断，南北两端则是晒衣阳台，因此小孩子的确可以在这"复杂"的平面里建构他们的游戏世界。

另外，每个单元各有一个采光井，隔晒衣阳台与另一天井对望。这种有趣的邻里互动除表现在小孩的游戏空间外，刻意营造的公用晒衣阳台或两户厨房间咫尺的距离也都是王大闳的精心安排。

再细看平面，可以发现厨房后方还有一间佣人房，餐厅也在厨房的旁边，出厨房的餐厅同时也是客厅（公共）与卧室（私密）间的过渡与核心空间，这样就形成了一组"餐厅、天井、晒衣阳台、餐厅、天井"的系列空间，都有大窗或大型开口，因此用餐或煮饭时我们处在一种空间不断流动的概念里，它们让传统公寓里的封闭与狭窄消失，借由一种适当的空间联结而开阔。

不仅如此，这种一明一暗的空间经验，不期然地，又让我们联想到传统三合院。如果仔细观察，客厅、卧房的窗几乎都靠边开，只有餐厅置中，因此产生"餐厅、天井、晒衣阳台、餐厅、天井"序列，在视觉上几乎是左右对称的，王大闳似乎再次将传统经验搬上了现代舞台。

2

1 模型俯视，戴佩玲、刘亚欣制作

2 模型正面，戴佩玲、刘亚欣制作

3

3 模型侧面，戴佩玲、刘亚欣制作
4 主管栋，正面外观全貌，邹昌铭摄

4

5

6

7

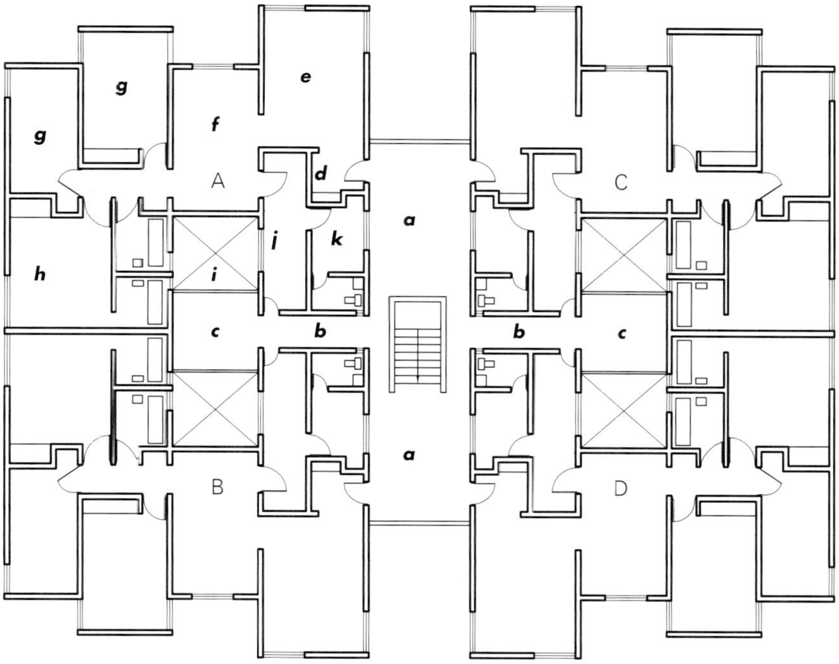

5 主管栋，天井、餐厅与晒衣场，邹昌铭摄

6 主管栋，室内主楼梯，邹昌铭摄

7 标准层平面，戴佩玲、刘亚欣绘

- **a** 梯间穿堂
- **b** 服务廊道
- **c** 晒衣阳台
- **d** 玄关
- **e** 客厅
- **f** 餐厅
- **g** 卧房
- **h** 主卧房
- **i** 天井
- **j** 厨房
- **k** 佣人房

8 立面，戴佩玲、刘亚欣绘

8

1966–1977
《杜连魁》
Du Lian-Kue

Buildings and Projects 22

1960年代中叶以后的王大闳，1964年设计完“重门叠院垂直化转译”的虹庐，1965年赢得国父纪念馆竞图后经历妥协与受挫，1966年开始用近十年时间译写王尔德的《道连·格雷的画像》，终成《杜连魁》（言心出版社[1]初版，1977年）。1970年以后做了大量杂文或文学翻译，随后更是在完成《杜连魁》的壮举后，继续书写以英文执笔、至今未完成的一部科幻小说。这种种都说明了王大闳的另一出路与隐逸。

建筑作为一种政治或商业机制图腾的表征，在六七十年代的台湾，似乎接踵而至，建筑师身陷其中，很难不妥协。此时感受到气氛的王大闳不只在他围筑的高墙或搭建的“城堡”中隐逸、寄情于“他种”艺术，还借由一座完全纯粹、永恒、无需作文化形式投射的登陆月球纪念碑来完成他个人形而上的救赎。

《杜连魁》就是在这样的背景下开始书写，描述一位非常俊美的年轻男子杜连魁，受到青春的诱惑，而许下重愿的故事。剧情开始时他的画家朋友贝席正为他画像，突然来访贝席的朋友吴腾，提醒他青春容颜终将衰老，因此杜连魁暗中发愿：如能让我永远年轻，让画中人慢慢变老，我愿意付出任何代价……甚至愿意拿我的灵魂来交换。

吴腾不断怂恿杜连魁切勿虚度青春，因此杜连魁开始追求各种刺激与享受。他到万华听歌，爱上了歌女薛碧芳，之后一连串的事件，导致薛碧芳自杀，为妹复仇的哥哥也命丧黄泉。最后又爱上新店碧潭的村姑，结果也以悲剧收场。这一切恶行都在他的画像里烙下痕迹，但从镜中却见真实的自己没有丝毫改变，他发现愿望竟然成真，画像里的人代替了他真实的自我。

然而画像中的人一天天地变老变丑亦成为他无法承受的重。后来在气愤下让一再要求重看画作的朋友贝席看了画像，竟在羞怒中杀死贝席，事后还冷静地灭尸，并且优雅地继续参加应酬。最终他还是无法忍受画中的真实自己逐渐变得又老又丑又邪恶，因而戳破画像，却没想反而刺死自己。

这本书或可看成一种对自身城市的预言，正如高信疆在初版序中所提：“二十多年前，在台湾刚刚由素朴的小农经济挣扎着蜕变到工商业挂帅的前夕，王大闳凭着他艺术的敏锐知觉，凭着他多年来从欧洲到美洲到台湾的丰富阅历，清晰地掌握并且预见到高度成长后台湾的‘精神官能并发症’，因而执意选中这本书，把它改头换面，复活于此间的大街小巷之中。”接着又说：“1977年出版它，似乎嫌太早了点，一般人还不容易认得它所描摹的物质世界；也不容易理解或感受到那种享乐主义的物化生活，那种官能放纵的精神倒错；当然更来不及反思这个日趋精致的物质世界里，文明堕落的腐败气息和人性扭曲的恶德伪善了。”王大闳在改写的小说中似乎是对失去精神支撑的物质文明有极度的批判，因此该书“竟然以一种宗教启示录的面貌，以一种心灵救赎的道德教科书的身份，被人们去陈列和阅读了”，也就不令人意外。

当然《杜连魁》也可看成王大闳的半自传，一位在自己的城市预言里经历、观看自己预言的作者，书中描写或虚构的情境想必是他真正的经历。这本书目前或许在文学史上没有很高的评价，但当我们综观历史，它在“历史文件”及建筑史上却有一个奇特的位置，前者记录了历程，后者作者借由自身的另一个身份——建筑师——提出一种空间的救赎，唯有在此空间中，《杜连魁》里精神与物质的断裂才有可能获得弭除。这也是为什么王大闳的建筑总能在优雅、物质性的空间里呈现出这份精神状态，这在台湾战后建筑文化是难得而稀有的讯息。再引用高信疆这段话作为结尾："试看他们两人：王尔德是牛津大学的叛逆才子，王大闳是剑桥大学的典范学生；王尔德在追求'异教徒'的官能享受中，却不能释怀于'基督徒'的心灵的淬炼，王大闳在真诚的'基督徒'信念和生活中，仍无法忘情对外太空文明的苦苦探寻和热烈研究；王尔德粉墨人生，风流自赏，随时不忘摆出他的'美感姿态'，而本质上他也许更应该是一个身手矫健的军人或是行动家，王大闳则在素朴沉稳的衣着举止外，喜爱着一切诗意和美感的想象空间。王尔德妙语如珠，嘲弄世俗，王大闳言谈恳切，进退有节；王尔德好饮，酒量如海，王大闳常喝白水，控制酒量；王尔德是戏剧家、专业小说家，王大闳是建筑师、业余科学家。他们一个在西方，一个在东方，一个是刻意地走向毁灭，一个是有心地揽顾完美。两人生活的时代相差近一百年，然而却鬼使神差般，借着《杜连魁》这本书，相互辉映，默契无间地连接了起来。"

言心版《杜连魁》封面，
詹勋次建筑师提供

① 言心出版社是由高信疆（2009 年 5 月 5 日过世）用太太名字柯元馨的"元馨"作为谐音"言心"成立的出版社。

1966

台湾大学化学研究中心 已拆除

Chemistry Research Center, Taiwan University

Buildings and Projects 23

1

台湾大学化学研究中心（简称化学研究中心）据说是当时同样是化学背景的台大校长钱思亮[①]要求王大闳，以密斯设计的美国伊利诺伊理工大学为蓝本来设计，特别是建筑物的工字形平面，本也希望以钢、玻璃为构筑材料，后因台湾当时的营建系统无法支持而改成钢筋混凝土。可惜旧大楼已拆。

化学研究中心在王大闳一系列的台大作品里，显得较为内敛，它没有1962年台大学生活动中心折板屋顶的耀眼尝试，也没有1963年化工馆或地质馆那大片遮阳所形成的丰富表情，更没有1974年生化研究中心那戏剧性的流畅体量。建筑分前后两期完成，前栋为1957年完成的理化馆，后栋为1965年完成的化学研究中心。平面呈工字形，立面简洁利落。内敛当然不是无所为，如果细看立面上那外凸且逐渐往上收分（即愈往上愈薄）的结构柱，还是可以看到王大闳总在结构合理的范围内玩点形式的游戏。除此之外，入口往外掀起的大雨庇为他1984年的成功大学文学院作出预告。

化学研究中心精彩之处在室内空间，特别是前后栋的四座楼梯，及后栋室内廊道与户外遮阳的对比。楼梯当然一向都是王大闳建筑着力的重点，但化学研究中心的楼梯处理却让人感觉到速度与轻快的节奏，静态的外部体量包裹着动感的室内楼梯，里面除铸铁扶手在扶手与踏板接触时所扭曲的90°外，踏板的背面亦呈阶梯状，再加上楼梯旁有着包豪斯味道的大片开窗，倾泻而下的阳光将以上元素糅合成一首轻快的交响乐。

后栋室内廊道的外墙，内部有着王大闳少见的平滑处理，窗框直接贴着内墙，完全没有窗台的深度，而窗子的高度也不像王大闳惯用的方式——抵到梁底。不过从户外的遮阳看，才知道建筑师刻意将楼高切成两部分，形成一个不致过高的亲切尺度。再者就是遮阳的细部在转角刻意收成一个既粗犷又有点东方造型意味的线条，所有这些又恰恰与室内廊道的平滑形成对比。

① 钱思亮（1908—1983），字惠畴，浙江杭县（今杭州市）人。父鸿业，号谨庵，为法界耆宿。1927年进清华大学化学系，1931年与吴大猷、内兄张兹闿由沪同船赴美，以庚款入伊利诺伊州香槟城伊利诺伊大学化学系研究院攻读。1932年获伊大理学硕士学位。1934年以论文《具有旋光性之双轮基质变为不旋光体之速度》获伊大哲学博士学位。1951年至1970年任台湾大学校长，1970年至1982年任台湾"中央研究院"院长。

2

1 西南向整体外观，邹昌铭摄

2 东南向整体外观，邹昌铭摄

3

5

4

3 内部主楼梯，邹昌铭摄

4 主楼梯仰视，徐明松摄

5 主楼梯扶手细部，握面，邹昌铭摄

6

7

6 阶梯教室，邹昌铭摄

7 阶梯教室座椅，邹昌铭摄

8 各向立面与剖面，台湾博物馆数位典藏

9 一、二层平面，台湾博物馆数位典藏

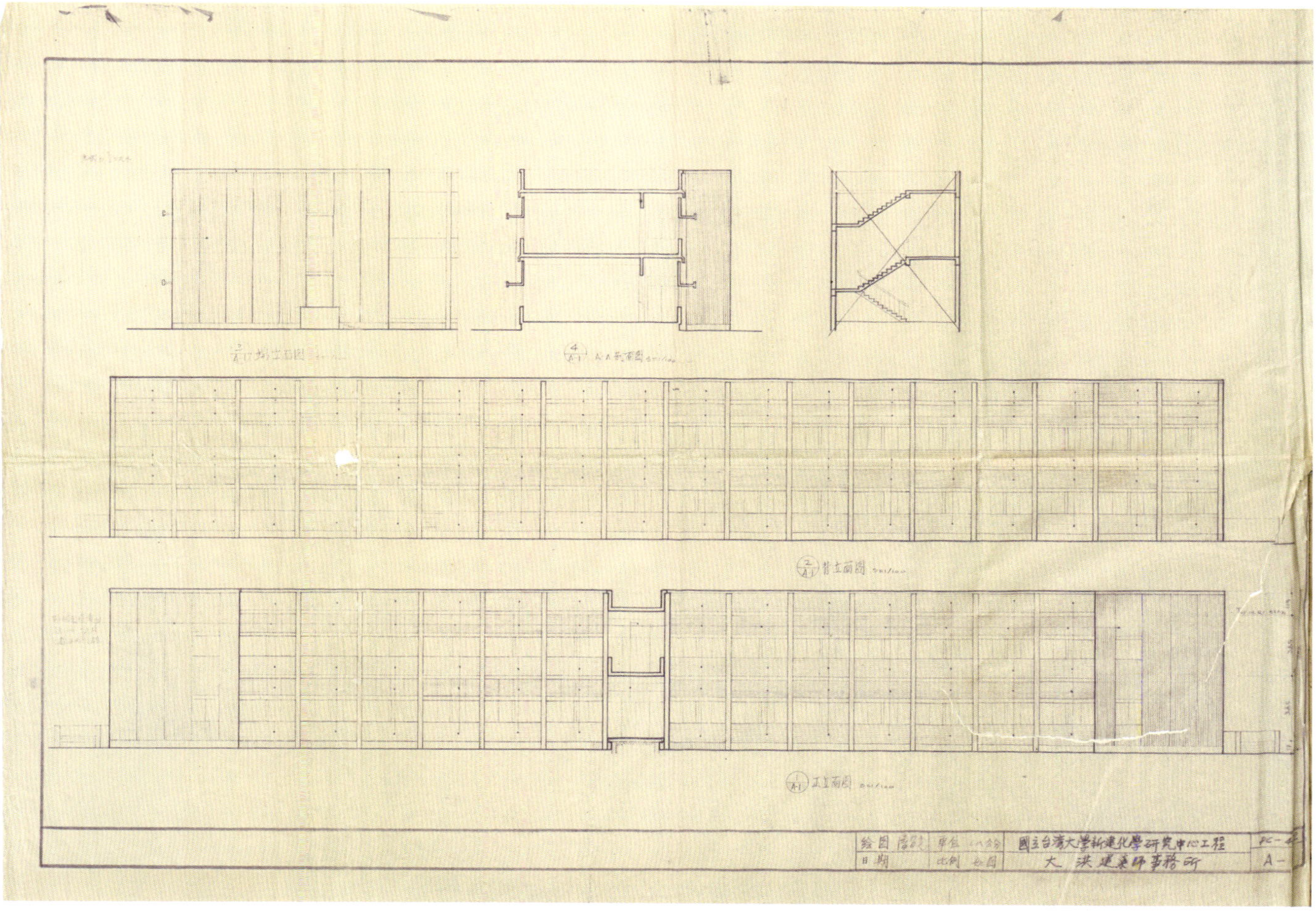

國立台灣大學新建化學研究中心工程
大洪建築師事務所
A-

8

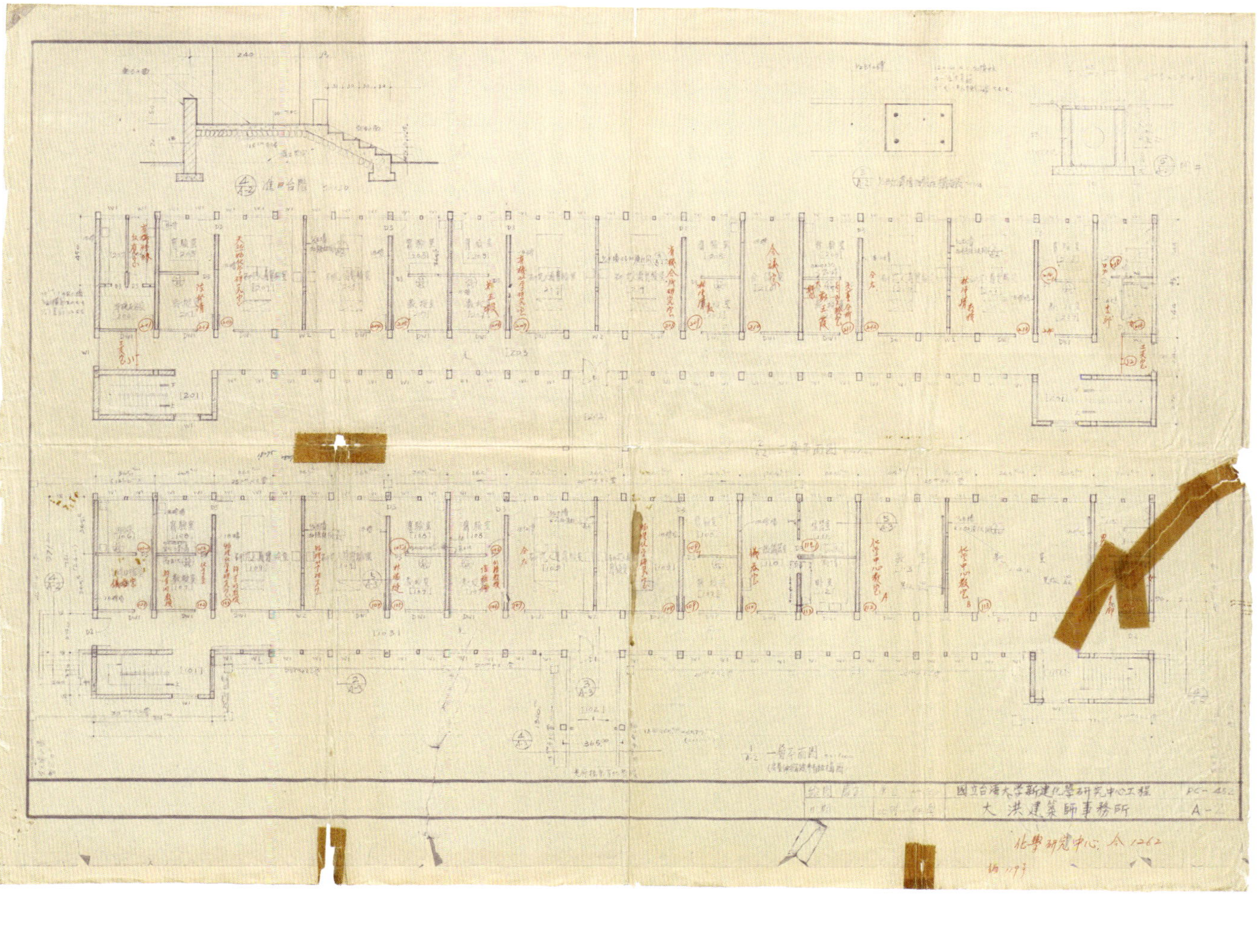

國立台灣大学新建化學研究中心工程
PC-452
大洪建築師事務所
A-2
化學研究中心 合 1262

9

1966

亚洲水泥大楼

Asia Cement Building

亚洲水泥大楼是远东集团下属水泥公司总部。今天如果读者到板桥远东纺织公司这一带，会发现周围许多建筑物都是王大闳操刀设计的，亚东技术学院教室大楼、徐元智纪念图书馆与远东纺织公司宿舍、厂房等。当然由此也可以看出王大闳与远东集团徐家的深厚友谊。

1980年代笔者读台北工专（今台北科技大学）时，每天必沿忠孝东路回到国父纪念馆附近的租屋处，记得三段98号有一栋1969年盖的两层楼独栋别墅，朴素端庄而不显眼，如今已遭拆除，改盖了一栋Bistro 98商业大楼。原来那栋小房子就是远东集团在台湾第一代创建者徐有庠在台北市的落脚处。

亚洲水泥大楼是王大闳为远东集团设计的第一栋房子，也是台湾第一栋预制幕墙建筑。或许一般人会误以为幕墙一定全是玻璃的墙面，其实这个词在专业上的意思是不承重的墙，也就是说在整栋房子的结构承载上不传递由上而下的力量，因此即便不全是玻璃，亦可称幕墙。主要原因很简单，因为它也是早期使用骑楼，却在外墙不立柱，而使用悬挑的做法。

这栋建筑因为采用悬挑的幕墙做法，因此一楼的退缩在阳光下更加强了二到九楼的节奏性律动，宛如悬浮在天际的轻快乐章，更令人惊讶的是，亚洲水泥大楼历经40年的岁月，如今依然明媚动人。

1

1 正面外观全貌，邹昌铭摄

2 幕墙，邹昌铭摄

2

1970

良士大厦

Liang-shi Apartment

1

1 正面仰视，邹昌铭摄

2 正面外观全貌，邹昌铭摄

良士大厦是台湾1970年代初，出现在台北盆地的少数高层集合住宅之一，也是台湾最早的楼中楼及拥有大片阳台的集合住宅，尽管目前阳台多数已遭改建。还记得笔者读台北工专（今台北科技大学）时，有一次不知谁问起良士大厦阳台违建之事，王大闳就说："他们不会使用空间。"这句话烙印在笔者脑海里二十几年，直到最近策划王大闳展时，才得到自己认为的解答。

平面方整，一楼临骑楼面为楼中楼店铺，后侧则似库房，或也可作为停车空间使用；标准层有四个住宅单元，前面两户近60坪（约198m^2），有大片阳台临敦化北路，后面亦两户，为楼中楼，上下两层加起来也60坪左右；主建筑平面中央置两座电梯，后侧主楼梯两旁各有花隔砖隔间的通风采光天井，天井边则有与主屋分开的佣人房，佣人房旁再置一座逃生梯。这是平面大概的布局，左右对称，落落大方。初看不太引人注意，细究后却有令人深思之处。

首先是主入口，过挑高的骑楼后，是一个窄高且狭长的雨水天井，之后才进楼梯间。从旧的施工图平面得知，这段石板路径左右两侧应有植栽且是户外空间，这样的布局非常不同于时下集合住宅的平面处理。试想过了可以遮阳避雨的骑楼，仍要走一段户外天井是有点特别，不过我们不要忘记虹庐，同样的天井，同样每上一层，回头可以窥见天井的美好经验。当然深深的户外天井总有一种情境，一种过滤都市喧嚣的作用，它带我们进入住宅的私密、宁静之处。因此虹庐那种一明一暗的空间节奏，将"重门叠院垂直化"的趣味，在这里变成进电梯是暗的，出电梯是亮的，差别只在良士大厦必须透过狭窄且深的两道侧墙望向敦化北路，个人认为这可能来自设计登陆月球纪念碑的经验。

再者是后面的两个通风采光天井，它们与主楼梯、佣人房在同一条南北轴线上布局，这里都可以被定义为服务性的空间，因为集合住宅楼高超过一定尺度，楼梯就不会是主要的垂直动线，因此这一南北带状空间成为区隔前后单元的过渡性空间，即使是服务性空间，建筑师巧妙地将花隔砖墙安排在连接各户的走道上，一者使室内、户外再度模糊，达到随时可以感受到大自然呼吸的效果，再者也让南北带状空间增加了层次明暗的效果。

最后就是大阳台遭违建的争议。笔者曾进入室内参观，感受到除外围房间有光线外，室内采光的确不足，如将大阳台保留作为绿意空间，担心内部可能会更暗，这也就是大家都违建的原因，当然在台湾违建也不需要什么堂而皇之的理由。不过从经验上来说，如果在后面楼中楼7米左右的高度中，置入王大闳的"屋顶花园"概念，或许有非常好的效果，因为柯布西耶告诉我们，这样的高度比例阳光才会进来，空间才会舒适。

良士大厦是王大闳另一个有趣的尝试，也是台湾第一栋楼中楼与屋顶花园①高层集合住宅，这里我们可以读到虹庐与台银宿舍空间布局的转化与应用，素朴的外表总是潜藏了丰富的生活内容，王大闳的建筑总是让人想起隐士，一栋试图容纳异化都会人的避难所。

① 楼中楼与屋顶花园这两个概念都是柯布西耶住宅论述里的重要命题，前者可增加住宅空间的室内变化，后者可补偿都市里"自然"的不足。

2

3

3 外观全景，旧照片，吴增荣建筑师提供

4 楼梯间外望，邹昌铭摄

5 正面仰视，徐明松摄

4

5

6

7

6 骑楼，邹昌铭摄

7 主入口，邹昌铭摄

8 主楼梯，邹昌铭摄

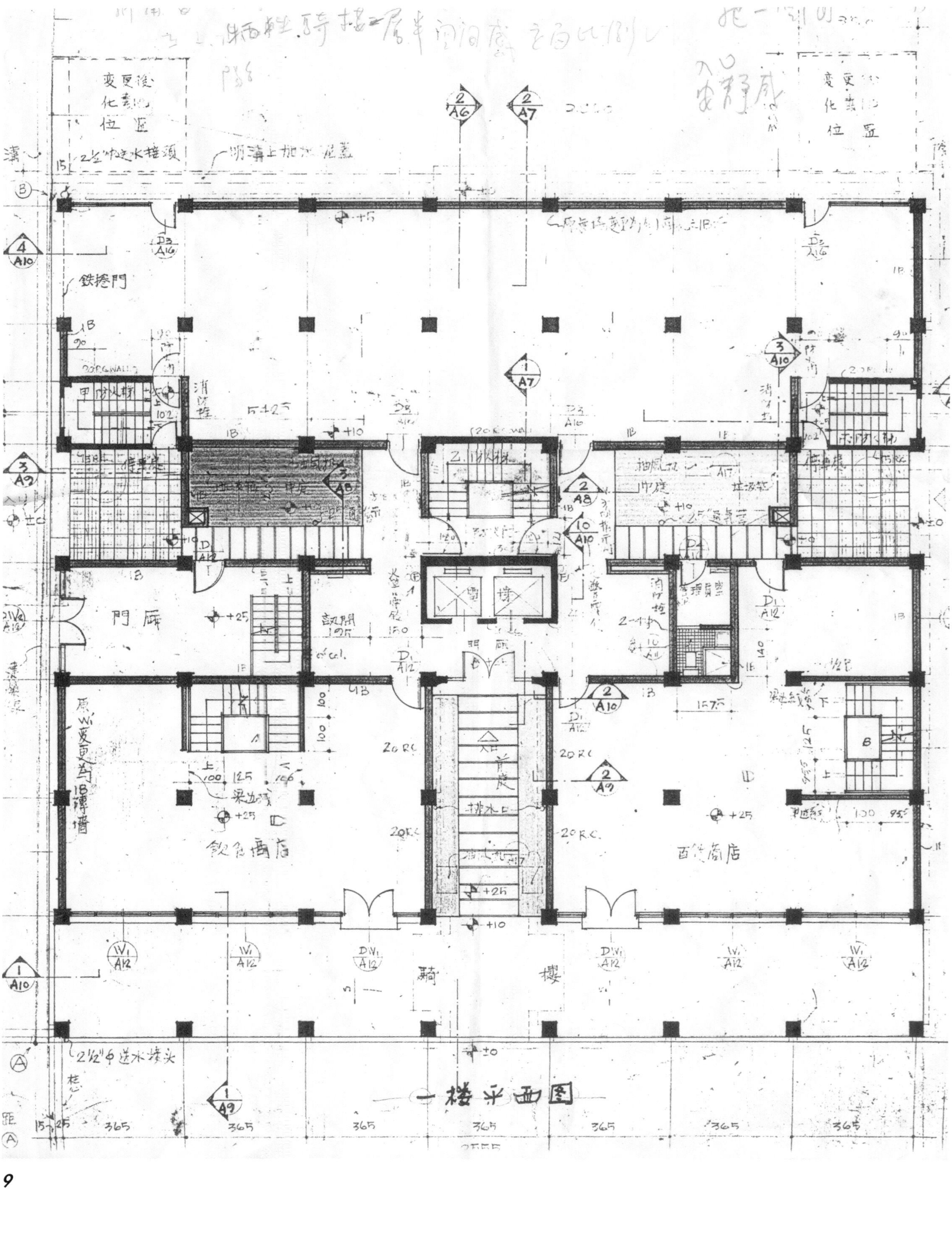

9

9 地面层平面，王大闳先生提供

10 五、七、九、十一层平面，谢幸儒绘

A、**B** 为大坪数单层住宅

a 玄关

b 储藏室兼衣帽间

c 餐厅

d 客厅

e 起居室

f 穿堂

g 主卧室

h 小孩房

i 厨房

j 佣人房

k 阳台

l 天井

C、**D** 为楼中楼上下单元

a 玄关

b 客厅

c 书房

d 餐厅

e 厨房

f 佣人房

g 天井

h 主卧房

i 小孩房

j 储藏室

11 正立面，谢幸儒绘

10

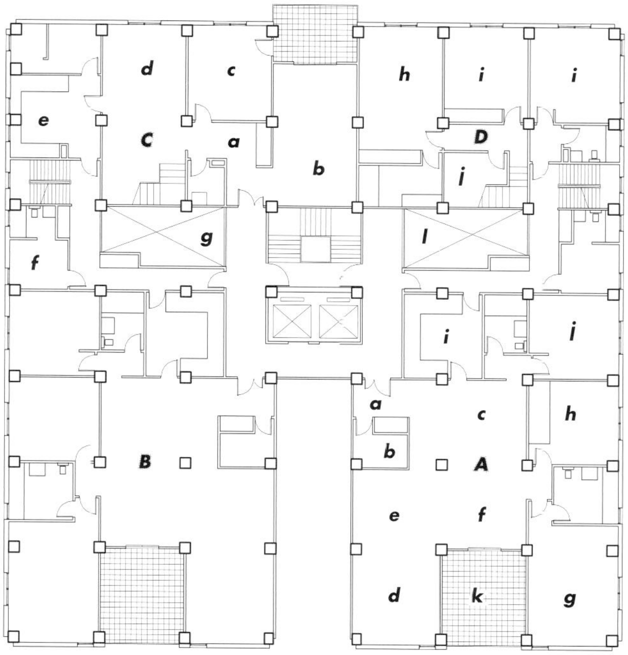

11

1970

台南区基督教大专服务中心

Service Center for Christian University in Tainan

1

台南区基督教大专服务中心（简称基督教服务中心）在此前所有可以得到的王大闳作品年表里并没有标示。策展期间，承蒙傅朝卿老师告知，才获知该栋建筑的所在处。

这是一个包括住宿与活动的服务中心，因此大楼入口中庭置一水池，周围各层楼有宿舍环绕，出中庭，循右往后移动，则是一个尺度稍大的多用途活动空间，讲台对面则是活动中心的主要入口，可以连接都市巷道。

建筑的立面不脱王大闳在 1963 年台大地质馆的游戏：梁柱外露、铺陈一系列密集的雨篷。只是地质馆外墙仍使用清水砖，而这里则改用仿清水砖的红钢砖（一种贴面瓷砖）。立面雨篷造型除了不同于地质馆的拱形以外，上半部八字形雨篷板还刻意上到梁位，产生视觉上的不合理，颇有矫饰主义①游戏的趣味。

同样的八字形雨篷到后栋的多用途活动中心，由于空间尺度变大，因此王大闳也拉长了雨篷，如此一来就更符合我们先前提到的矫饰主义游戏。

基督教服务中心在设计与施工的细腻度，并不如 1960 年代同类型建筑那么高，严格说来，立面的美学调配也不完美。该作品在设计施工时，很可能是大洪建筑师事务所有史以来案量最多、也是最重要的时期，别忘了有国父纪念馆、台湾地区外事主管部门大楼与台湾教育主管部门大楼等重大工程，不是正在施工就是处于设计阶段，因此位于台南市的基督教服务中心鞭长莫及，或许投入心力有所不足。尽管如此，喜欢王大闳作品的人，还是可以在作品里空间与空间的连接中看出趣味，特别是围墙的设计。

① 矫饰主义是文艺复兴后期的语言风格，大抵每一语言进入衰颓期，就会有人以不按牌理出牌之姿来创作。

2

1 正面透视，台南区基督教大专服务中心提供

2 围墙，徐明松摄

3 正面外观全貌，徐明松摄

4

5

6

7

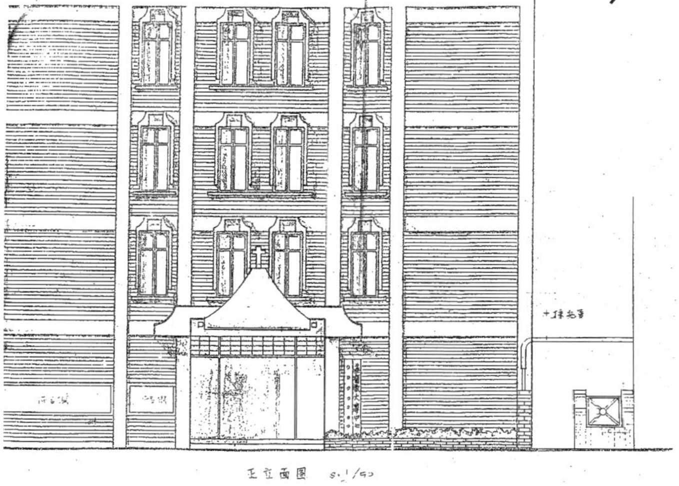

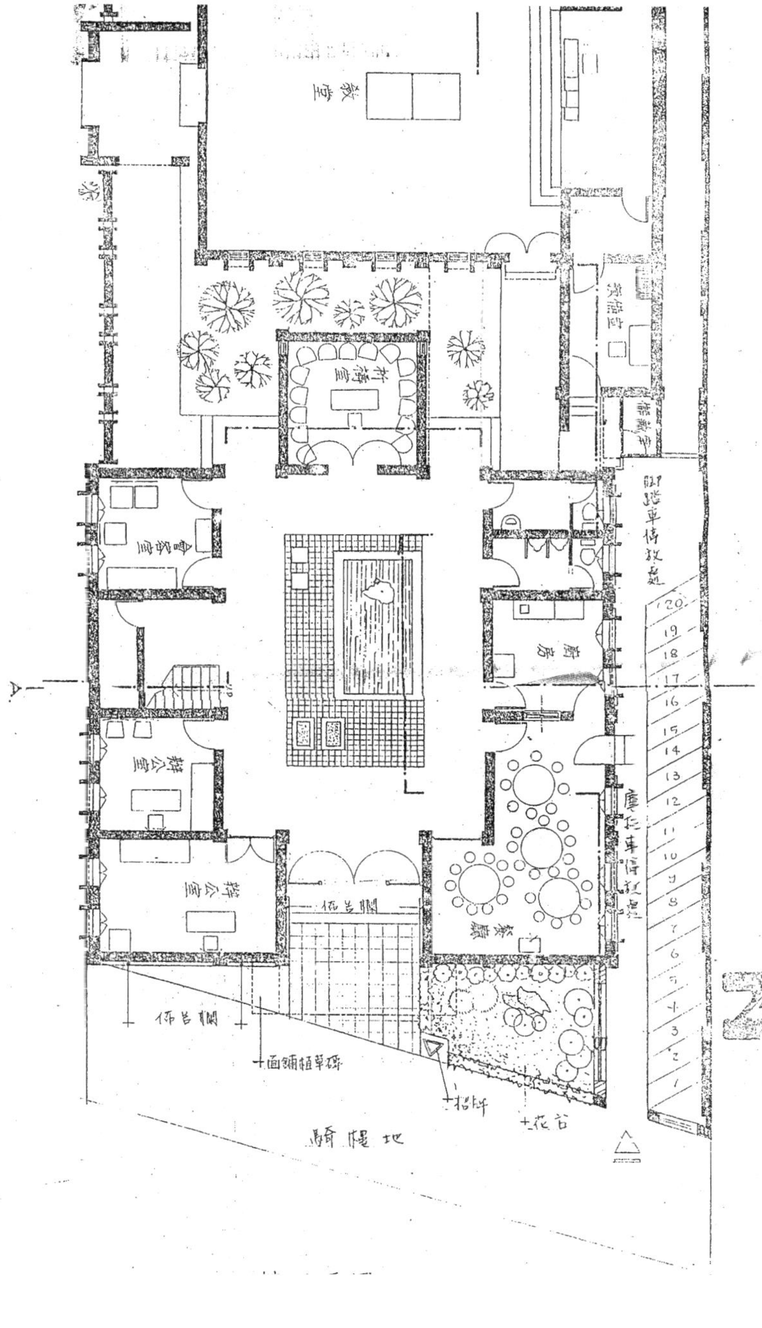

8

4　中庭仰望，徐明松摄
5　中庭水池，徐明松摄
6　雨遮与开窗，徐明松摄
7　正立面，台南区基督教大专服务中心提供
8　地面层平面，台南区基督教大专服务中心提供

1971

台湾教育主管部门办公大楼

Ministry of Education Building, Taiwan

国父纪念馆竞图之后，王大闳在政治压力下所作的形式妥协，开启了他另一条较为折衷的研究路线，也就是说，外表形式仍遵循传统三段式建筑的表达方式，倾向西方所谓历史主义的研究路线，而实质的构建方式则以现代的钢筋混凝土为之。这一方法也出现在各种类型的建筑里，像士林福乐冷饮部（1969）、许炳堂宅（1970）、松山机场扩建（1971）、台湾教育主管部门办公大楼（1971）、外事主管部门办公大楼（1971）、陈重义宅（1979）、南港“中央研究院”历史文化陈列馆（1984），尽管类似的立面处理已在1963年台大法学院图书馆尝试过了。其中台湾外事主管部门办公大楼顶部以倒L形遮阳诠释传统斗拱的做法较为特别，不过我们认为仍不脱折衷的诠释路线。

据王大闳说，他对教育主管部门办公大楼非常不满意，甚至说那是当时教育主管部门负责人设计的，而不是他设计的。尽管如此，我们认为还是值得介绍，起码试着了解王大闳为什么不喜欢自己设计的这栋房子。

建筑的主体分成三部分，一楼以仿石块斩假石形成微微倾斜的大面台基；二到五楼立面再以红钢砖与斩假石为覆材——红钢砖拼贴墙面，斩假石则施作于柱子与窗边，各自形成间歇性的垂直律动；屋顶再加上已在国父纪念馆实验过的起翘式屋顶。另外，入口大雨庇同样也以起翘作收。

今天看来，王大闳不满意的应该是那个屋顶，台大法学院图书馆与南港“中央研究院”历史文化陈列馆都没有使用那比例不对的歇山顶，因为传统官式或宗教建筑的大屋顶与屋身的比例约略为1：1，国父纪念馆和士林福乐冷饮部仍在规范里，教育主管部门办公大楼就有点离谱了。

1

1　飞檐，徐明松摄

2　全貌侧景，邹昌铭摄

教育部

3 外观全貌，徐明松摄

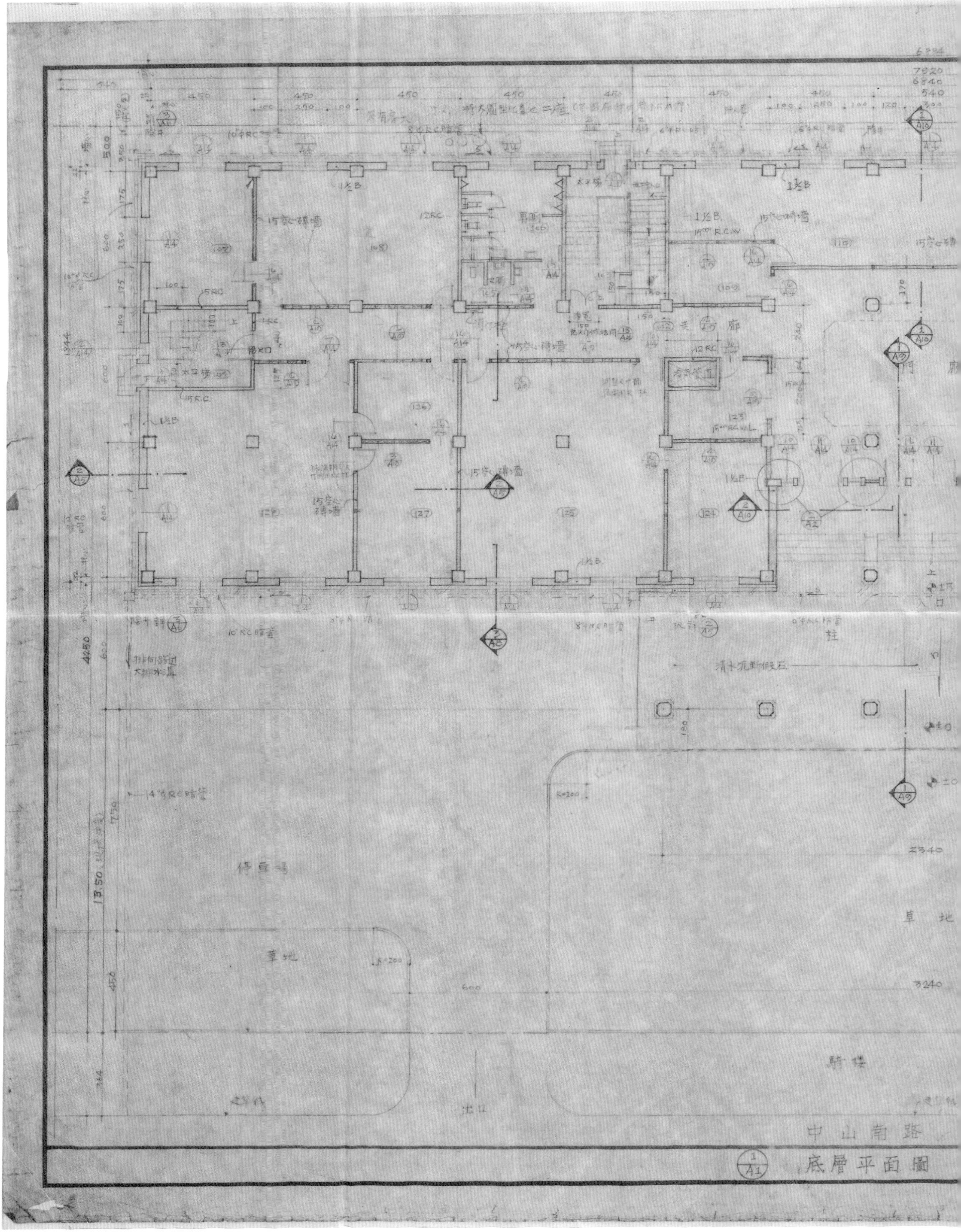

底層平面圖

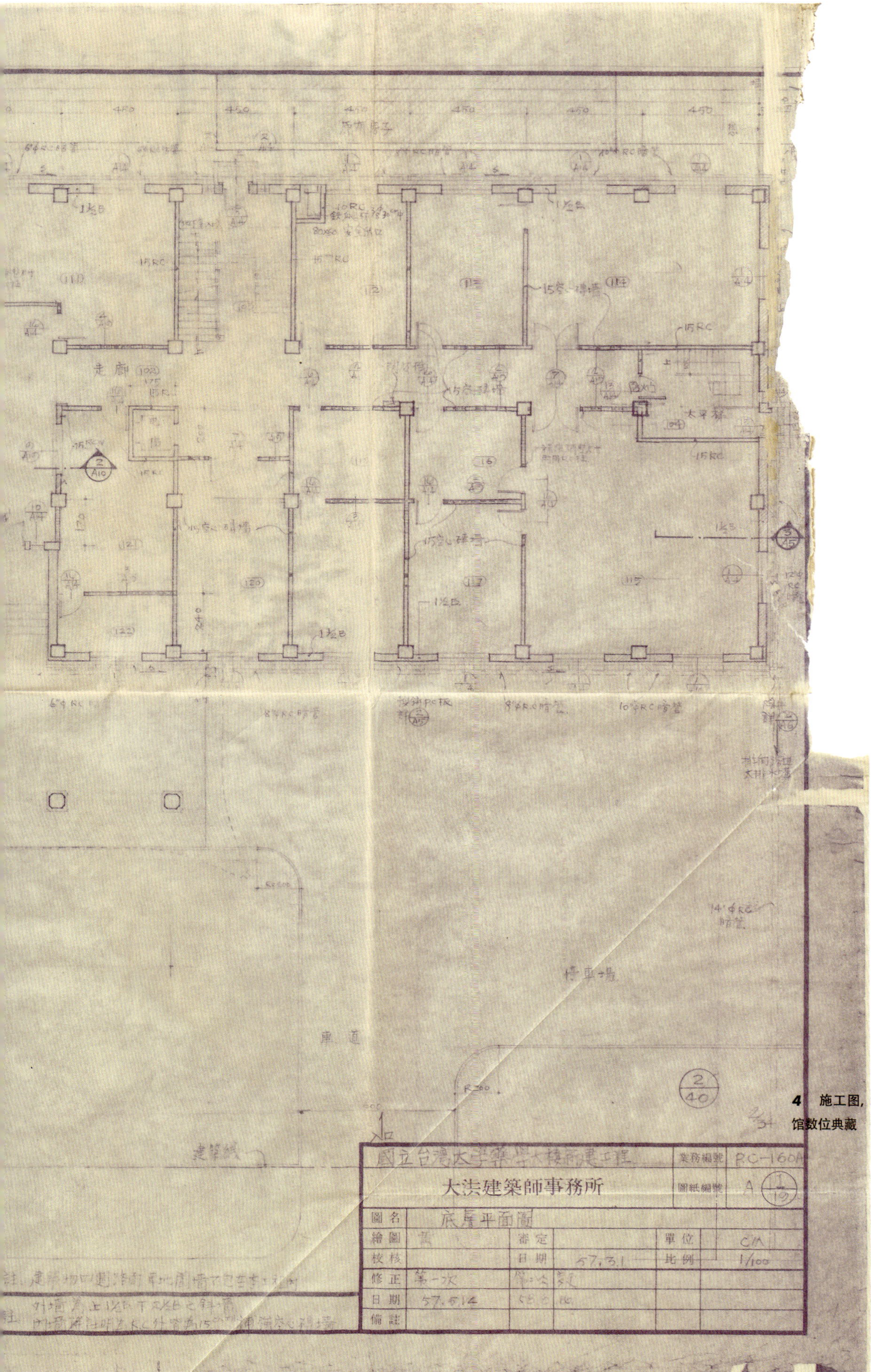

4 施工图，地面层平面，台湾博物馆数位典藏

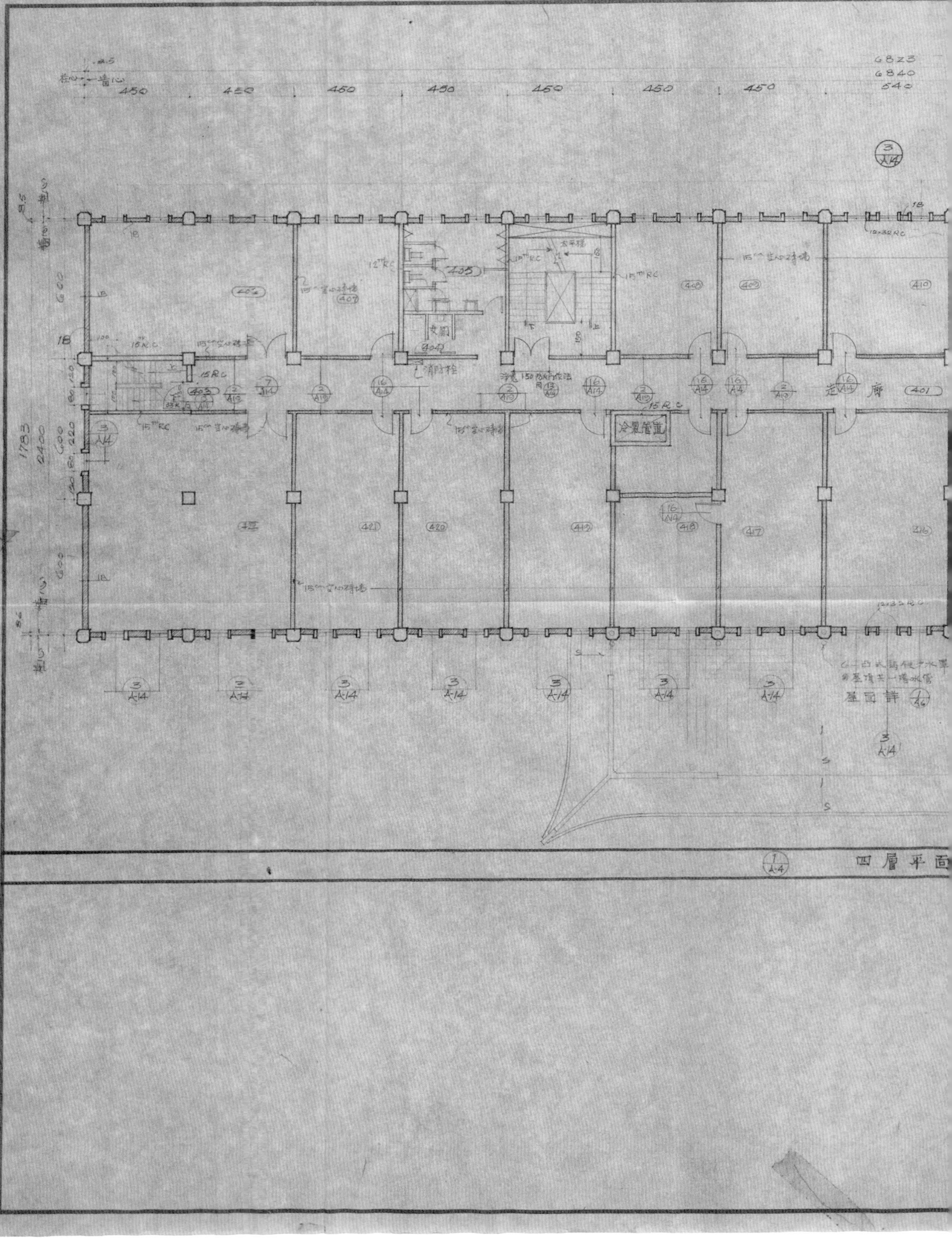

450
冷氣管道
消防栓
走廊
屋面詳
四層平面

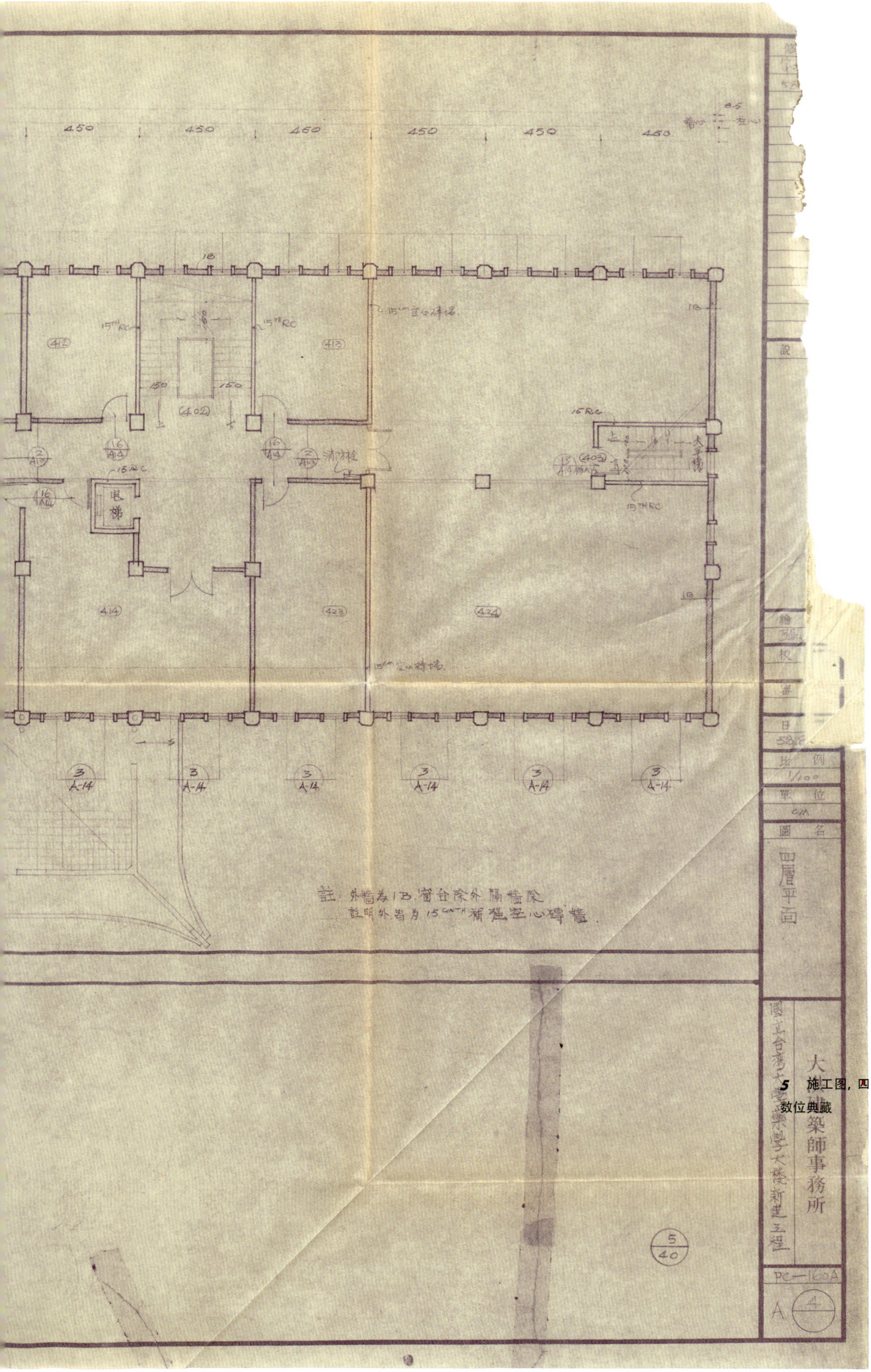

5 施工图，四层平面，台湾博物馆数位典藏

1/A7 西向(正)立面

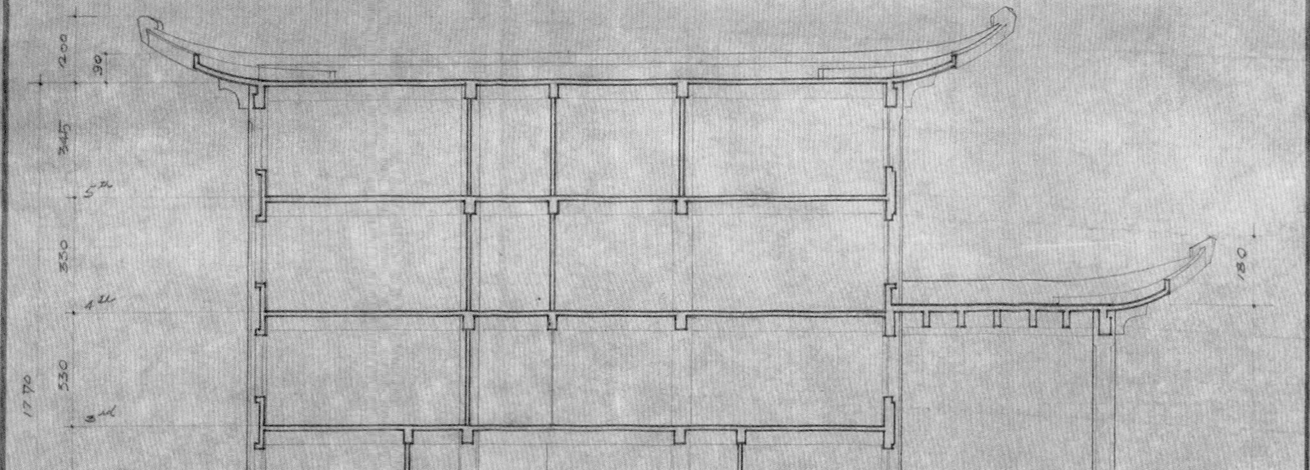

2/A7 東西向剖面

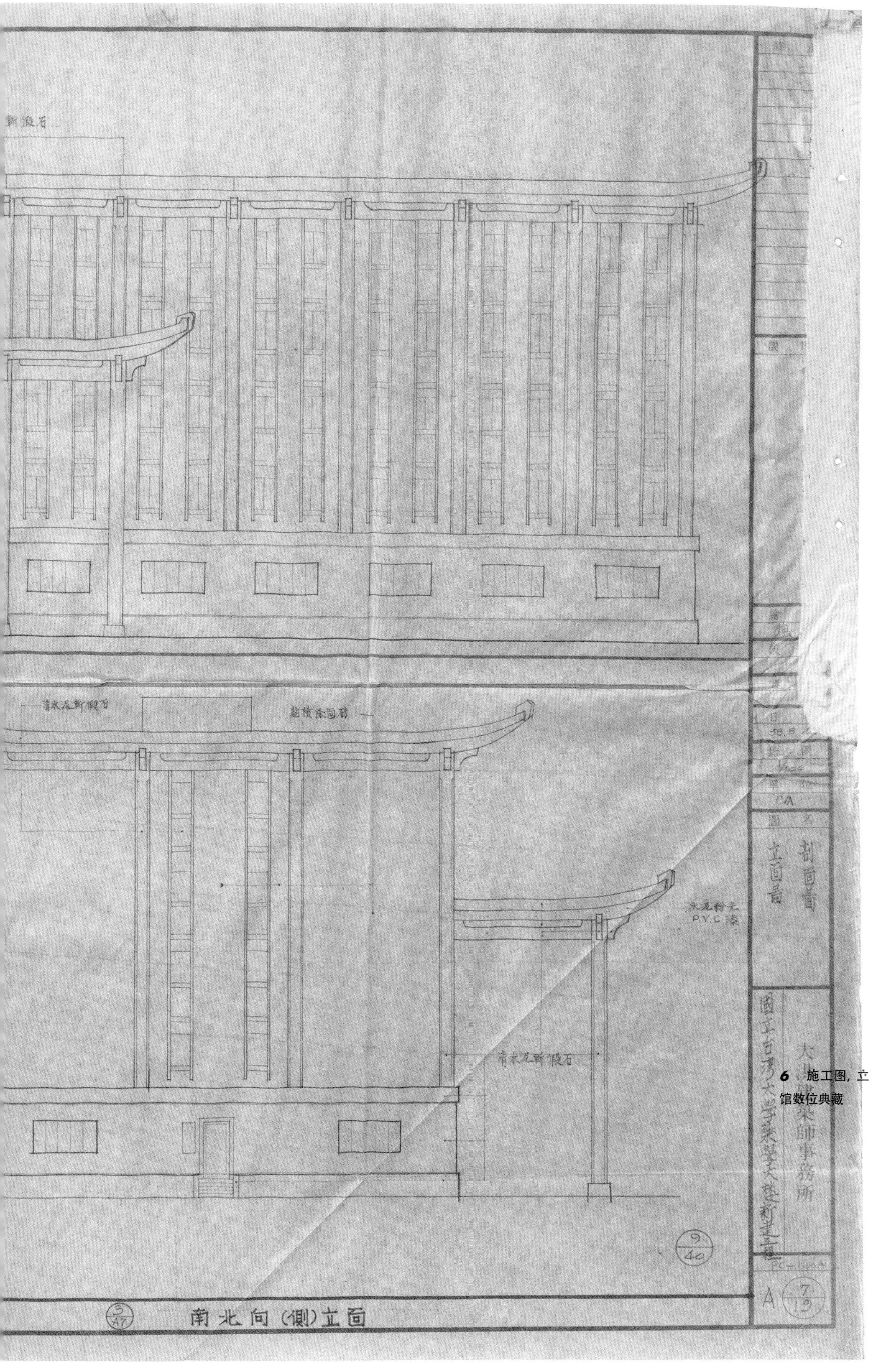

6 施工图，立面与剖面，台湾博物馆数位典藏

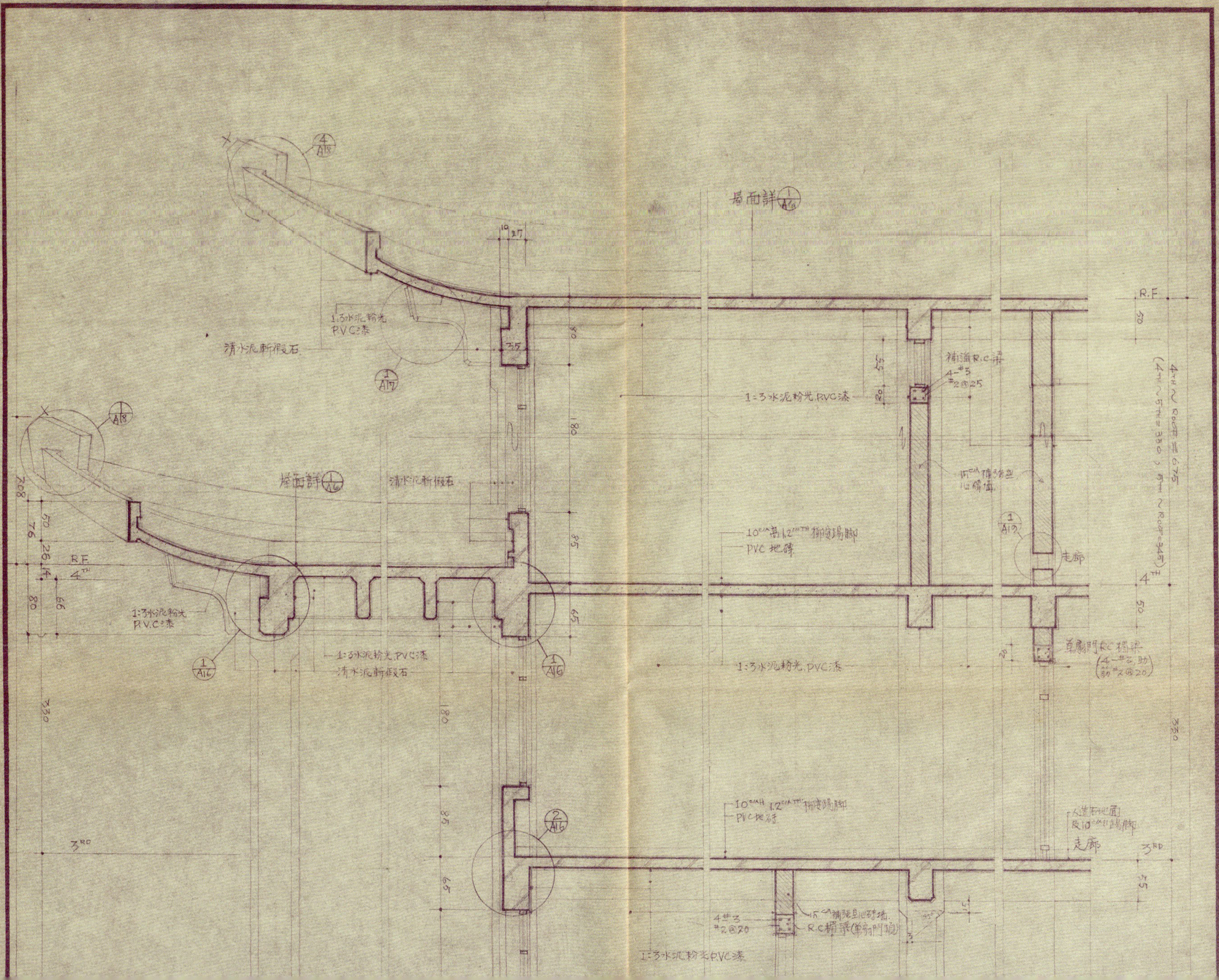
屋面詳
清水泥斬假石
1:3水泥粉光 P.V.C漆
1:3水泥粉光 PVC漆
補強R.C.梁
PVC地磚
走廊
R.F.
4TH ~ ROOF = 675
3RD

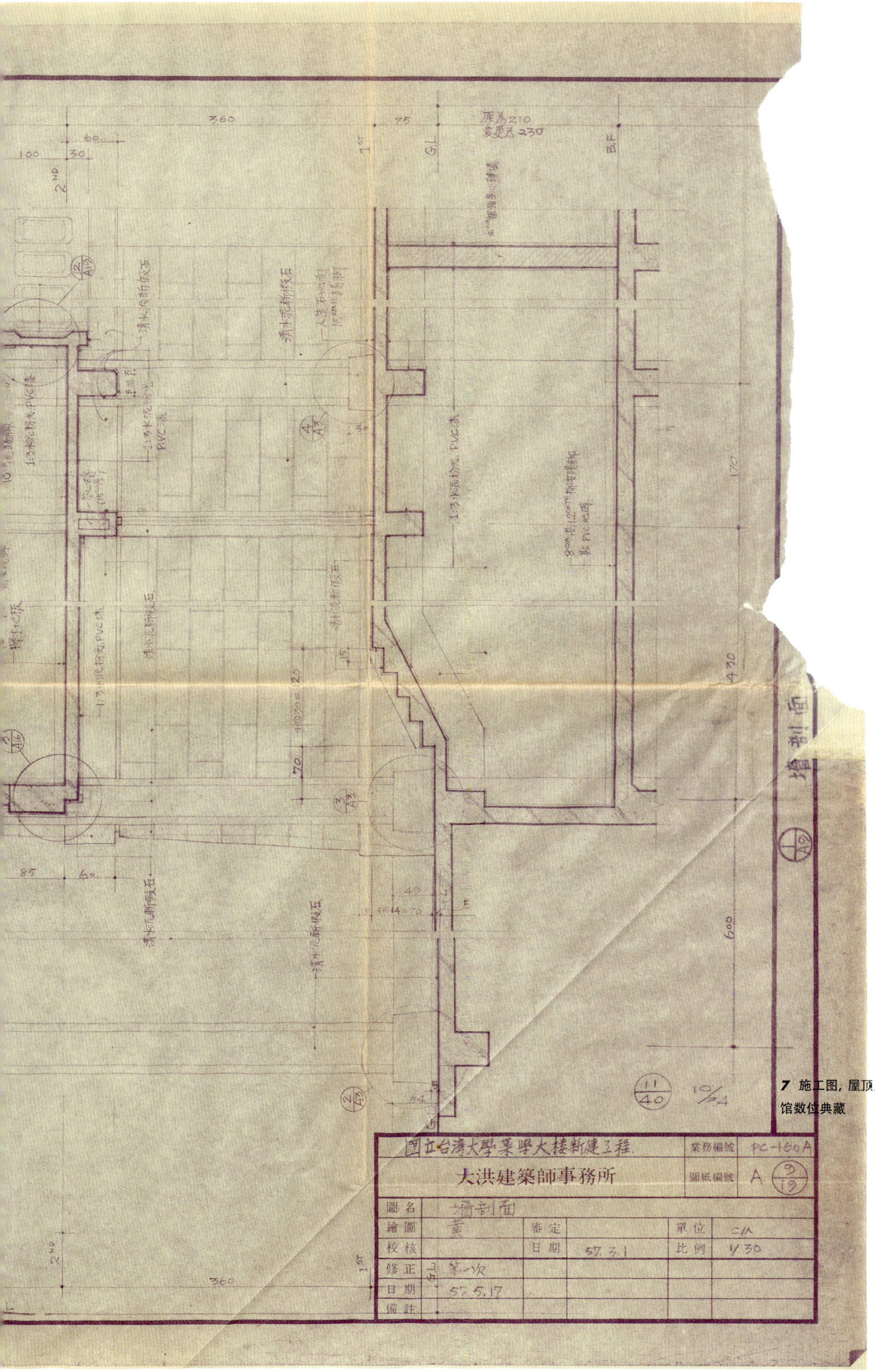

7 施工图，屋顶反曲细部，台湾博物馆数位典藏

1971

台湾外事主管部门办公大楼

Ministry of Foreign Affairs Building, Taiwan

进过台湾外事主管部门办公大楼的人，大抵都可以感受到那庄严气派的格局，空间既无霸气，又带点传统氛围。基地位于"总统府"与景福门轴线之南侧，这一带是台湾最高行政机构云集的地区，有"总统府"、司法主管部门、行政主管部门、国民党中央党部、"中央银行"等。这些建筑物在外观上大多保守而庄严，附近环境开阔而肃穆。由于环境因素，大楼造型成为设计考虑的重点。

狭长的基地是造就这栋建筑宏伟气势的有利条件，王大闳利用U形平面，使主要入口退至两翼之后，形成一个袋状的空间，除了达到宏伟的效果之外，还巧妙地避开了凯达格兰大道的车潮。同时U形的退缩使建筑物的侧面与背面形成一个比例优美的折角，避免了建筑物侧面窄高的缺点。

建筑物高度是一个重要的考虑元素。由于高度的考虑，建筑物的长度、各细部的尺寸，乃至门窗的长宽，都经过仔细的考量。王大闳对这一栋大楼比例的追求，一如其他的作品，煞费苦心。

平面布局上，王大闳采用典型的办公室平面，利用中央长廊串起整栋建筑，办公空间分列两侧，如此不仅解决照明通风的问题，也使办公空间增加弹性使用的可能性。

立面为求庄严，自然采用对称形式，由于中央退缩，两翼更似左右护法，加强了对称与稳定的视觉效果。更值得注意的是整个建筑物的细部处理，屋檐倒L形深灰色斩石子遮阳似在抽象地影射中式斗拱，也形成中国现代建筑另一个新的诠释，而或三或五的绵密奇数群聚的细长窗，在视觉上除冲淡了横向延展的低矮感觉外，本身国画挂轴比例的形式也让由内而外的视觉经验多了一分传统感受。

再者就是外表的白色小尺寸马赛克，远看以为是大片白色油漆，近看才知道是上面有微金字塔形的小尺寸马赛克（增建部分则改为两点水滴）。这种在视觉上远近不同质感的处理，堪称是王大闳的绝活，不仅维持了手工性的细腻传统，也没有丧失作为重要官僚机构的庄重雄伟。

1970年代初的王大闳，在事业上如日中天，陆续完成了几个大型纪念与公共性建筑，像国父纪念馆、台湾教育主管部门办公大楼、外事主管部门办公大楼都是此时期的作品。或许我们可以感受到来自时代或业主的压力接踵而至，但是王大闳不放弃，他相信时间不能重回，人类的意志力必须通过创作传达那份与时俱进的时间感，因此我们看到外事主管部门办公大楼精练而成熟，无论是斩石子混凝土与马赛克的搭配演绎，还是比例的协调、传统建筑的隐喻，都让它成了时代的重要见证。

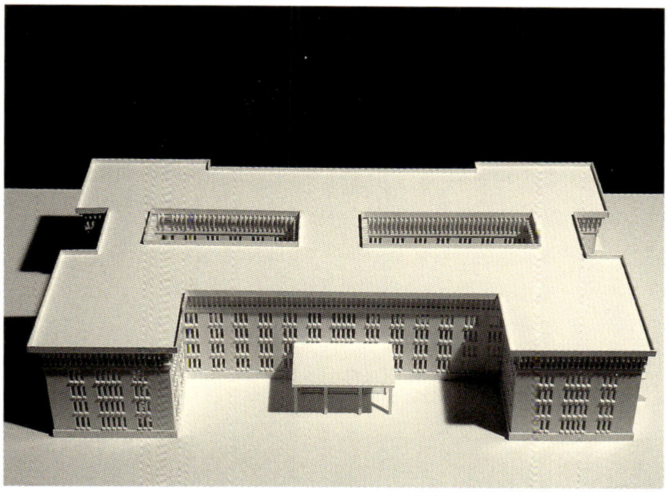

4

5

2

7

8

7 入口雨庇，王镇华先生提供

8 次要入口与雨庇，王镇华先生提供

9 建筑物斗拱意象转角，徐明松提

10

10 入口雨庇细部一，邹昌铭摄
11 入口雨庇细部二，邹昌铭摄

12

13

14

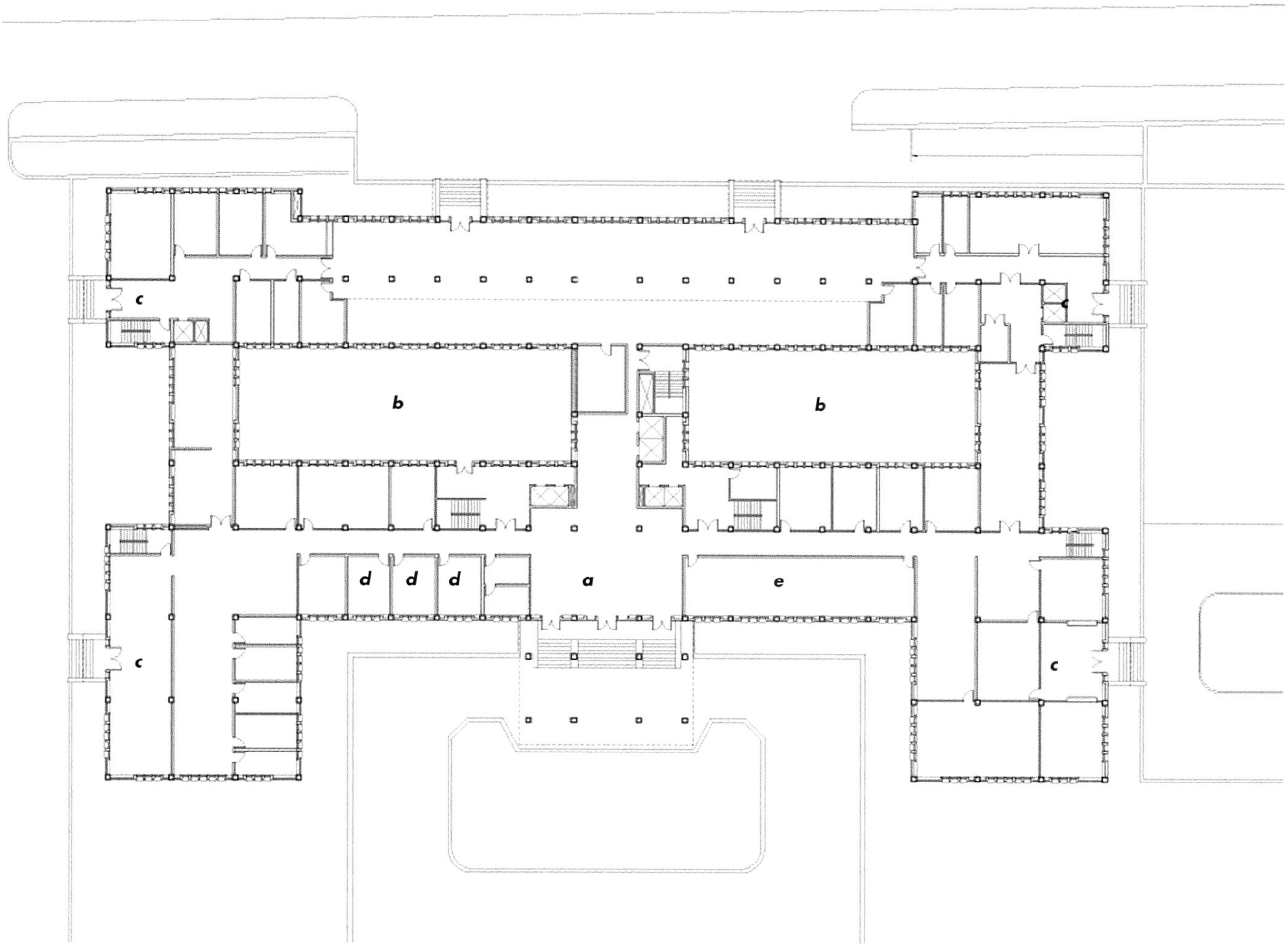

12 长条窗，邹昌铭摄

13 马赛克贴面，邹昌铭摄

14 地面层平面，郭晓峯绘

a 门厅

b 中庭

c 次入口

d 办公室

e 会议室

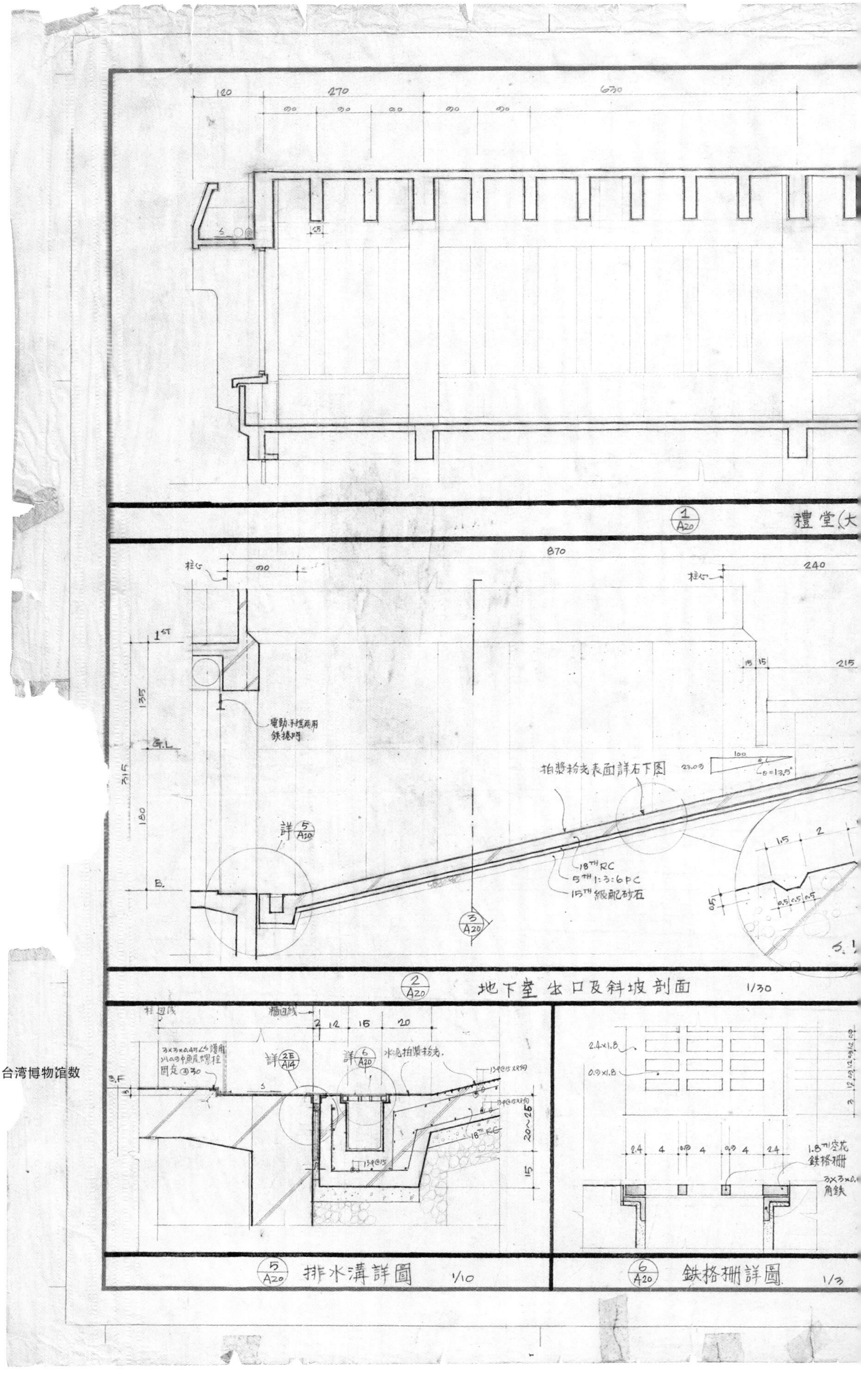

15 增建地面层平面，台湾博物馆数位典藏

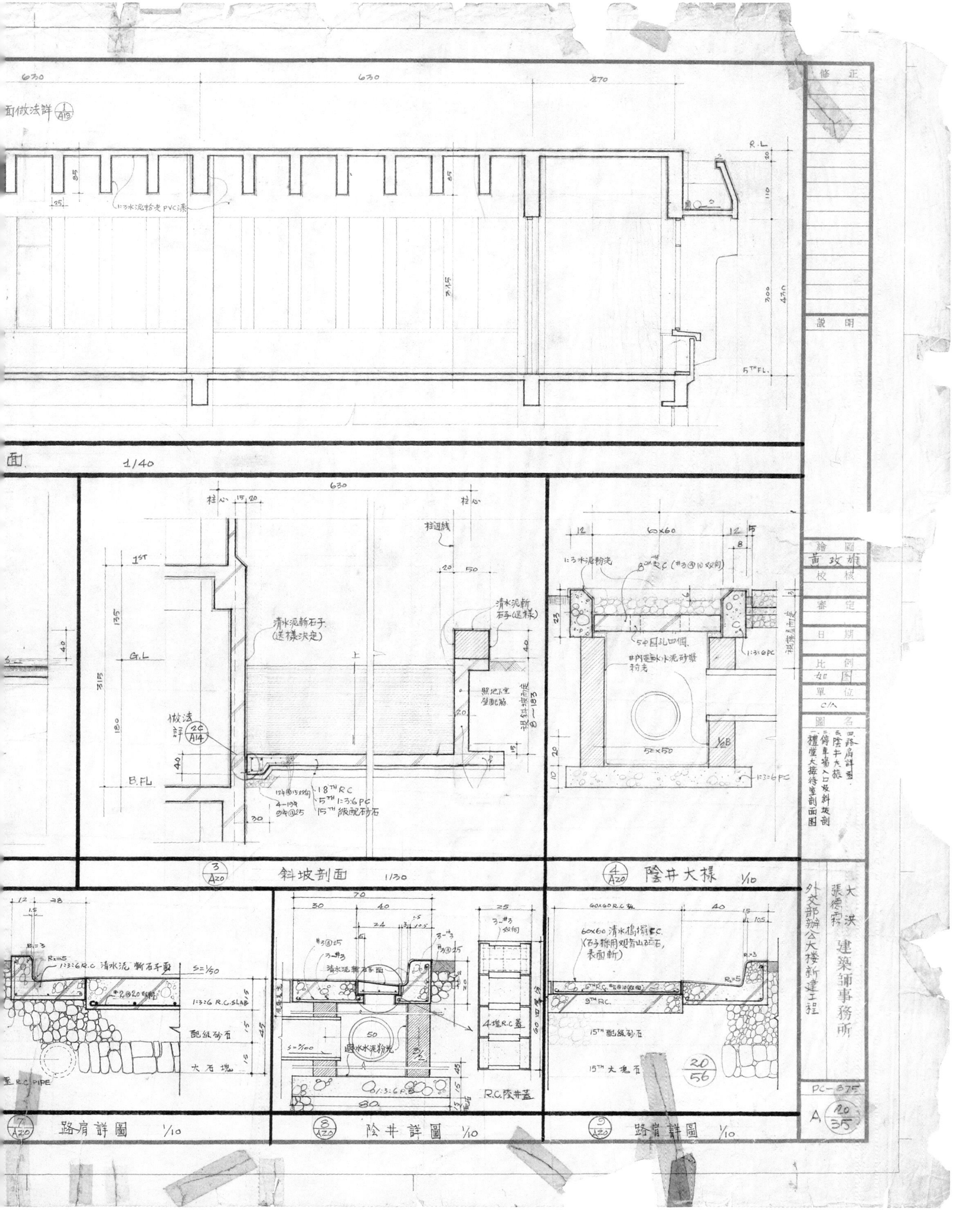

面做法詳 1/A13
1:3水泥粉光 PVC漆
R.L
5TH FL.
面 1/40
柱心
柱邊線
1ST
清水泥斬石子 (送樣決定)
清水泥斬石子(送樣)
G.L
B.FL
做法詳 2C/A14
18TH R.C
5TH 1:3:6 PC
15TH 級配砂石
照地下室壁配筋
斜坡剖面 1/30
1:3水泥粉光
5个ø孔四個
#內面1:3水泥砂漿粉光
陰井大樣 1/10
1:3:6 PC
清水泥 斬石子面
1:3:6 R.C.SLAB
配級砂石
大石塊
R.C.PIPE
路肩詳圖 1/10
清水泥斬石子面
4塊R.C.蓋
R.C.陰井蓋
陰井詳圖 1/10
60x60 清水橫欄R.C.
(石子採用Ø青山碎石, 表面斬)
9TH R.C.
15TH 配級砂石
15TH 大塊石
路肩詳圖 1/10
修正
說明
繪圖 黃政雄
校核
審定
日期
比例 如圖
單位 C/M
圖名
一.禮堂大樓待室剖面圖
二.停車場入口坡斜坡剖
三.陰井大樣
四.路肩詳圖
大洪 張德霖 建築師事務所
外交部辦公大樓新建工程
PC-875
A 20/35

1972

鸿霖大厦

Hong-Lin Office Building

鸿霖大厦的业主为杨周素华①，据她说："1960 年代末，我应美国外交官之邀，参加在外交官仁爱路巷自宅内的聚会。一进屋发现房子既现代又有传统中国味，一问之下才知道是王大闳设计，也奠定下随后鸿霖大厦的委托案。"大厦位于仁爱医院正对面，是一栋非常素朴的白色建筑，刚好与对面具雕塑感外表的旧仁爱医院大楼②形成对比。

这栋大楼也让人联想到德国建筑大师密斯的混凝土办公大楼（Concrete Office Building，1923）提案，那是 20 世纪 20 年代对现代建筑最纯粹的想象。这种水平带状样式的建筑，在王大闳的作品中，多半表现在办公类型的大楼上，像 1966 年的亚洲水泥大楼或 1977 年的庆龄工业研究中心。鸿霖大厦时间刚好介于中间。

这栋看似不起眼的建筑有几个重要的特色值得注意。首先是梁柱系统与外墙表皮脱离的做法，这是现代建筑因反对古典承重墙而发展出的重要观念，特别是脱离后的开窗以水平带状窗处理，使室内工作者可观赏不中断的户外景观，完全不是传统建筑的空间经验。其次是开窗方式朝地面稍呈倾斜，不仅加强了室内与地面活动的关系，建筑师也将发展自西方的观念进一步加以诠释，这与当时办公大楼流行往上扬升的做法大异其趣。

还有一个有趣的观察是来自罗时玮教授："鸿霖大楼水平带漂浮效果并不那么强，因为水平带并非连续地绕过整幢建筑表面，它的正前方采用完全开敞的水平窗，两侧仍以实墙封住（虽然东侧邻 6 m 巷道为阳台处理，但东侧靠前方仍为宽约 3 m 的实墙），且两侧实墙上的透气口经刻意强调的处理，与正面玻璃的平板光亮呈对比，而且由于这些透气口的排列正好对准正面的水平钢筋混凝土腰墙，好似正立面由一根根水平大管子嵌入于垂直侧墙上，形成木榫接的趣味。倾斜的水平带同时也使水平钢混腰墙凸露出来，使整个正向立面不是平滑的玻璃与实墙交织的一层薄皮，而是不断重叠的'虚与实'水平构造的交替组成，像是不断重叠的屋顶（实）与屋身（虚）的组合，即以此角度来看，似乎刻意重现传统建筑中'重檐'做法所表现的漂浮效果。"③

这个细腻的观察，一般人不易发现，乃至认同。但王大闳刻意的倾斜开窗或透气口安排，好像也让人不得不相信他是有意安排。这种接近象征性的做法，我们也曾在虹庐与弘英别墅的餐厅中看到，只是各自企图象征指涉的传统不同而已。显然建筑师在接受西方的同时，也在抗拒西方的现代性，或者是将西方的现代性加以地方化，但这个游戏是高段且隐而不显的。

① 杨周素华，前台北市代理市长周百炼之女，英年早逝的华裔策展人杨惠如的母亲。

② 旧仁爱医院大楼为光大建筑师事务所设计，主持建筑师潘有光于 1960 年代初至 1960 年代末任职于大洪建筑师事务所。

③ 罗时玮：《现代都会建筑的拟仿向度：从巴塞隆纳展览馆到虹庐、良士与鸿霖大厦》，见《台大建筑与城乡学报》，1993/12。

1

1 外观鸟瞰全貌，徐明松摄

2 外观虫瞰全貌，邹昌铭摄

2

1972

台湾大学归台学人宿舍

Expatriates Dormitory, Taiwan University

台湾大学归台学人宿舍是王大闳少数集合住宅类型里的有趣实验。基地位于基隆路靠山一侧的长兴街上，周围安静、绿意盎然，是一个良好的居家环境。

配置呈拉长不规则的八角形，有点像将等边八角形对面的两边拉长。四侧转角内外各有一座主楼梯，内为逃生梯，可直接下至中庭；外为主楼梯，可连接户外。每座楼梯每层左右各一户，面积大小不一，总之每层共八户，四户应是套房之类的小单元，另四户则是30来坪（约99m^2）的三房两厅大单元。

由于是拉长不规则的八角形，四个转角各安置了两座楼梯、玄关与晒衣阳台，这个巧妙的安排刚好让两个长边与两个短边的室内空间完全回到矩形平面。也就是说，两座楼梯、玄关与晒衣阳台等空间都会至少有一个角是45°，最后集结成两个角对角的倒三角形。因此从平面来读的话，建筑师设计时，得精确控制转角形体在角度、尺寸与转角空间的合理性，否则就不可能让邻边得到一个完整的矩形。

还有就是安置楼梯的转角，在外部是一个内凹的收边，中庭内部则是一个外凸的收边，一则让使用空间，像阳台、玄关不会有难用的转角；二则也可以凸显出楼梯出入口的位置。

建筑立面，所有的开窗上方都有一片水平遮阳，所有同一垂直向的开窗又会共同用一个有深度的板饰框起来，但远看这个板饰又像是为了窗边的墙所形成的框。这种有趣的律动游戏，我们已经在1963年的法学院图书馆侧墙领略过了。这也是为什么王大闳的建筑在素朴底下，总是潜藏着恒久的趣味。

1

1 外观全貌，徐明松摄

2 楼梯入口立面，邹昌铭摄

2

3

3 中庭入口立面，邹昌铭摄

4 中庭鸟瞰，徐明松摄

4

5 楼梯间半楼三角平台，邹昌铭摄

6 楼梯间入口平台，邹昌铭摄

6

1973
淡水假日自宅计划案
Project of Architect's Vacation House at Tam-Shui

Buildings and Projects 31

1

这是王大闳的第三栋自宅，如果按时间算，应该是虹庐时期所做的设计，准确时间应该是在 1972 年到 1973 年间。按当时参与设计的詹勋次①说，"自宅没有基地，只知道是在淡水。设计密集做了两个月，上班时间，王大闳总是在早上跟下午会来改图"，可惜最后没有实现。

这个淡水假日自宅非常有趣，外形是王大闳少用的圆形体量，远看颇似飞碟。外墙下宽上窄，再加上开窗部呈现出的墙厚，让整体造型呈封闭、防御性的梯形角锥体。外墙再分内外两层，中间有空气，并有排水沟，外浇灌钢筋混凝土，内隔清水砖墙，是一种非常有效的隔热防潮构筑方式，可以避免淡水特有的湿气入侵。

平面巧妙地以圆心分隔成等量三份，也就是说以圆心为中心，每隔 120° 放射出一道不抵外墙的承重墙。因此我们有厚实的外墙与三道呈均匀放射状的墙来扮演结构角色，但必须留意的是，这三道墙都没抵到外墙，有效地遵循了密斯告诫的原则，让空间保持连续不断的流动性，也可以让在空间里活动的人透过弧形清水砖墙感受到原有的几何体量。

这三个等量的平面空间刚好也被安排成三组不同的机能：玄关、厨房、餐厅 / 客厅 / 卧房、卫浴、衣帽。在餐厅厨房与客厅之间有月洞门，主卧室与餐厅、厨房或与客厅之间则是较为封闭的墙，如此一来，可以保持卧室的私密性。从剖面观察，浴缸仍采用唐宋时期做法，且开天窗，以收大自然的星辰美景。

① 詹勋次，1970 年代初大洪建筑师事务所设计师。1969 年毕业于中原大学建筑系，1980 年取得美国华盛顿大学建筑硕士学位，1983 年创立詹勋次建筑师事务所。

1 模型俯视，黄富强制作
2 模型全貌，黄富强制作

2

3

3 模型室内鸟瞰，詹勋次建筑师提供
4 平面，詹勋次建筑师提供
5-8 立面及剖面，詹勋次建筑师提供

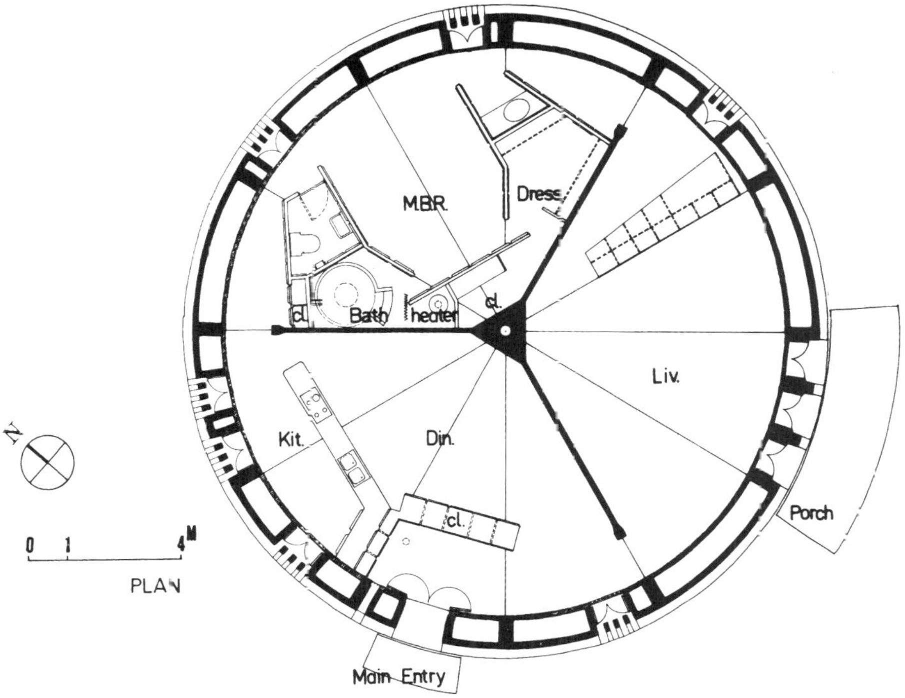

4

5

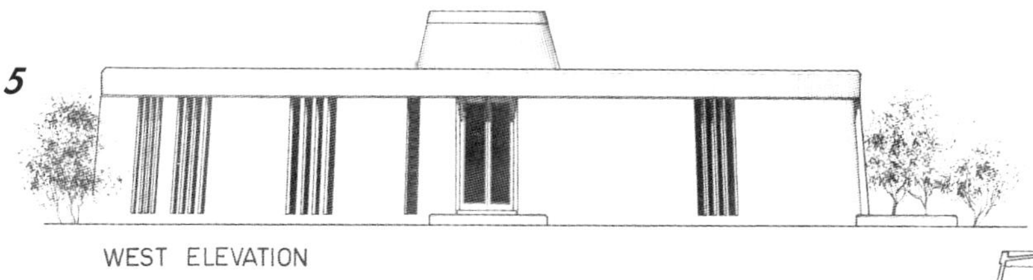

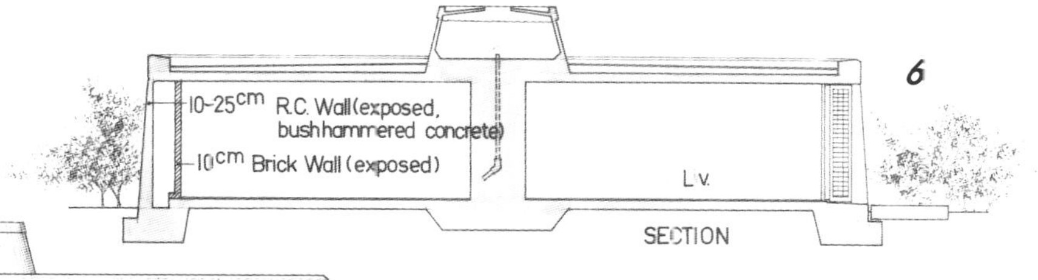

6

7

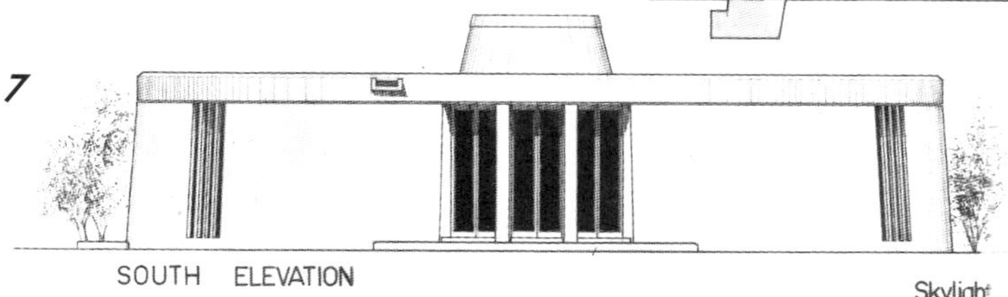

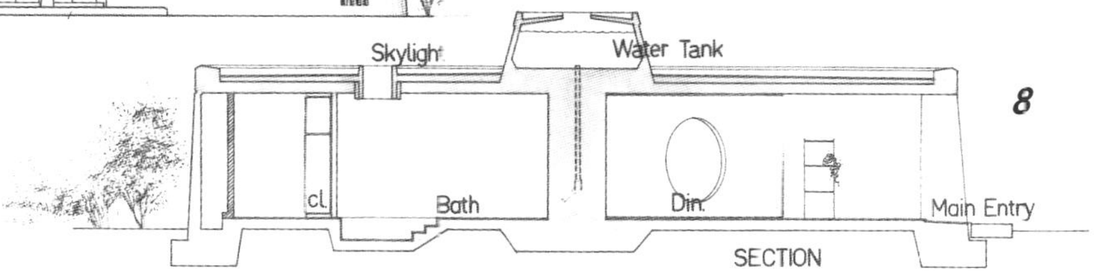

8

1974
台湾“中央研究院”生物化学研究所
Institute of Biochemistry, Academia Sinica

Buildings and Projects 32

1

台湾“中央研究院”生物化学研究所（简称生化所）由台湾大学提供土地，基地位于台大本部校园之西北角，占地五百余坪（约 $1652m^2$），建筑面积两百余坪（约 $660m^2$）。北邻新生大楼，对面是女生宿舍，南邻电机工程大楼，基地留下约3/5的空地，大部分安置于前方入口处，以隔离正面的校园道路，小部分配置于南北两侧，使研究所和附近的建筑有适当的距离。

基地附近有几栋教学大楼，学生流量极大，生化所需要一个安静的研究环境，所以王大闳的设计概念，是创造一个略为封闭的室内空间。无窗的承重墙使得该栋建筑没有一根柱子，除结构意义外，还有隔绝外界的效果，承重墙与水平遮阳板之间因此产生轻重、虚实的对比，成为此建筑物的一大特色。

承重墙在正立面两侧形成垂直与厚重感，衬托出中央水平的遮阳板轻快的节奏与鲜明的秩序。此种H形立面在视觉上有稳定的效果，是王大闳经常采用的一种造型。平面的配置也是H形，将实验室安排于两侧。中央部分是公共空间，垂直交通与服务空间、会议室、图书室、行政事务办公室即安排在此。通廊的转角和外墙的边角，都以柔和的圆弧代替尖锐的棱线。

关于水平遮阳板面由下而上的斩石子处理，划开体量，将体量切割成一段段的垂直面块，在王大闳的作品里也是绝无仅有之作。因为看似厚重的体量，王大闳又不想让建筑沉溺在笨拙的氛围里，所以建筑师务必得小心控制轻重与虚实的美学。进到室内时，观者就会察觉外面的处理多少暗示了内部想说的话。

室内空间不大，却给人一种亲切的舒适感。由外到内微微内倾的圆弧形雨庇，让空间不知不觉滑进门厅，这种滑动随着室内各种弧形体量持续进行，宛如空间的华尔兹。最奇特的是在门厅边的楼梯，完全使用磨石子作为覆材，绿色的扶手面、白色的扶手与踏板共同形塑出一道上下流动的立体景致。这座楼梯的整体成形必须有高度美学的直觉方可达成，推测这个概念是来自日据时代台大第一理工大楼的楼梯经验①。

生化所是一座比例极为优雅的建筑，弧形成为整栋建筑的母题，王大闳用一种连续不断的母题再现，精致地控制了空间的流畅感。它亦表现了一种静态含蓄的美感，在王大闳的作品中，自有其安详与平静的气质。

① 访谈生化所资深教授得知，王大闳曾为第一理工大楼增建过小房子，因此可能看过这座楼梯。

1 入口雨庇，邹昌铭摄

2 外墙雨遮，邹昌铭摄

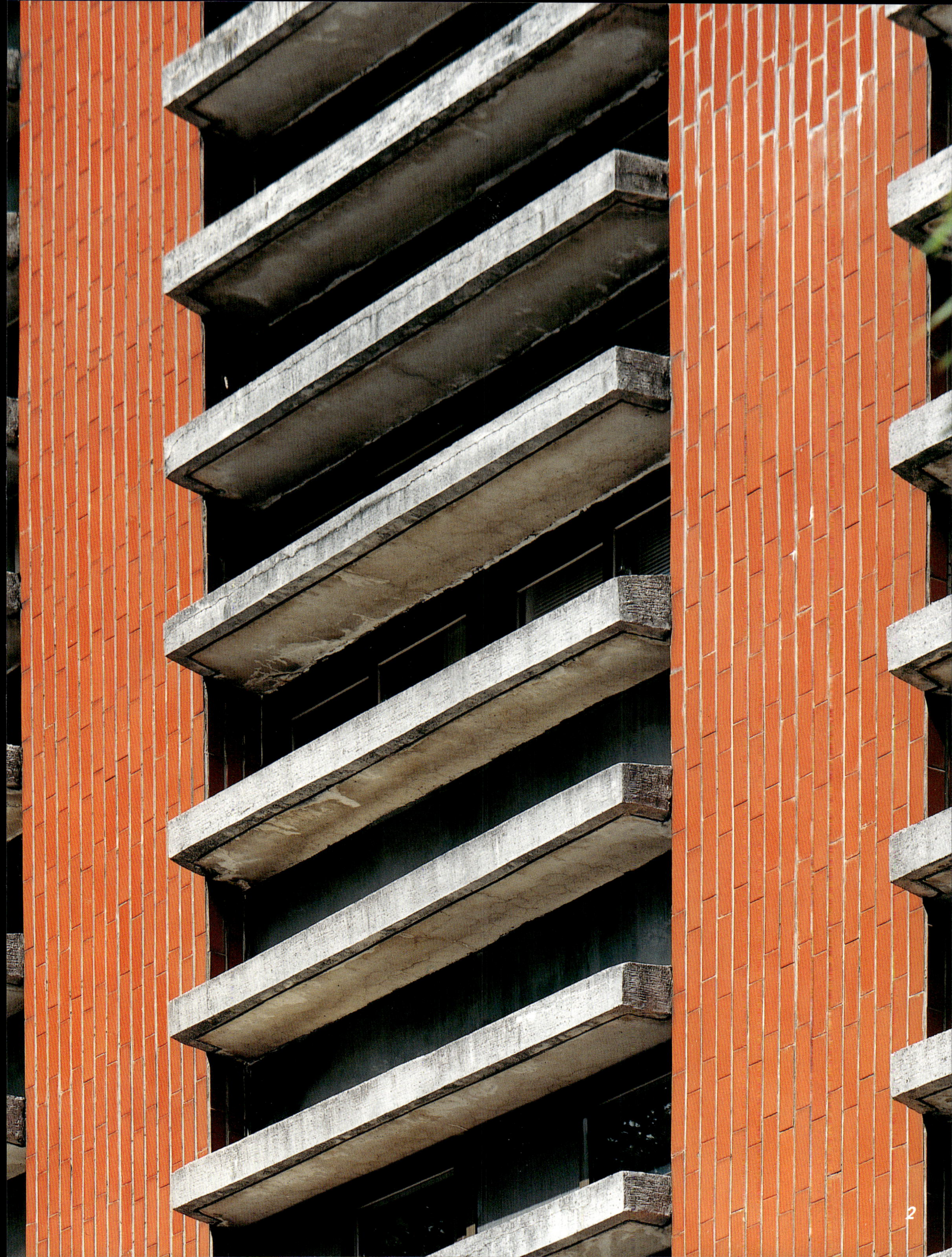

2

3 外观正面全貌，邹昌铭摄

5

4

4-5 室内主楼梯细部设计，邹昌铭摄

6 地面层平面，胡祖同绘

a 门厅

b 实验室

c 办公室

d 会议室

e 储藏室

f 服务入口

7 正立面，胡祖同绘

6

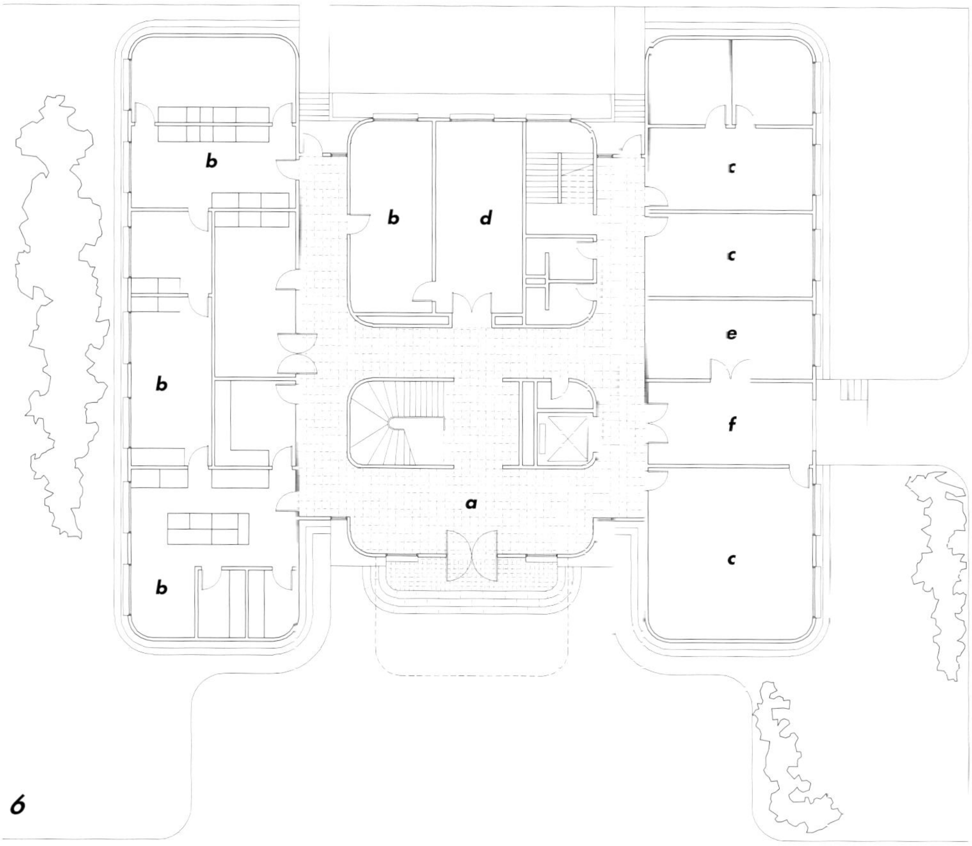

7

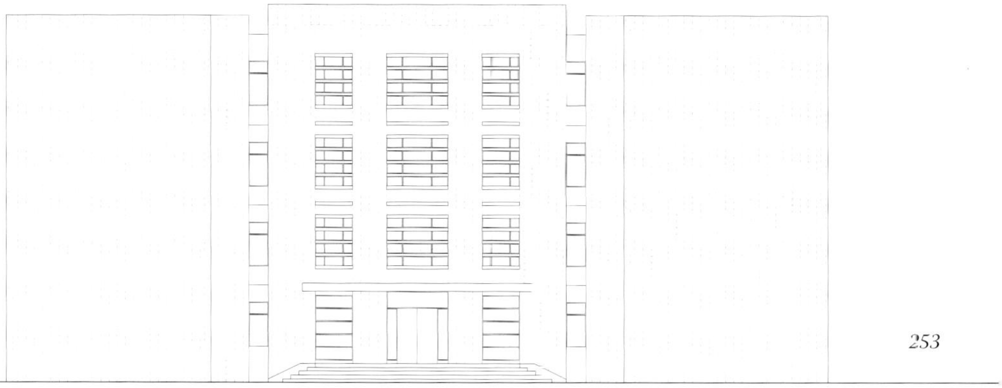

1975

台湾“中央研究院”植物研究所

Institute of Plant, Academia Sinica

Buildings and Projects 33

台湾“中央研究院”植物研究所（又名“李先闻纪念馆”，简称植物所），如果不算台湾“中央研究院”在台大的生化所（1974），这是王大闳在“中央研究院”院区内的第一栋建筑。除此之外，“中央研究院”还有其他几栋王大闳的建筑：三民主义研究所（1976）、信息科学研究所（1980）、历史文物陈列馆（1984）、分子生物研究所（1985）、学人宿舍（1987，该栋在院区外）。

王大闳在1970年代以后，清楚地开启了一条矫饰主义的研究路线。特色就是不再遵循早期现代主义内外清楚的逻辑，而是将梁柱隐藏在皮层底下，尽管没有真的像矫饰主义者般夸张地破坏或倒置原有的语法，但还是让严谨的现代主义语法遭受局部的瓦解。1980年的东门长老教会那夸张的门楼就是一例，就某种层面来说，1977年庆龄工业研究中心那让人无法得知楼层的立面，亦可作如是观。

至于植物所，王俊雄有一段针对它的描述：“在植物所中，除了角隅外梁柱的刻画全被吸收到一张平滑的表皮上，表皮上再以垂直遮阳板作出雕刻性变化；角隅柱也消失了承担梁重量的视觉作用，反而是装饰性地出现圆滑转角，支持整体的量感构成。”[①]自然这些垂直遮阳板或角隅柱就是王大闳的矫饰主义游戏，特别是角隅柱的出现，有呼应西方古典砖石构造角隅的意图，但我们又处在无需此种构造的钢筋混凝土时代，因此角隅柱就成为隐喻性的装饰。

再者，象征植物成长的垂直遮阳板，正面看它时，可以清楚地感受到垂直向度的力量，而当侧面整片看它时，又形成强烈的水平律动感，这种又是垂直又是水平，同时存在却对立的游戏，一直是王大闳创作的关键。

① 王俊雄，《“中央研究院”与王大闳》，载台湾《建筑师》杂志，1996/4，第111-115页。

1 外墙垂直遮阳板，邹昌铭摄

2 入口雨庇，邹昌铭摄

1

2

3 外观正面全貌，邹昌铭摄

4

5

4 鸟瞰遮阳板，徐明松摄

5 室内廊道，徐明松摄

6 屋顶女儿墙转角，外部，徐明松摄

7 屋顶女儿墙转角，内部，徐明松摄

6

7

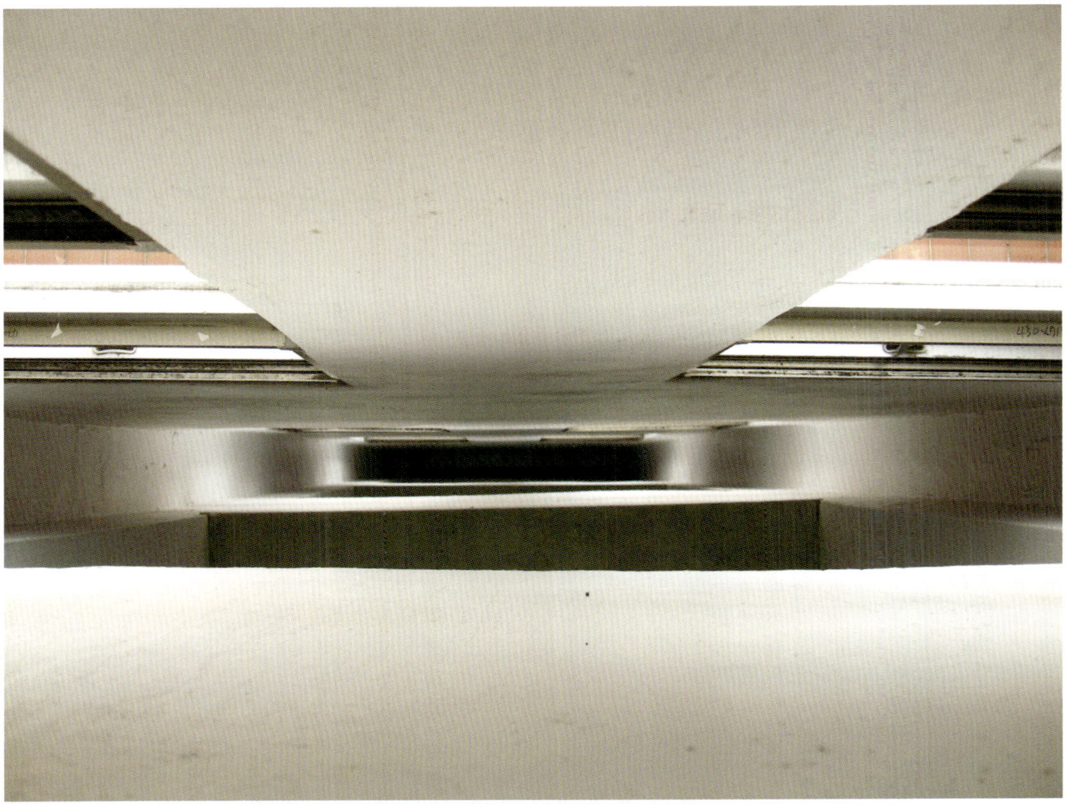

8

9

8 楼梯间狭小采光井，徐明松摄
9 楼梯间采光，徐明松摄
10 楼梯间，徐明松摄

10

1977
庆龄工业研究中心
Yan Ching-Ling Industrial Research Center

1 模型正面，杨佳青、丁玟钰制作
2 模型斜侧面，杨佳青、丁玟钰制作

裕隆集团总裁严庆龄与伉俪吴舜文秉持工业报国之志，在1973年成立了财团法人庆龄工业发展基金会，1977年更是赞助台湾大学投资兴建庆龄工业研究中心，作为推动与发展工业的研究基地。

庆龄工业研究中心平面是一个狭长的长方形，中间由走廊分隔成前后两部分。建筑物两面采光良好。中央走廊贯穿全楼，所有房间的入口均开向此走廊。

这一狭长与公路轴线平行的建筑物，最明显的特征便是水平向延展的遮阳板。由于能源问题日益严重，在亚热带气候中，若空调设备不用时，窗户可以打开，遮阳板可使内部凉爽。遮阳板由屋顶而下排列，直到第二层楼为止，这样的处理方式，在视觉上可以产生更多楼层的感觉，使狭长的比例在视觉上获得平衡，原本中等建筑的规模，在总体效果上却有大型建筑的气势。遮阳板所形成的水平线条，造就了建筑本身的律动，同时极长的线条也能抓住在公路上乘车奔驰的车中乘客的视线。

这种水平律动的节奏也反映在内部楼梯扶手的设计上，形成一种内外一致的空间效果。

这栋建筑的外部处理统一而简单，兼顾了美观与低造价的两个要求。建筑物以淡黄色为主调，在空旷处产生安静的美感，明显而不过分突出。可惜几年前外部覆材更换时，水平遮阳板45°转角的马赛克收边被改成了直角，非常遗憾。

1

2

嚴慶齡工業研

3

3 外观正面全貌，邹昌铭摄

4 外观转角，徐明松摄

4

5

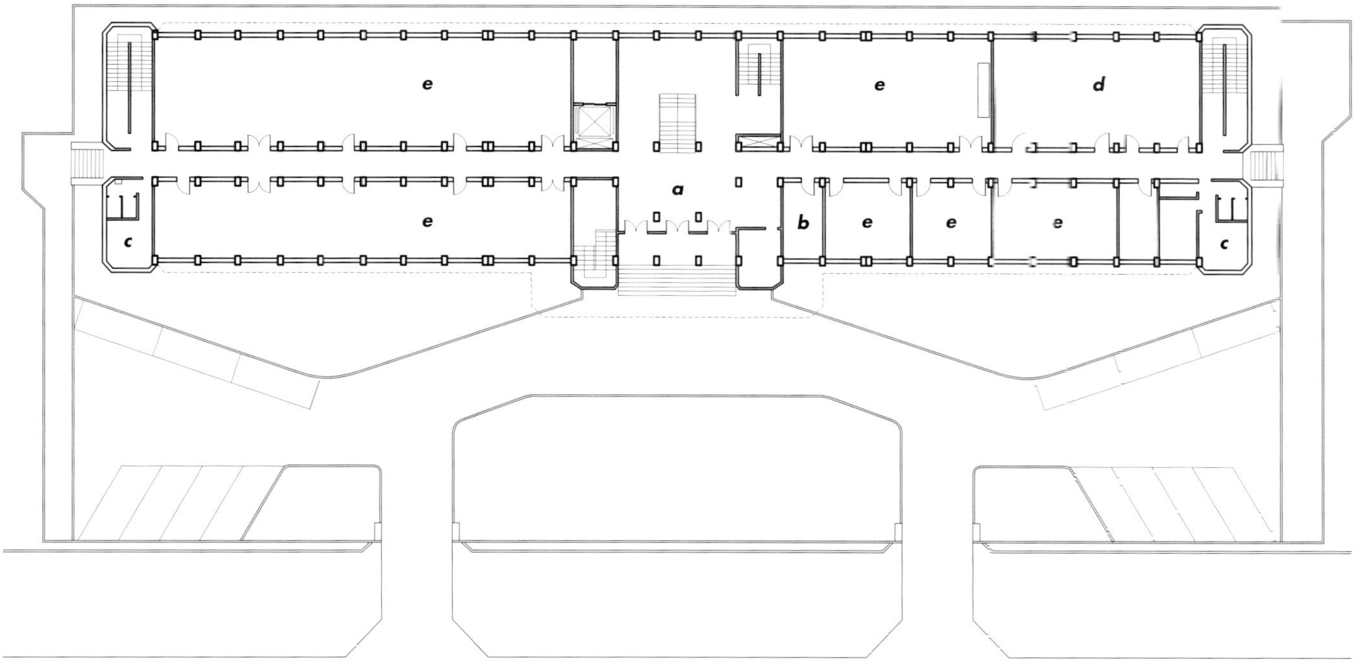

6

5 室内主楼梯，邹昌铭摄

6 地面层平面，杨佳青、丁玟钰绘

a 门厅

b 储藏室

c 厕所

d 会议室

e 办公室

7 正立面，杨佳青、丁玟钰绘

7

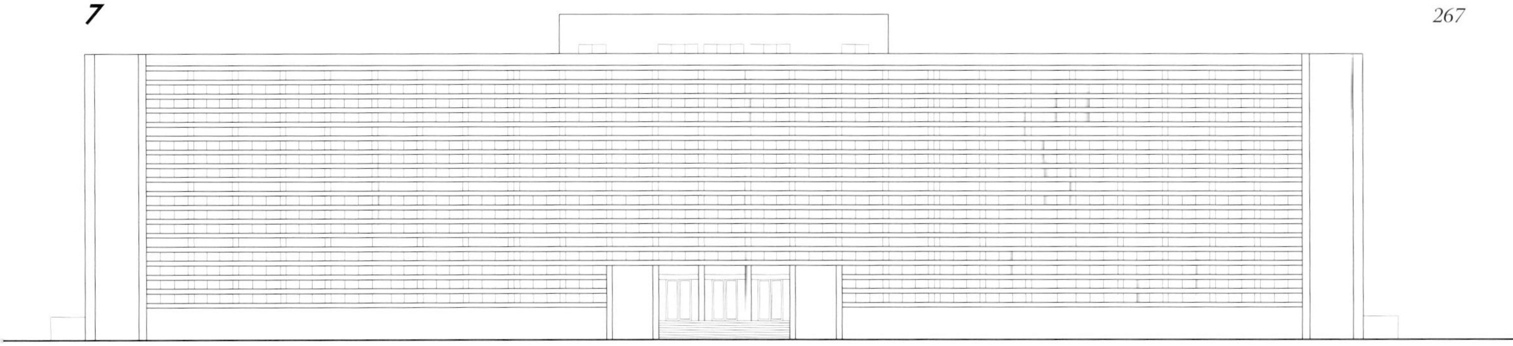

1977
张群宅
Chang-Chuin House

Buildings and Projects 35

1 模型正面，秦巧颍、邱婷婷制作
2 模型侧面，秦巧颍、邱婷婷制作

张群，字岳军，四川省华阳县人，国民政府时期曾任湖北省主席、外交部部长，后任台湾行政主管部门负责人与“总统府”秘书长。1990 年 12 月 14 日上午 10 时 30 分，因病逝于台北荣民总医院，享年 103 岁。张群与王大闳父执辈王宠惠的关系密切，更别说国父纪念馆执行期间，张群正是“总统府”秘书长，蒋先生对国父纪念馆的大小意见都通过张群传达，因此 1977 年张群在士林官邸的自宅委托王大闳设计，一点都不令人意外。

张群逝世后，这栋房子荒废了很长一段时间，2009 年初欣见有关机关进行维修，尽管施工粗糙，未能还原昔日风貌，但还是可以读出房子的优雅与质量，特别是清水砖与斩石子间的关系。

主入口是由中山北路五段消防队旁一条巷子进入，有一扇巨大铁黑色、车辆可进出的大门，左侧还有一扇人可以进出的小门。平面方整、左右对称，四周围绕高廊，左边则有一长条单层的服务性空间：厨房、佣人房与储藏间。后院二楼有大露台，有点类似上海殖民时期的西式官邸，当然这个经验对留学欧洲的王大闳来说是娴熟的，无需取自上海那些以讹传讹的二手经验，倒是可以猜测，或许这是业主张群坚持要的形式。

矛盾的是，这批创建现代中国的先锋，内心还是认同西式建筑的文化价值，这在政治人物张群或文化人物林语堂身上都一样。王大闳要面对的竟是如此的境况，特别是当创作者清楚何为真正的中国现代建筑时，内心必充满矛盾，因为对抗与妥协将成为两个对偶的命题。

建筑还有几点特别值得留意之处。主建筑二楼有一条连接所有空间的廊道，天花板悬吊三个采光井（或天窗）。用“悬吊”两个字是因为这个采光井不仅凸出屋顶面，先以半圆顶白色压克力覆盖，天花板下方再以木头为框玻璃为面，形成一个像吊灯式的发光体。也就是说有自然光线时可用自然光来加强内部的照明，没有时亦可用内部装有灯泡的人工光线来照明，此时这个精致吊灯的味道就出来了。更奇特的是这个空间让人想起三合院暗房的天窗经验。

另外一个特殊之处则是佣人使用的服务性空间，一条半户外的主廊道串起所有的空间，突然，一个户外天井引光线而下，让单一的廊道瞬间有了生命。这个天井就像传统三合院的天井一样让人感受到四季的变化，这种内化的生命历程正是东方文化的精髓。

* 我们发现张群宅是很晚的事。记得第一次访谈潘有光建筑师时，他提到王大闳在士林官邸里有栋房子，细节他也说不上来，起初也没在意，就这样匆匆过了一段时间。第二次再跟潘建筑师碰面时，他再提起，才兴起我们前往查访的念头。走进偌大的士林官邸，好不容易在凯歌堂附近瞥见张群宅。为什么是瞥见，因四周已杂草丛生，荒烟漫漫，十足一个没人敢进的鬼屋。要不是我们这些王大闳迷，哪能辨认出这样一栋房子。这建筑我们前后来回多趟，也陪过郭肇立老师至现场，更多次带人至现场导览。最近台大洞洞馆已被台北市立文化局指定为历史建筑。这栋张群宅既为张群晚年居所，更是王大闳 1970 年代的重要作品，指定为历史建筑刻不容缓。

1

2

3 正面外观全貌，邹昌铭摄

4 背面外观全貌，邹昌铭摄

5 一楼外部挑空回廊，徐明松摄

5

7

8

6　侧面一景，徐明松摄

7　二楼背面廊道，徐明松摄

8　主入口大门磨砂玻璃样式，徐明松摄

9 附属建筑天井，邹昌铭摄

10 地面层平面，秦巧颖、邱婷婷绘

a 门厅

b 客厅

c 餐厅

d 穿堂

e 准备室

f 卧室

g 厨房

h 佣人房

i 储藏室

j 天井

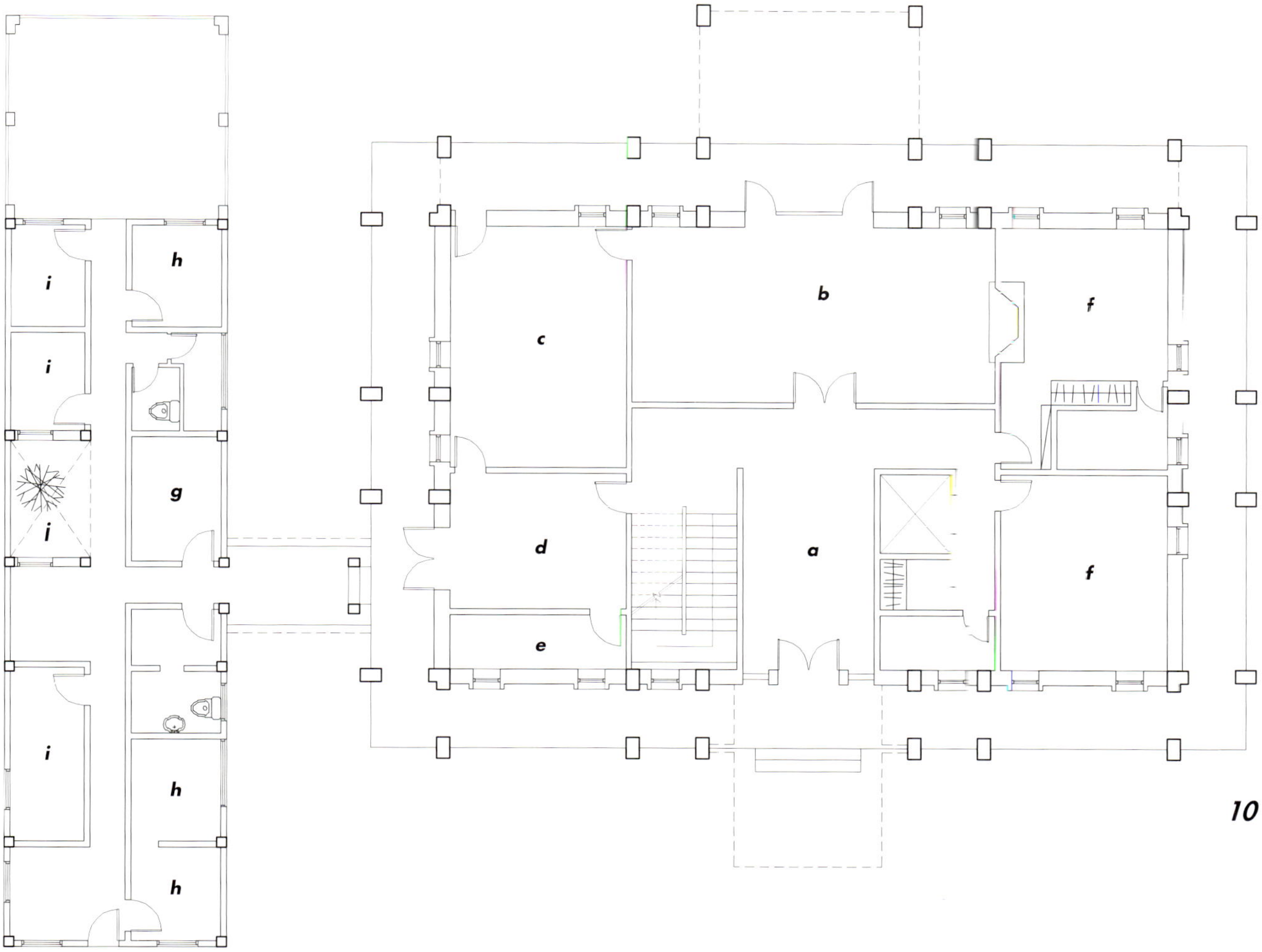

10

1979

弘英别墅

Hong-Ying Apartment

1983年，适逢王大闳在台北工专（今台北科技大学）任教，当时我二年级，学期结束后，几位同学闹着参观王先生新建的弘英别墅（又名“石牌住宅”或“天母公寓”），要我去问，本想王先生未必答应我们这些小毛头的请求，没想到他不仅答应，还说请我们用餐。那天晚上发生很多事，记得刚进门时，同学们战战兢兢地不敢随便置放随身物品，因为整个空间散发出一种令人不敢逾矩的特殊氛围，所有的物品都是那么完美地被安放在空间里。那晚大概到吃过饭后，同学们才逐渐放松，敢随意走动与提问。

弘英别墅是王大闳继虹庐之后最后一个由自己设计的公寓自宅，也是一座王大闳参与投资的房地产住宅。整栋公寓其实有五层，共15户，目前公寓除屋顶违建与一楼公共门厅墙壁的覆材（原为清水砖，现改贴瓷砖）遭更换外，大致保持完整。

这里讨论的作品指一楼王大闳的自宅，包括外部庭园。平面格局方正，相较于虹庐的空间布局，更显深邃，且几近一个正九宫格，入口轴线与内部空间使用轴线刚好产生一个正十字交叉，交叉点正好落在餐厅位置。为什么是餐厅而不是其他空间？这个问题目前仍以王增荣的观察最为深入，他说“这种将人往四周挤压的动线有传统天井的隐喻。”① 其实从虹庐开始就已出现类似的平面格局，餐厅总是所有空间的过渡性空间，只是如今以更准确的方式出现在弘英别墅。另外，弘英别墅的格局也更积极地诠释了王大闳“明暗层进”与“神秘感”的传统氛围。

进玄关，正面是一堵可以随时更换画幅的清水粉白砖墙，画靠左置放，可以将人引至住宅的主要公共空间：客厅与起居室。玄关右转则是一扇进厨房的朱红色抵梁暗门，黑色的门把，颇有传统风味。进客厅必须先穿过室内第一个过廊，户外有卵石铺面、水池与植物；进入客厅领域后，正中央就是八仙桌餐厅，周围以各种质感围砌而成，有粉白清水砖墙、原色清水砖镶边的团扇洞门与烫金隔墙。

客厅如王镇华教授所述：“六条落地玻璃长窗，将主庭院的铺石与树姿引入客厅，娱乐间的圆窗对景积极用活了防火墙，以室内窗框取户外地面石隙苔藓的景等，诠释了各种内外关系。”② 主庭院的老榕、垂柳、石隙苔藓、爬藤与白墙反映出的不是日本建筑师安藤忠雄那么无欲的仪式，亦不是巴拉甘③那种生命旺盛的宗教态度，或许仍可名之为儒家的中庸，一种较为入世的“随心所欲”。过了团扇洞门又是一条连接厨房、储藏室与卧房的过廊，我们在主卧房里发现一个完全独立于主卧房的唐宋式卫浴，概念其实在1946年的浴室设计就已出现。浴室里的宽敞、浴池里的深绿色马赛克与旁边的朱红烫金横板，或龙头墙上的拼花瓷砖，都显示出一种东方的雅致与情趣。过廊另一端是厨房，没有煤气炉，只有电炉，两扇落地门窗与户外的关系，则再次将不那么宽敞的厨房往外作了延伸。

弘英别墅仍然是极简的，就像东方所有优秀的建筑都是精练而不啰嗦的。外墙那极深的窗台、雨遮与冷气孔共同排列出一组东方图形，而所有这些雨遮又让建筑物形成厚度，雕塑外墙，最后围塑“隐逸”。王大闳借由这简单的形体，试着说出生命的丰盈，然而这已是 1970 年代末，庸俗化的洪流早已兵临城下，王大闳看来只能隐居在这“自足”的天地里冥想，等待下一次的出航。

1 室内模型，秦巧颖、邱婷婷制作

① 王增荣访谈，纪录片制作内部资料，最后剪接完成的 47 分钟纪录片里没有这段访谈。宝花传播公司制作，2006/12。

② 王镇华：《光复以来台湾建筑作品中传统建筑文化的延续路线》，《台湾光复以来建筑作品中传统建筑文化的承继与发展》第三章，台北市建筑师公会委托研究论文，未发表，1985/11。

③ 巴拉甘（Luis Barragán），1902 年出生于墨西哥西部大城瓜达拉哈拉（Guadalajara），1988 年卒于墨西哥市。国际知名建筑师，1980 年获第二届普利兹克建筑奖。1923 年大学毕业后取得土木工程学位，在短暂的工作之后，1924 年作了一趟近一年四个月的欧洲之旅，受到 1925 年 4 月 28 日巴黎举行的“装饰艺术博览会”（Exposition des Arts Décoratifs）与造园建筑师费迪南德 · 巴克（Ferdinand Bac）作品的影响。1931 年又经纽约至欧洲作第二趟旅行，走访了柯布西耶所有的作品，并受到深刻影响。巴拉甘的作品带有浓浓的超现实主义氛围，但又没忘记来自地域与历史记忆的呼唤，因此作品成为 20 世纪中南美洲少数脱颖而出的建筑典范。

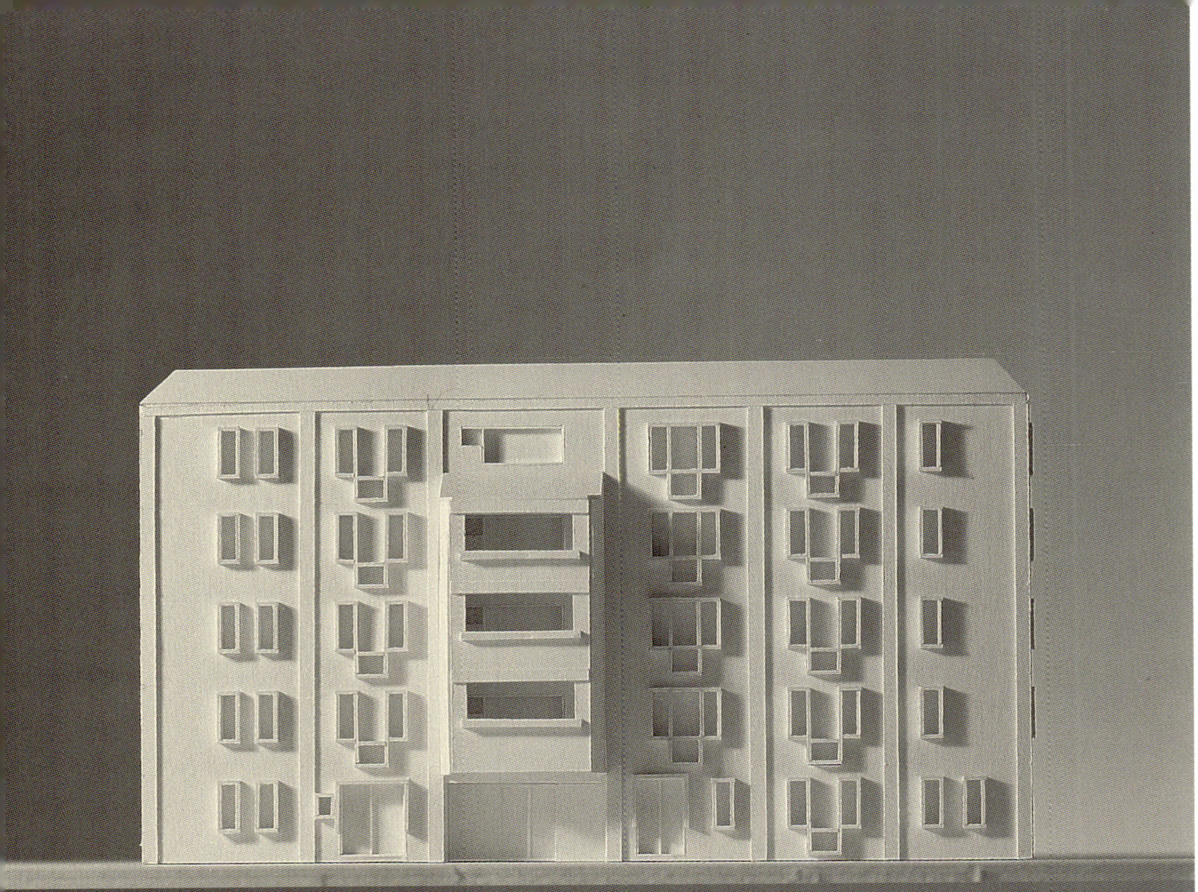

2

3

4

2 模型正面，秦巧颖、邱婷婷制作

3 模型背面，秦巧颖、邱婷婷制作

4 模型侧面，秦巧颖、邱婷婷制作

5 外观正面全貌，旧照片，王镇华先生提供

6 外观侧面现况全貌，邹昌铭摄

5

6

7 外观正斜面一隅，王镇华先生提供

8 公寓大门，王镇华先生提供

7

8

9

10

9 自宅大门与玄关，王镇华先生提供

10 室内过廊，王镇华先生提供

11 过廊进餐厅，王镇华先生提供

12 餐厅远看团扇窗，王镇华先生提供

11

12

13

14

13 餐厅，王镇华先生提供

14 客厅与起居室，王镇华先生提供

15 客厅与起居室，左靠落地窗者为王大闳先生，王镇华先生提供

16

17

16 过团扇门后连接卧室与厨房的廊道，王镇华先生提供
17 起居室一侧的团扇窗，王镇华先生提供
18 户外庭园，《居：王大闳的建筑设计艺术》，第 27 页

18

19

19 厨房一隅，王镇华先生提供

20 厨房，王镇华先生提供

21 厨房与户外石头铺面，王镇华先生提供

20

21

22

22 卧房,《居：王大闳的建筑设计艺术》, 第 29 页
23 进卧房前玄关,《居：王大闳的建筑设计艺术》, 第 22 页
24 卧房,《居：王大闳的建筑设计艺术》, 第 30 页
25 唐式浴室,《居：王大闳的建筑设计艺术》, 第 30 页
26 室内过廊外增建的小书房与电话间,《居：王大闳的建筑设计艺术》, 第 22 页
27 客厅外庭园,《居：王大闳的建筑设计艺术》, 第 27 页

23

24

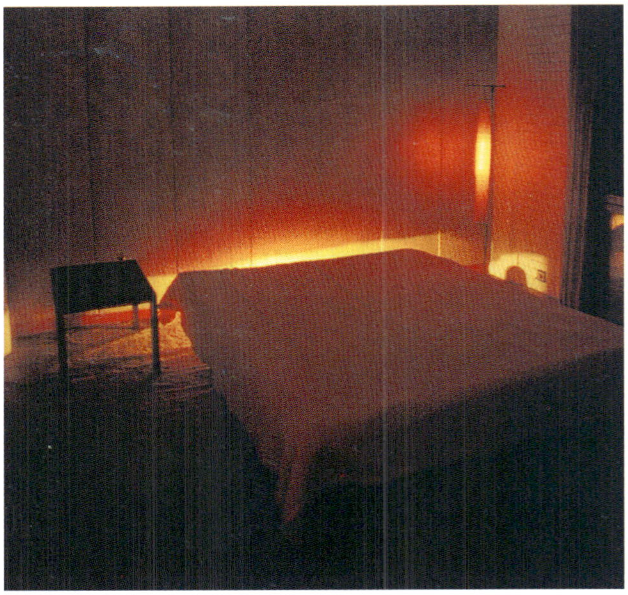

25

26

27

28 公寓地面层平面，秦巧颖、邱婷婷绘

- ***a*** 玄关
- ***b*** 小庭园
- ***c*** 餐厅
- ***d*** 客厅
- ***e*** 起居室
- ***f*** 主卧房与卧房
- ***g*** 浴室
- ***h*** 厨房
- ***i*** 储藏室
- ***j*** 大庭园

29 地面层王大闳自宅单元平面，秦巧颖、邱婷婷绘

30 西向正立面，秦巧颖、邱婷婷绘

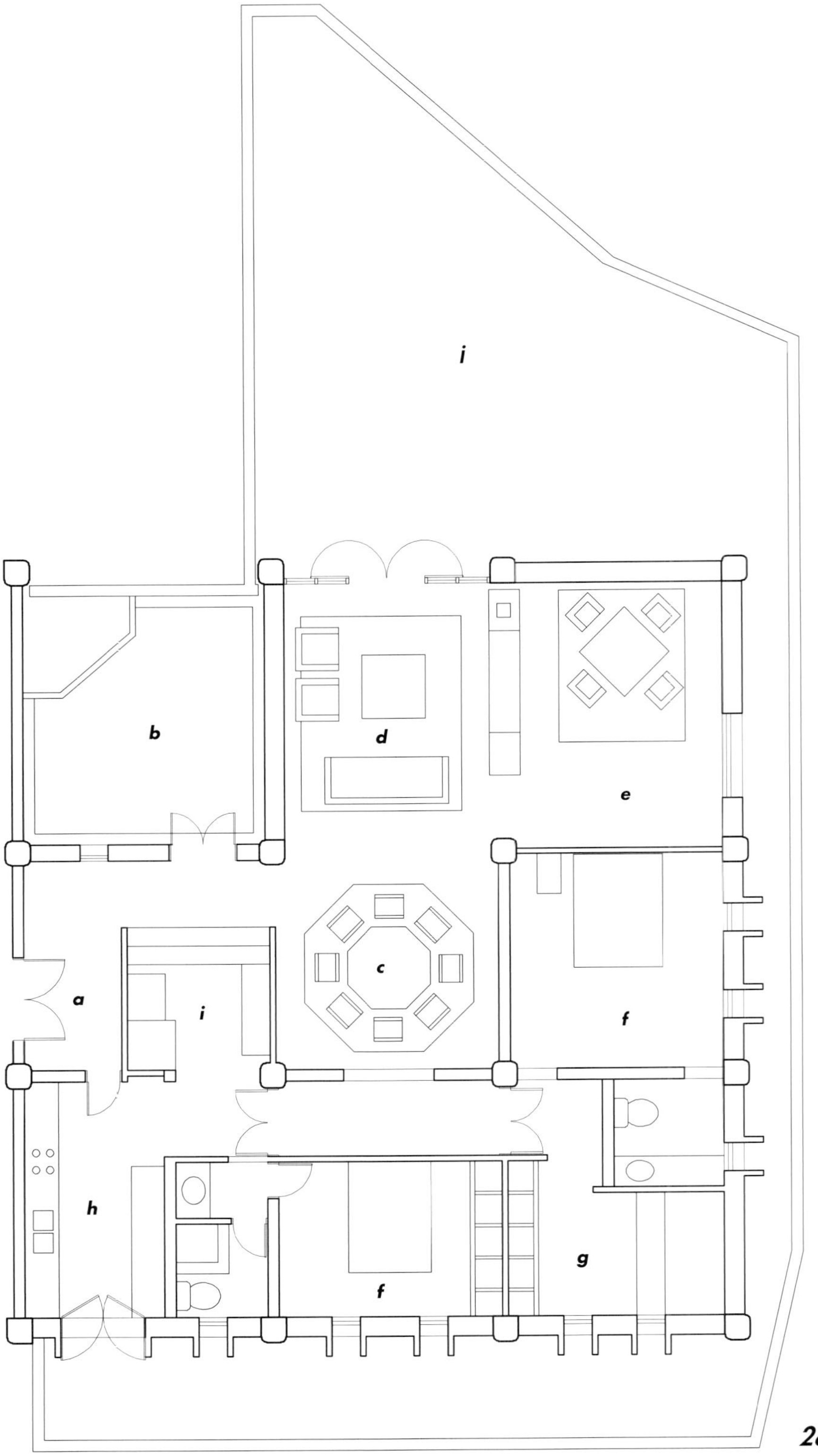

28

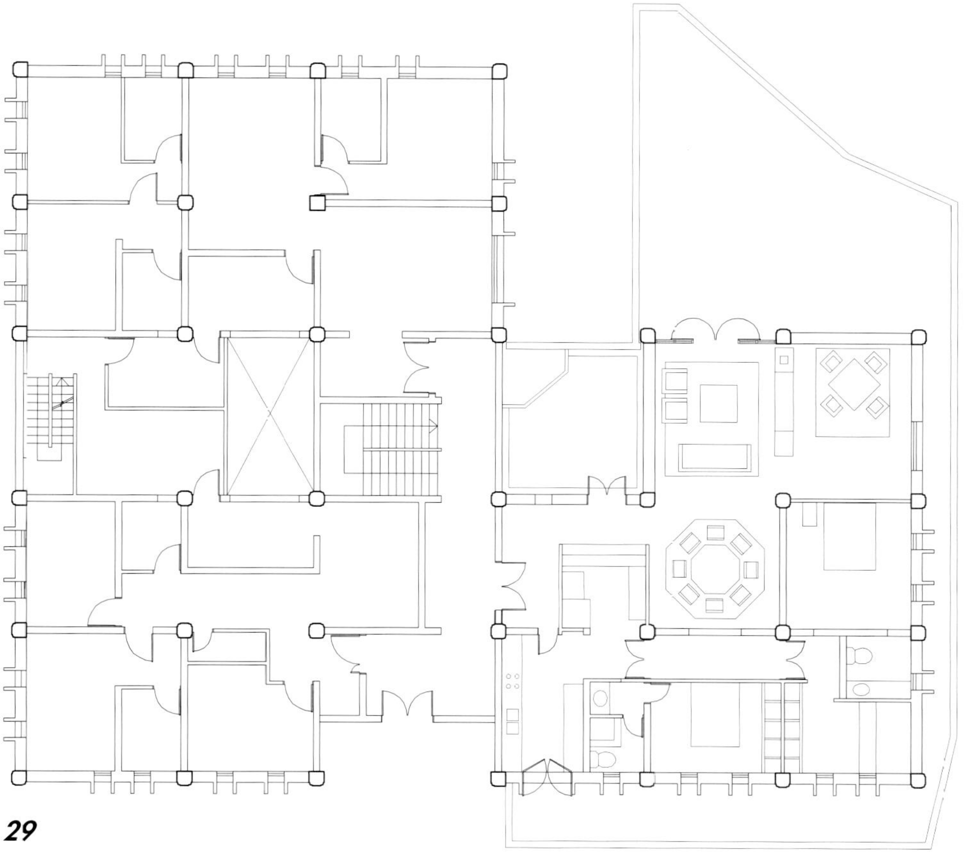

29

30

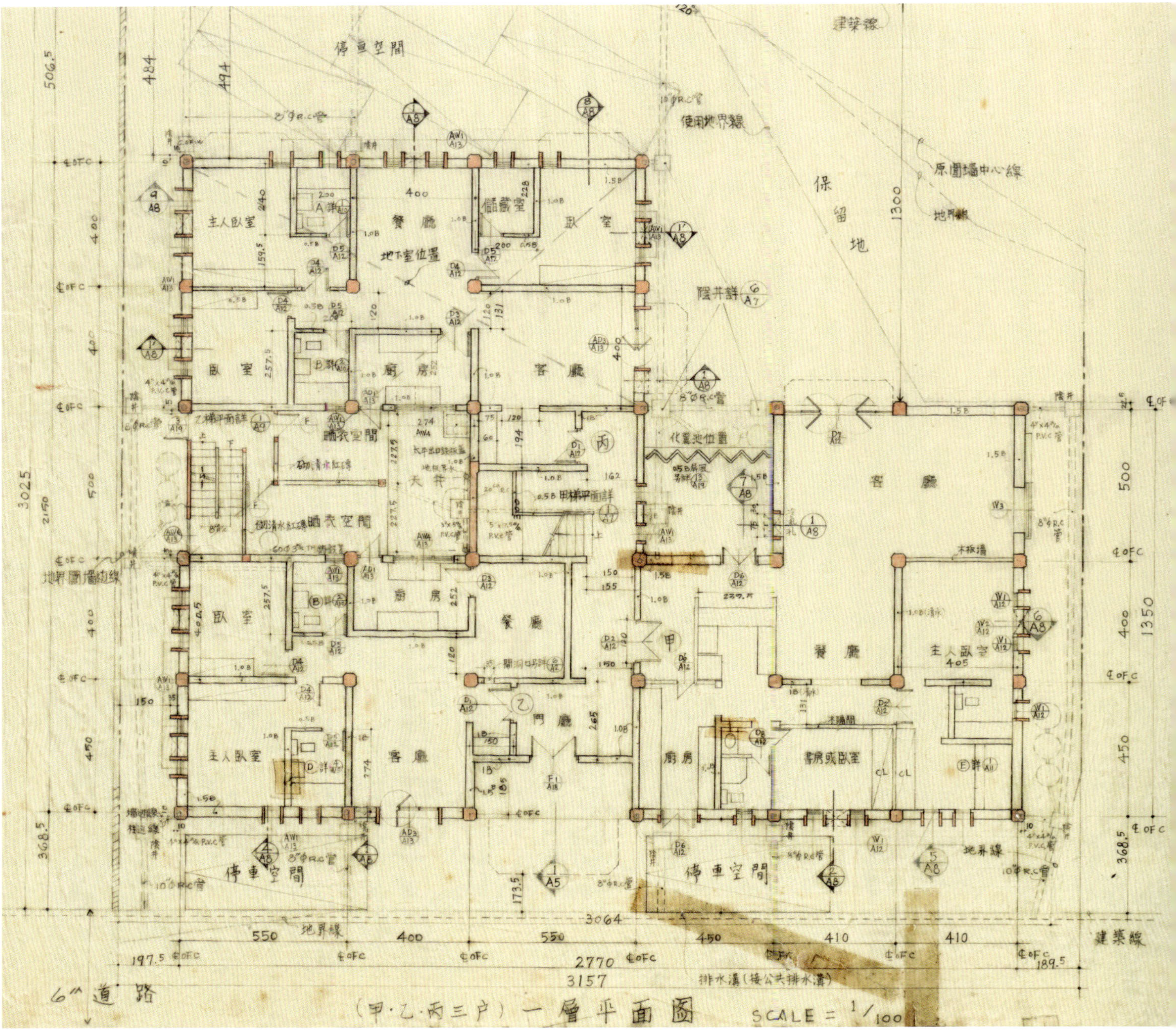

31

31 施工图，公寓地面层平面，台湾博物馆数位典藏

32 施工图，公寓二至四层平面，台湾博物馆数位典藏

33 施工图，地面层王大闳自宅单元平面，台湾博物馆数位典藏

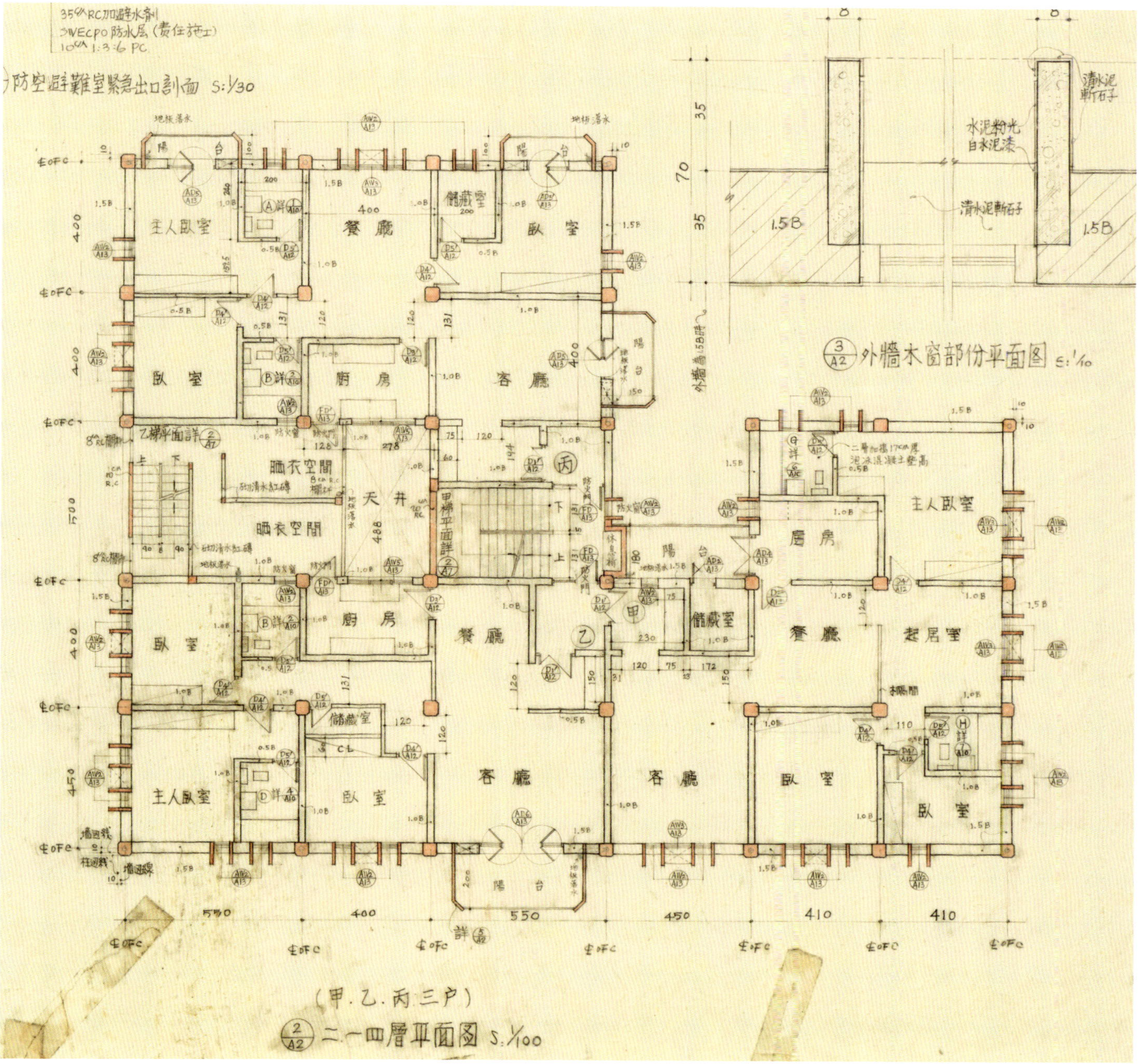
35cm RC加避水劑
3WECPO防水层(责任施工)
10cm 1:3:6 PC
防空避難室緊急出口剖面 S:1/30
清水泥斬石子
水泥粉光
白水泥漆
1.5B
3/A2 外牆木窗部份平面图 S:1/10
主人臥室
餐廳
儲藏室
臥室
廚房
客廳
曬衣空間
天井
陽台
起居室
550
400
450
410
(甲.乙.丙三户)
2/A2 二—四層平面图 S:1/100

32

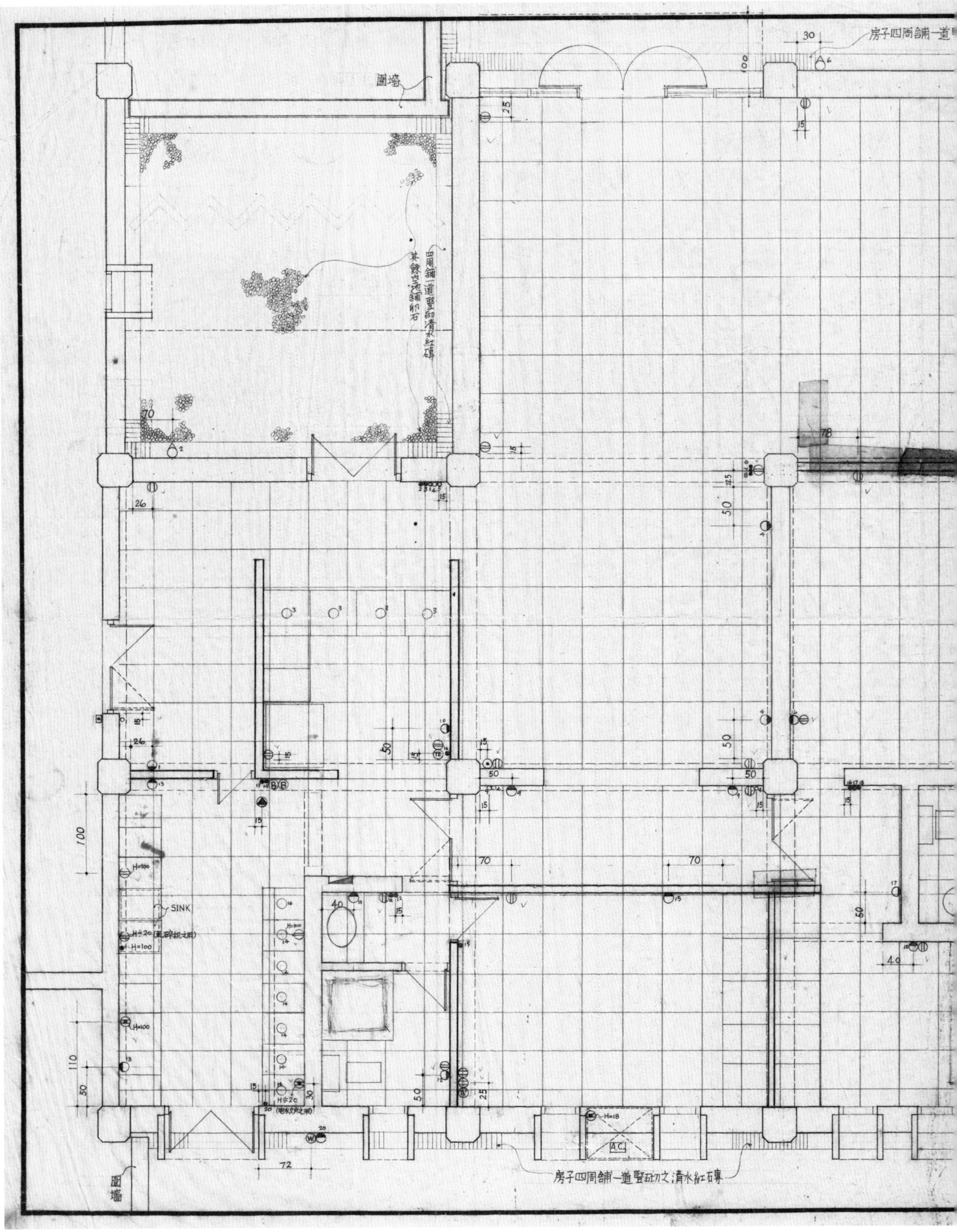

房子四周鋪一道
圍墻
四周鋪一道豎砌清水紅磚
其餘泥鋪卵石
SINK
A.C.
房子四周鋪一道豎砌之清水紅磚
圍墻

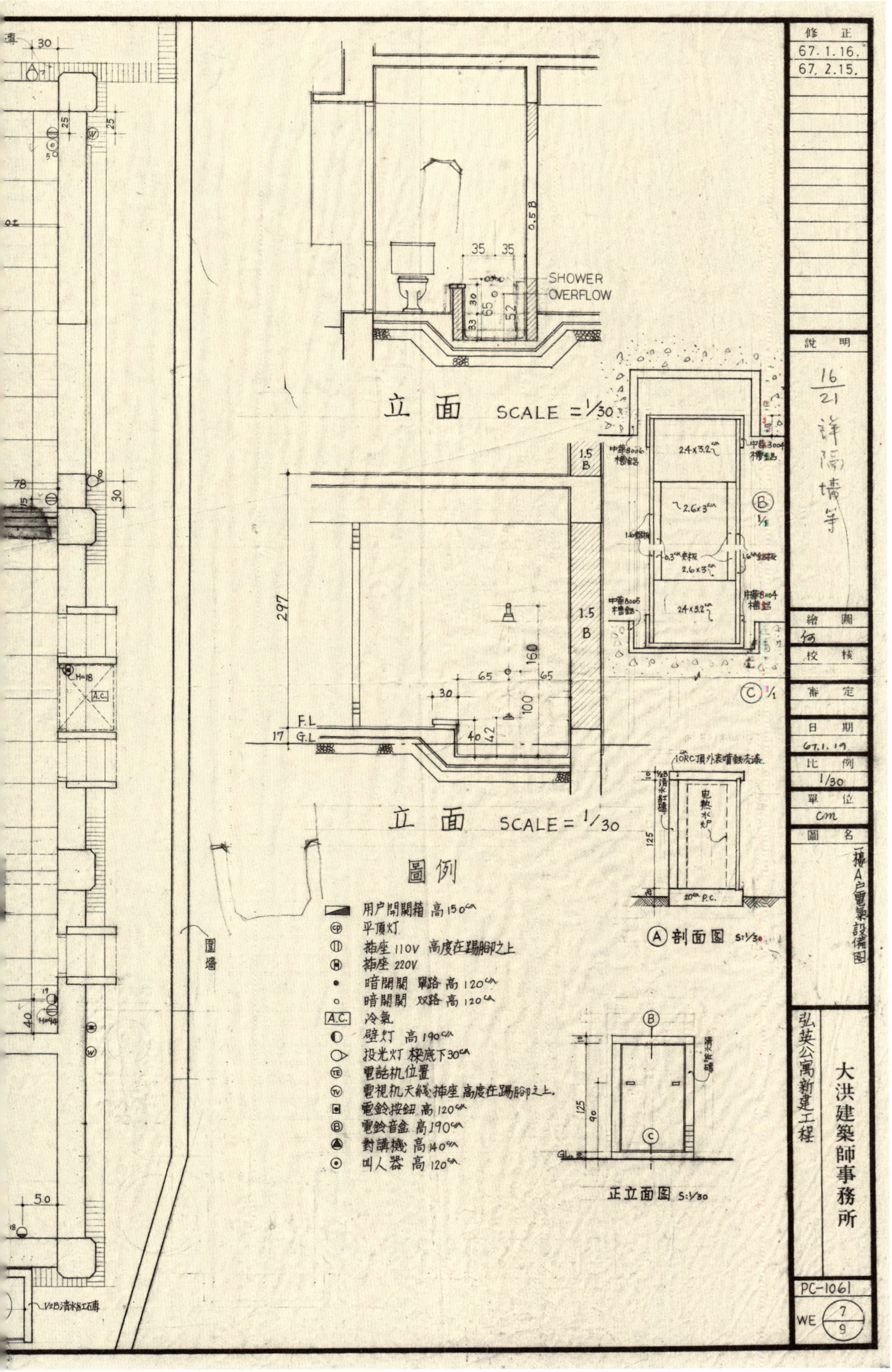
修 正
67.1.16.
67.2.15.
SHOWER
OVERFLOW
立面 SCALE = 1/30
立面 SCALE = 1/30
圖例
用户開關箱 高150cm
平頂灯
插座 110V 高度在踢脚之上
插座 220V
暗開関 單路 高120cm
暗開関 双路 高120cm
A.C. 冷氣
壁灯 高190cm
投光灯 梁底下30cm
電話机位置
電視机天綫插座 高度在踢脚之上
電鈴按鈕 高120cm
電鈴音盒 高190cm
對講機 高140cm
叫人器 高120cm
圍墻
電熱水炉
A 剖面图 S:1/30
正立面图 S:1/30
說 明
16/21
詳隔墙等
繪圖
校核
審定
日期
67.1.19
比例
1/30
單位
cm
圖名
一樓A户電氣設備图
弘英公寓新建工程
大洪建築師事務所
PC-1061
WE 7/9

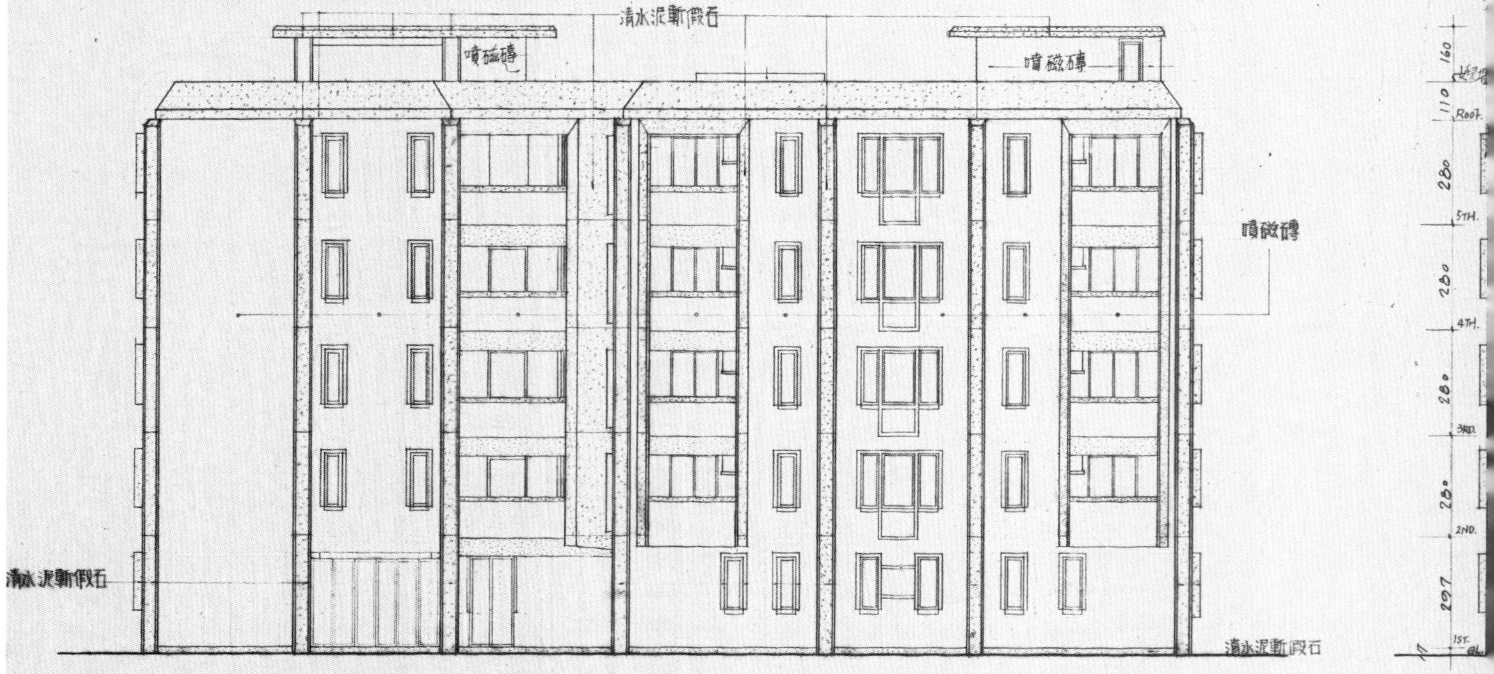

東向立面图 S: 1/100

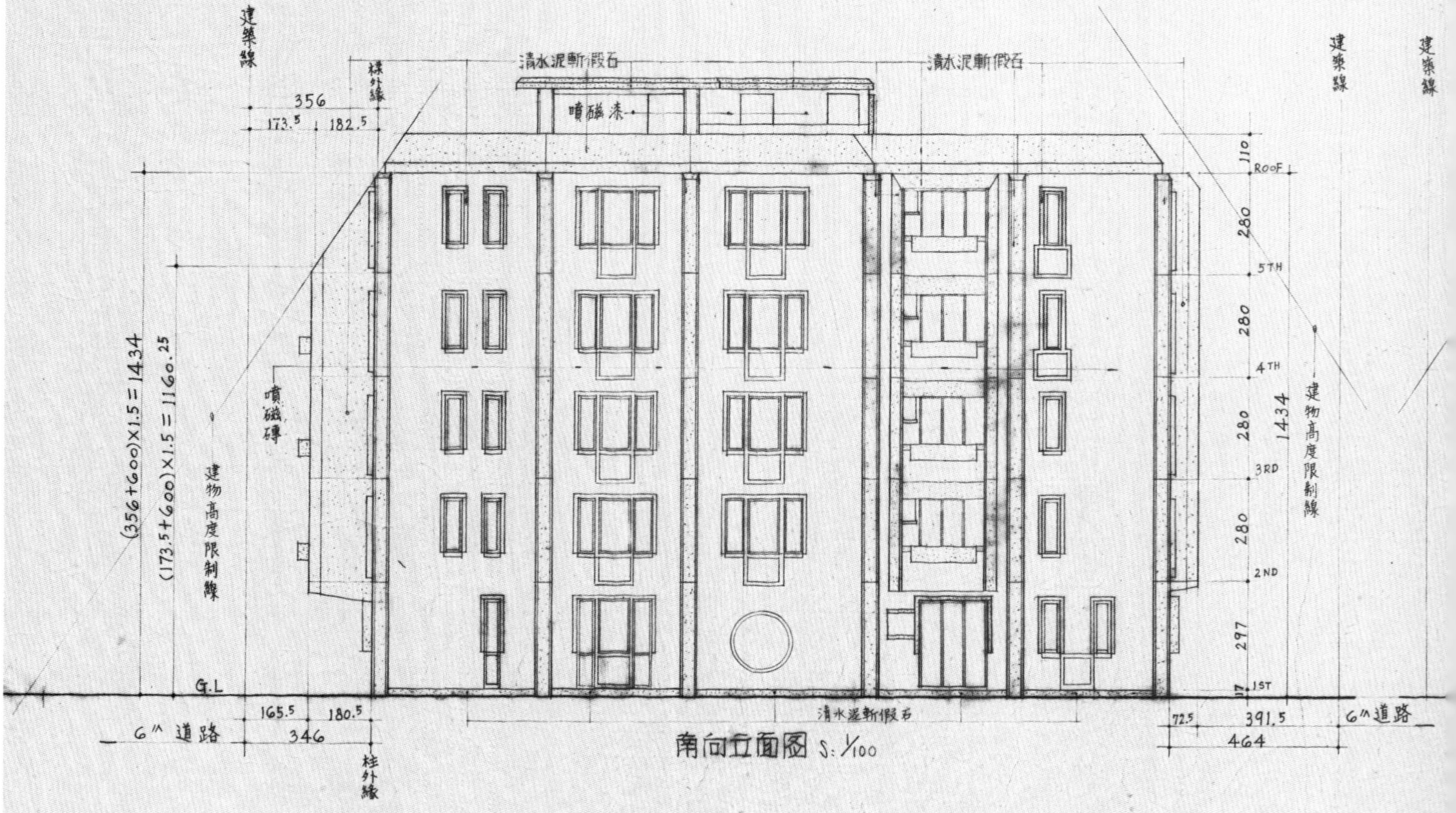

南向立面图 S: 1/100

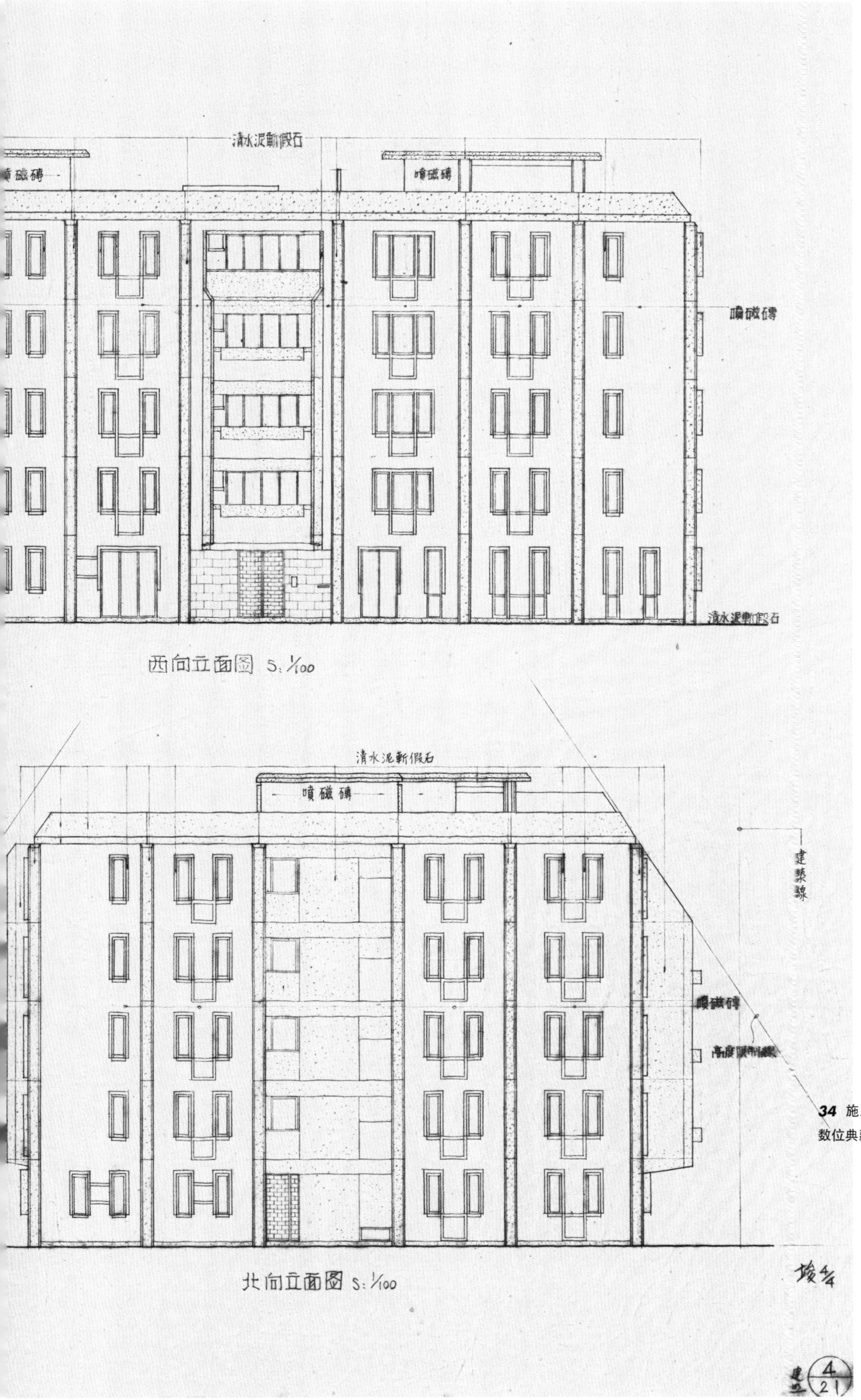

34 施工图, 各向立面, 台湾博物馆数位典藏

1980

东门基督长老教会

East-Gate Presbyterian Church

Buildings and Projects 37

1

1983年拜访弘英别墅时，问过王大闳一个稀松平常的问题，不过他的回答却令我印象深刻。

问：王老师你信不信教?

答：信。

问：你上不上教堂?

答：上教堂只是形式，任何地方都可以跟神沟通。

东门基督长老教会是王大闳唯一一栋宗教建筑。1980年，王大闳已62岁，案子不多。这座位于仁爱路上的装饰性的大棚子，是他1980年代少数几栋有趣的作品之一。

原本面临沂街巷内的东门基督长老教会，因购得面仁爱路的土地而将扩建工作委托给王大闳。建筑师面临的困难是在面宽不宽，且高楼林立、车水马龙的仁爱路上，如何凸显教堂的存在，而且能让礼拜仪式保持宁静，不受干扰。王大闳的处理方式是在临仁爱路的基地在线拉起一座高耸的巨大棚子，然后在其上凿出一个空气十字架。

其实这个棚子与内部的教堂空间完全没有关系，像一张面具，也像美国建筑师文丘里①所说，是一个都市的装饰性棚子。在新的都市消费时代，唯有一张夸张的巨大广告牌能吸引都会人群的注意，嘲讽的是，这却是一个神的居所。

入口被适当地切分成行政与教堂两部分，左侧是工作人员的入口，中央则是教堂入口。教堂得拾级而上，下宽上窄，进前厅也甚为低矮、昏暗，似乎有意造成前奏急促的空间感。当然这样的做法也有过滤都市喧嚣的味道，以便进入教堂后感受到肃穆与宁静。

① 文丘里（Robert Venturi），1925年出生于美国费城，美国1960年代后现代建筑健将。他的两本著作影响深远，一是《建筑的复杂性与矛盾性》（*Complexity and Contradiction in Architecture*，1966），二是《向拉斯维加斯学习》（*Learning from Las Vegas*，1972）。建筑作品深受波普主义影响，认为大街上的平凡事物都可以成为创作的题材。

1 正面俯视，王大闳先生提供

2 外观正面全貌，邹昌铭摄

2

3

3 室内，邹昌铭摄
4 入口楼梯，邹昌铭摄
5 地面层平面，台湾《建筑师》杂志，1985 年 5 月，第 125 期，第 70 页
6 二层平面，台湾《建筑师》杂志，1985 年 5 月，第 125 期，第 70 页

4

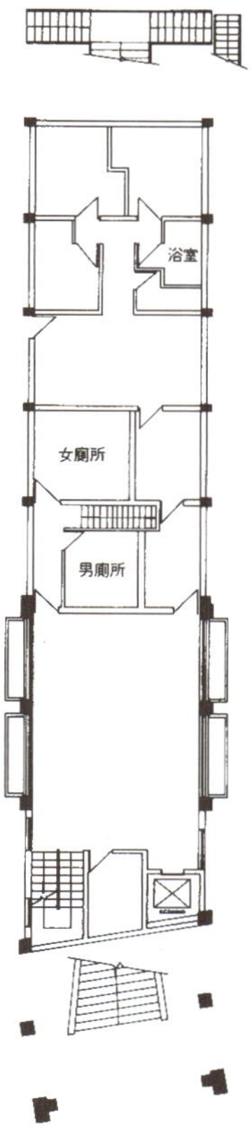

5

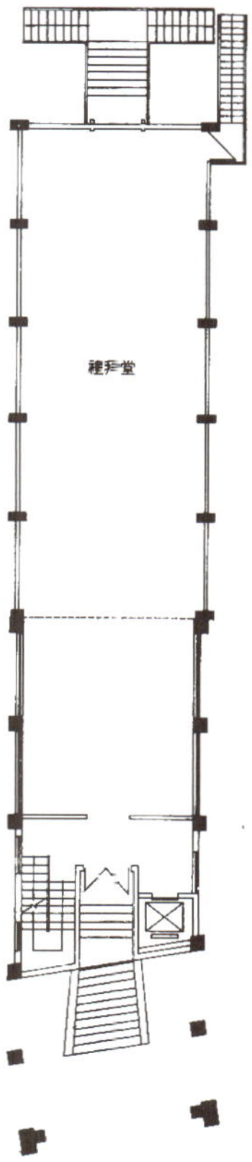

6

1984

成功大学文学院

Liberal Arts College, Cheng Kung University

1

王大闳跟早期成功大学（简称“成大”）建筑系有很深的渊源，像大洪建筑师事务所初期的成员，特别是从事设计工作的，清一色都是成大建筑系毕业，1970 年代后才陆续有中原与文化建筑系的毕业生加入。早期成大建筑系亦多次邀请王大闳至学校任教，他总是以不会教书为由拒绝。尽管如此，王大闳还是成大建筑系学生遥不可及的偶像，像事务所第一位成员华昌宜老师，都已是台大城乡所的退休教授，在谈起与王大闳工作的那两年，仍然充满怀念之情。

成功大学文学院（简称成大文学院）是当时成大建筑研究所所长吴让治推荐而促成的机缘。找王大闳的原因是：“……当学校有意将该校人文气息所赖的文学院集合起来建新馆时……希望这栋角色特别的建筑物，未来能够担负一些中和现有校园意象的任务。”①所谓的中和，乃在于和现有那些“暴发户”与“本位主义。”②的校园建筑，不过 1970 年代末以后，大学校园建筑的乱象早就已侵蚀了原本都市中剩下的净土，因此所谓中和也不过是让事情不变得更糟而已。

成大文学院在盖时，其实已是王大闳职业生涯的后期，他已 67 岁，整个 1980 年代，大洪建筑师事务所已没什么案子，因此成大文学院就成为检视他晚年建筑的重要作品。

基地位于成功湖畔。在一栋栋巨大新建筑蓦然出现的成大校园里，王大闳将形体打散，分成三栋来盖，一则减轻该大楼可能对成功湖造成的视觉压力；二则将建筑物配置成南北向，让通风采光皆合宜。平面布局堪称流畅，栋与栋之间皆以长廊连接，入口大厅旁的北侧中庭是有院无廊，中间置亭与白墙，让无廊的中庭增加点趣味；而南侧中庭则回廊环绕，中庭北侧廊道则再置一墙，让人行进时增加空间明暗的变化。

这栋建筑有趣之处还有它的入口雨庇，倒两坡水屋顶的处理方式是王大闳另一游戏之作，还有不抵地板的栏杆，让光以不同方式流泻进廊道。成大文学院就整体来说仍是佳作，只是细部、比例都不似以往细腻，相较于 1970 年代之前的作品，在造型上也略显保守。

① 王增荣，《成功大学文学院》，见台湾《建筑师》杂志，1984/7，第 115 期，第 77 页。

② 傅朝卿，《有所变有所不变——评成功大学文学院》，见台湾《建筑师》杂志，1984/7，第 115 期，第 81 页。

1 外观正面全貌，徐明松摄

2 中庭廊道，徐明松摄

2

3

3 外观正面局部，徐明松摄
4 主入口，徐明松摄

中國文學系

1985

台湾“中央研究院”分子生物研究所

Institute of Molecular Biology, Academia Sinica

Buildings and Projects 39

台湾“中央研究院”分子生物研究所（简称分生所）是王大闳在“中研院”院区内最后一栋建筑，也是在形式、材料与用色上最活泼的一栋。

分生所立面是由11个柱间距所形成的开间，最中间三个为轴线入口，并在入口加上一个王大闳惯用的大雨庇。整个立面像一个厚实圆润的体量，圆润主要表现在体量弧度转角及白色釉面发色面砖的用法，弧度转角在台大生化所与“中研院”植物所可以见到同样的做法，而发色面砖的用法在王大闳作品中绝无仅有，它们在太阳光照射下，会泛出不同的彩色光泽，减低了方形体量可能的笨重，更让人联想到生物分子细胞在探求阶段所产生的跃动变化。

立面开窗以两组变化填充柱间的形式，一种是四条长形开窗，一种是以Bay Window（八角窗，向外凸出，三面有玻璃）处理的大片窗。我们虽然没有确切资料可以知道建筑师决定何时开大窗或长条窗，不过这个带矫饰主义况味的游戏很可能跟英国建筑师斯特林①在美国哈佛大学的福格博物馆新馆（Fogg Museum New Building，1979—1984）类似，当然不太看外国杂志的王大闳有没有受到影响，不得而知。斯特林是根据内部的需求——大空间开大窗，小空间开小窗——刻意排出语言的姿意游戏，或许王大闳也是用这样的逻辑来说服业主的吧！

室内大厅旁的主楼梯用色轻盈愉快，水平扶手做法也让人想起庆龄工业研究中心的处理方式。只是这里光线进来得多，因此空间显然更加活泼。

分生所也属于王大闳1980年代的游戏之作，过去他的作品总是严肃里带点轻松，而分生所却是活泼里蕴藏庄重。已近古稀之年的王大闳开始在作品里表现出他英国式的幽默。

① 詹姆斯·斯特林（James Stirling），1926年出生于格拉斯哥，1992年逝世于伦敦，1981年获普利兹克建筑奖。斯特林是1960年代以来欧洲最具表现性的英国建筑师，在20世纪下半叶的当代建筑师中，他无疑是最引人注目的角色之一：在一个“现代性”问题备受争议的世代里，他那略带“愤世嫉俗”与嘲讽当代的语言性格格外突出；在那多彩、流动的曲线造型里，隐藏了他面对历史深层的无奈与颠覆。他的建筑语言充分继承了来自密斯与柯布西耶的传统，却又不时颠覆它们，是一位既懂得现代性，也理解个中矛盾的建筑师。

1 外观正全貌，远眺，徐明松摄

2 外观斜侧面全貌，邹昌铭摄

1

2

3

3 主楼梯侧面一景，邹昌铭摄

4 室内楼梯，邹昌铭摄

文献

LITERATURE

BIBLIOGRAPHY

1938

餐馆设计⊗ 01

■学生竞图

仅有一段王大闳的自述："我读建筑系第二年时，剑桥大学建筑学会举办了一次学生设计作品竞赛，我以一餐馆设计图样，得到头奖。我领到一笔奖金和一枚奖章，也得到了鼓励。"（《王大闳作品集》，1997/6）

1943

预制住宅

■纸上建筑，发表于 *New Pencil Points* 杂志，1943/12

■旧杂志：数位典藏 *New Pencil Points* 杂志，1943/12，共 3 页，倪利扫描，台湾文化主管部门文化资产局收藏

（详见专论文本）

1944

战后住宅竞图

■纸上建筑，发表于 *New Pencil Points* 杂志，1944/4

■旧杂志：数位典藏 *New Pencil Points* 杂志，1944/4，共 3 页，倪利扫描，台湾文化主管部门文化资产局收藏

（详见专论文本）

1945

城市中庭住宅

■纸上建筑，发表于 *Interiors to come* 杂志，1945/1

■旧杂志：数位典藏 *Interiors to come* 杂志，1945/1，共 3 页，倪利扫描，台湾文化主管部门文化资产局收藏

（详见专论文本）

1945

美国通用汽车公司修理场竞图⊗ 02

■纸上建筑，竞图

"我从哈佛毕业后便到华盛顿中国大使馆工作，曾利用空暇时间参加过一次通用汽车公司的设计竞图。约一个月后，我接到通用汽车公司的贺电和信，说明这次竞图有四千五百多人参加。我得到了一项奖和一笔奖金。我记得贝聿铭也参加了这次竞图，他是和一个同学合作的，也得了奖。当时《华盛顿时报》派一位记者来访问我，写了一段报道。这是我第一次接受记者访问。"（《王大闳作品集》，1997/6）这里通用汽车公司的设计竞图指的是门市或销售公司（Dealer Establishments）的建筑设计。另外我们手上还有一封来自王大闳自家卷宗的信，即得奖后承办单位寄来的贺函。

1946

浴室设计

■纸上建筑，发表于 *Interiors to come* 杂志，1946/1

■旧杂志：数位典藏 *Interiors to come* 杂志，1946/1，共 2 页，倪利扫描，台湾文化主管部门文化资产局收藏

（详见专论文本）

1947

小住宅

■时间不确定，可能是 1947 年，纸上建筑，发表于 *Interiors to come* 杂志

■旧杂志：数位典藏 *Interiors to come* 杂志，共 3 页，倪利扫描，台湾文化主管部门文化资产局收藏

（详见专论文本）

1948

上海渔管处制冰场冷冻库

■可参考上海交通大学建筑系老师王浩娱帮陆谦受建筑师成立的网站 http://lhsarc.lib.hku.hk/exhibits/show/lhsarc/home，其中渔业善后物资管理处基隆冰厂及鱼肝油厂（Fisheries Reconstruction Agency Factories）可能是该作品，不过也无法完全确定。

1948

上海渔管处办公大楼

■资料不详

1949

上海渔管处覆兴岛职训工寓

■资料不详

1949

中央银行广州分行

■可参考上海交通大学建筑系老师王浩娱帮陆谦受建筑师成立的网站 http://lhsarc.lib.hku.hk/exhibits/show/lhsarc/home，原始资料都收藏于香港大学图书馆特藏部，见中央银行广州分行（Central Bank of China Guangzhou Branch）栏位。

1950

香港住宅及游泳池

■资料不详

1953

建国南路自宅

■已拆除，发表于《今日建筑》第 5 期，1954/10

■旧照片：数位典藏 53 张（其中 3 张为配置、平面与立面），倪利扫描，台湾文化主管部门文化资产局收藏

基本资料

业主：王大闳

基地位置：台北市建国南路巷内（近济南路）

基地面积：约 288 ㎡

建筑师：王大闳

设计日期：1952 年

完工日期：1953 年

（详见专论文本）

1953

日本驻台湾地区长官官邸

■已改建，发表于《今日建筑》第 11 期，1955/12

■旧杂志：数位典藏《今日建筑》第 11 期，1955/12，仅有 1 页，倪利扫描，台湾文化主管部门文化资产局收藏

基本资料

业主：日本外务省

基地位置：台北市纱帽路 99 号

建筑师：王大闳

承建：工矿公司营建处

设计日期：1953 年春

（详见专论文本）

1954

台湾大学理学院渔业生物试验所⊗ 03

■已拆除

■施工图：蓝晒 / 工程合约，与数位典藏各项工程 189 张，收藏于台湾博物馆

基本资料

业主：台湾大学

基地位置：台北市罗斯福路四段 1 号，校总区，一号馆后方

建筑面积：483.84 ㎡

建筑师：王大闳

设计日期：1954 年 3 月 14 日

施工日期：1954 年 6 月 11 日

承建：林记营造厂（沈林度）

造价：新台币 436 810 元

1954

台湾"中央银行"仓库

■资料不详

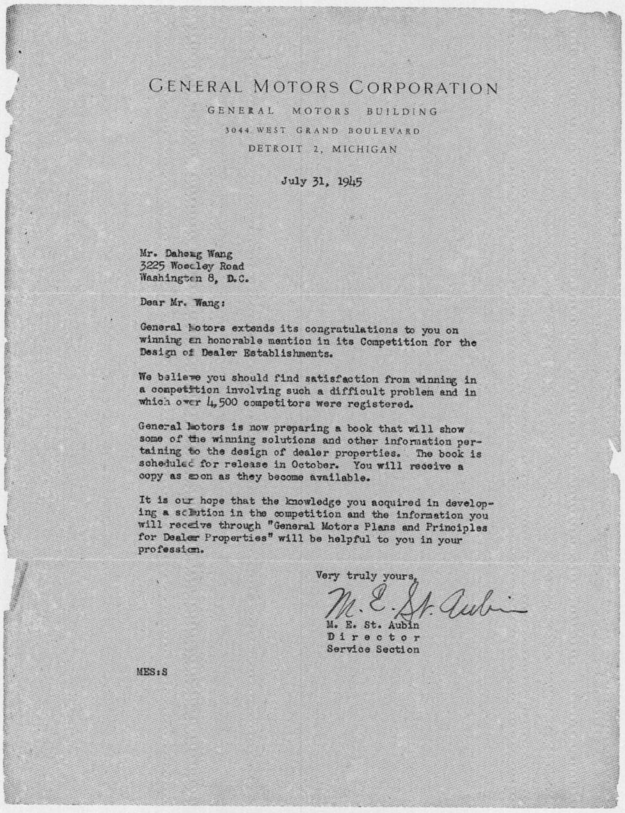

GENERAL MOTORS CORPORATION
GENERAL MOTORS BUILDING
3044 WEST GRAND BOULEVARD
DETROIT 2, MICHIGAN

July 31, 1945

Mr. Dahong Wang
3225 Woodley Road
Washington 8, D.C.

Dear Mr. Wang:

General Motors extends its congratulations to you on winning an honorable mention in its Competition for the Design of Dealer Establishments.

We believe you should find satisfaction from winning in a competition involving such a difficult problem and in which over 4,500 competitors were registered.

General Motors is now preparing a book that will show some of the winning solutions and other information pertaining to the design of dealer properties. The book is scheduled for release in October. You will receive a copy as soon as they become available.

It is our hope that the knowledge you acquired in developing a solution in the competition and the information you will receive through "General Motors Plans and Principles for Dealer Properties" will be helpful to you in your profession.

Very truly yours,

M. E. St. Aubin

M. E. St. Aubin
Director
Service Section

MES:S

⊗ 02 美国通用汽车公司修理场竞图得奖信函，王大闳先生提供

⊗ 01 餐馆竞赛头奖奖章正反面，王大闳先生提供

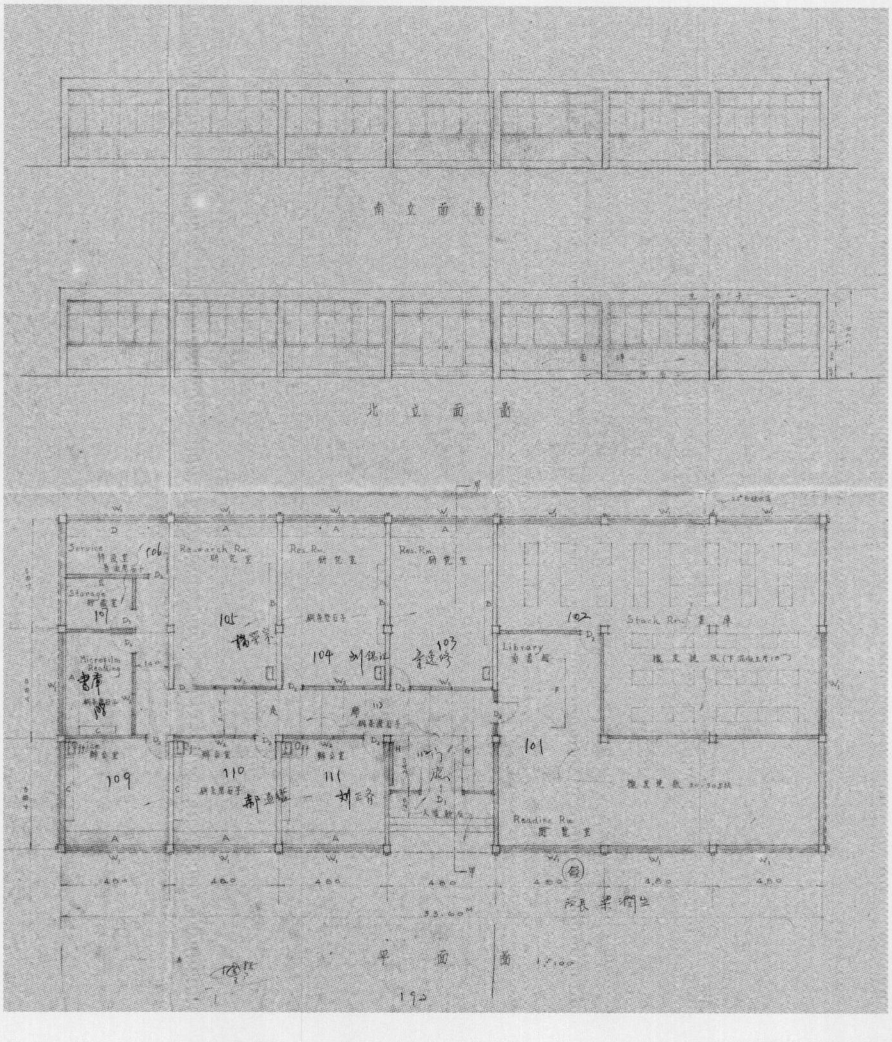

⊗ 03 施工图：配置、平面与立面，台湾博物馆数位典藏

1955

天母贝圆华宅

■资料不详（原四栋，两栋已拆）

1955

松江路罗宅

■已拆除，发表于《今日建筑》第 11 期，1955/12

■设计图：数位典藏《今日建筑》第 11 期，1955/12，共 2 页，倪利扫描，台湾文化主管部门文化资产局收藏

基本资料
业主：罗先生（罗振东父亲）
基地位置：台北市松江路 46 或 64 号
基地面积：639 ㎡
建筑面积：240 ㎡
建筑师：王大闳
承建：永固营造厂
设计日期：1954 年
完工日期：1955 年 9 月
造价：新台币 250 000 元

（详见专论文本）

1955

天母孙仁昌宅

■资料不详

1955

基隆码头工人宿舍 ⊗ 04

■几乎全数遭修改，16 座住宅单元有 15 座遭修改，仅存的 34 号也面目不清

基本资料
基地位置：基隆市健民街 1 巷 1 弄
建筑师：王大闳

1955

石牌许琼文宅（或黄宅）

■资料不详

1955

阳明山陈质平宅

■资料不详

⊗ 04
上图：部分保存的屋顶外观，徐明松摄
下图：门窗依稀还可看出素朴的景况，徐明松摄

1955

天母黄珍吾宅

■资料不详

1955

福乐奶品公司办公大楼及厂房 ⊗ 05

■资料不详，仅有 2 张外观照片

■旧照片：数位典藏 2 张，倪利扫描，台湾文化主管部门文化资产局收藏

基本资料
业主：福乐奶品公司（董事长刘文腾）
建筑师：王大闳
设计日期：1955 年
完工日期：1955 年

刘文腾，1907 年生，安徽怀宁人。北京大学工学院毕业，后获英国利兹大学硕士及博士学位。1936 年归国后，投身国民党财经界，初任国民政府经济部工矿调整处专门委员，兼任交通大学教授。抗战结束后，赴上海任纺织事业管理委员会业务处长，全国花纱布管制委员会委员，兼制造、技术两处处长，主控全国纺织工业生产与技术。1949 年去台后，长期经营官办企业，初任台湾工矿公司纺织部副理兼总工程师。后转任申一纺织公司总经理，精心经营，改进纺织技术与质量，业绩逐年上升，1958 年产品首次外销美国，开台湾纺织品输美之先例。1956 年出任台美合资的福乐奶晶公司总经理，后升任董事长，努力引进外国先进技术，产品质量优佳，为台湾乳制品业之骨干企业。其后又创设台富食品公司，引进最新设备，生产英式饼干，外销海内外。在工商界声望颇高，1972 年当选工业团体增额“国大代表”。设有刘文腾先生纪念奖学金。

1955

外双溪刘文腾宅 ⊗ 06

■保存状况尚可，仅有照片数张

1955

台北刘文腾宅

■资料不详

1956–1960

沙利文宅

■计划案，未实现

■旧照片：数位典藏 1 张，倪利扫描，台湾文化主管部门文化资产局收藏

（详见专论文本）

⊗ 05 **整体外观，王大闳先生提供**

⊗ 06

上图：整体外观，徐明松摄

下图：庭园，徐明松摄

1957

台湾彩色印刷公司厂房及办公楼

■资料不详

基本资料

业主："中央信托局"（美援会）

基地位置：新店七张

建筑师：王大闳

台湾首座彩色印刷厂，由台湾行政主管部门美援运用委员会出资，"中央信托局"主办，委交民营。

1957

台湾"清华大学"东院十舍 ⊗ 07

■保存状况尚可，不过仅存 8 栋，仅有照片一批

1957

台湾大学理化馆

■已拆除

■施工图：蓝晒 / 工程合约与数位典藏各项工程共 189 张，收藏于台湾博物馆

基本资料

业主：台湾大学

基地位置：台北市罗斯福路四段 1 号，校总区内（四号馆前另一端点，已拆除的化学研究中心前栋）

基地面积：27 309 ㎡

建筑面积：4 429.25 ㎡

建筑师：王大闳、虞曰镇

工程师：张昌华

承建：裕国营造厂

造价：新台币 1 001 761.20 元

原工程名称为"台湾大学新建理化实验室及教室工程"。

1958

台湾省政府两层、四层连栋式宿舍

■在九·二一地震中受创，倾颓中

事实上截至目前我们都尚未掌握王大闳在中兴新村的作品，有待持续挖掘。

（关于部分两层连栋式宿舍，详见专论文本）

⊗ 07

上图：整体外观，王大闳先生提供

中图：侧面，徐明松摄

下图：窗户，邹昌铭摄

1958
王宠惠墓园 ⊗ 08

■保存状况良好

基本资料
业主：王大闳
基地位置：台北市士林区临溪路 70 号，外双溪校区后山
建筑师：王大闳
助理设计：华昌宜

1958
台湾省政府财政厅办公大楼

■资料不详

据胡鑫忆述为四栋。

1959
“中央银行”青潭办公室、仓库三栋 ⊗ 09

■资料不详，照片数张

基本资料
业主：台湾“中央银行”
基地位置：台北县新店市北宜公路二段 200 号
建筑师：王大闳
助理设计：华昌宜、潘有光
设计日期：1958 年
完工日期：1959 年

1959
太平塑木公司丰原厂房及办公大楼

■资料不详

1959
台湾大学农学院家畜解剖室

■已拆除
■施工图：蓝晒 / 工程合约，与数位典藏各项工程共 15 张，收藏于台湾博物馆

基本资料
业主：台湾大学
基地位置：台北市罗斯福路四段 1 号，校总区内（原舟山路端点左侧，钮森馆旁）
建筑面积：297.57 ㎡
建筑师：王大闳
承建：新泰营造厂
设计日期：1958 年 11 月 6 日

⊗08
上图：墓碑，徐明松摄
中图：围墙柱墩，徐明松摄
下图：整体外观侧景，徐明松摄

1960
”中油“大楼马公办事处

■已拆除，发表于《建筑》双月刊第 2 期，1962/6
■旧杂志：数位典藏《建筑》双月刊第 2 期，1962/6，共 2 页，倪利扫描，台湾文化主管部门文化资产局收藏

基本资料
业主：台湾”中国石油公司“
基地位置：澎湖县马公港口
建筑师：王大闳
（详见专论文本）

1960
福星制衣公司桃园龟山厂房

■资料不详

1960
亿泰兴业公司办公楼

■资料不详

1961
加油站车库及仓库 ⊗ 10

■计划案，未实现
■施工图：描图纸与数位典藏 4 张，收藏于台湾博物馆

基本资料
基地位置：台北市通化街
建筑师：王大闳
设计日期：1961 年 10 月 2 日

1961
台北故宫博物院竞图计划案

■邀请竞图，未实现
■设计图：数位典藏 5 张，倪利扫描，台湾文化主管部门文化资产局收藏，资料最早为迈克尔·沙利文教授提供

基本资料
业主：台北故宫博物院筹备处
基地位置：台北市士林区至善路二段 221 号
建筑师：王大闳
（详见专论文本）

09 整体远观 徐明松摄

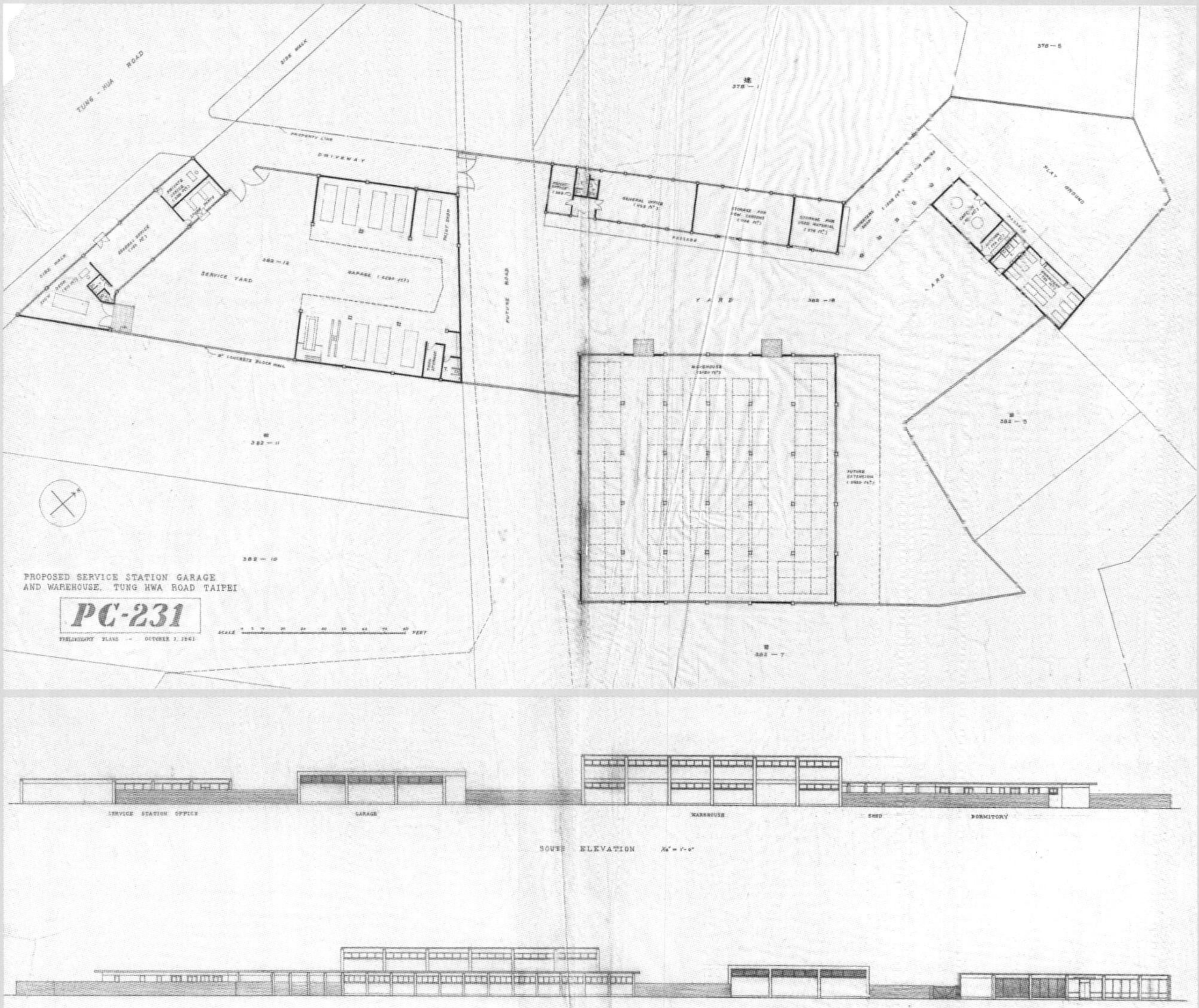

10
上图：施工图，平面，台湾博物馆数位典藏
下图：施工图，立面与剖面，台湾博物馆数位典藏

1961

台北监狱龟山新监总办公厅

■发表于《建筑》双月刊第 4 期，1962/10

■设计图：数位典藏《建筑》双月刊第 4 期，1962/10，共 3 页，倪利扫描，台湾文化主管部门文化资产局收藏

基本资料

业主：台湾法务主管部门

基地位置：桃园县龟山乡山莺路宏德新村 2 号

基地面积：2 332 ㎡

建筑师：王大闳

监造：吴文熹建筑师事务所

承建：新中国打捞工程公司

设计日期：1964 年 5 月

施工日期：1961 年 10 月 11 日

完工日期：1962 年 12 月底

造价：新台币 2 270 000 元

(详见专论文本)

1962

新店广东儿童新屯住宅

■资料不详

1962

台湾大学学生活动中心与礼堂计划案

■仅第一学生活动中心实现，发表于《建筑》双月刊创刊号，1962/4

■施工图：第一期，蓝晒 / 各项工程合约书，与数位典藏计 175 张；扩建，描图纸 3 张、蓝晒 / 工程合约书 83张，与数位典藏计 86张，共 261 张，收藏于台湾博物馆

■旧照片：数位典藏 4 张，倪利扫描，台湾文化主管部门文化资产局收藏

基本资料(学生活动中心第一期工程)

业主：台湾大学(亚洲基金与农复会)

基地位置：台北市罗斯福路四段 1 号(椰林大道端点左侧)，校总区内

基地面积：3 840 ㎡(第一期)；5 160 ㎡(扩建)

建筑面积：2 047.68 ㎡(第一期)；4 138.31 ㎡(扩建)

建筑师：王大闳

助理设计：林和株(H.C. Lin)、潘有光(第一期)；谢园(扩建)

承建：开成营造厂(第一期)；达因工程股份有限公司(扩建)

设计日期：1960 年 11 月(第一期)；1971 年 11 月(扩建)

施工日期：1961 年 3 月 20 日(第一期)；1972 年 6 月 13 日(扩建)

造价：新台币 1 556 900 元(第一期)；5 576 000 元(扩建)

(兴建名称原为"临时教室新建工程"。详见专论文本。)

1962

台北永康街刘文腾宅 ⊗ 11

■已拆除

■施工图：描图纸与数位典藏 6 张，收藏于台湾博物馆

基本资料

业主：刘文腾

基地位置：台北市永康街 23 巷

基地面积：1 256.4 ㎡

建筑面积：399.54 ㎡

建筑师：王大闳

助理设计：华昌宜、谢伟

设计日期：1959 年 12 月 21 日

施工日期：1962 年初

编号 CWDH12153002 为 1959 年 6 月 18 日设计的 A 案，可能未实现，而其他 5 张，皆为 1959 年 12 月 21 日设计绘制的 B 案，从平面组织来看前后调整不少，甚至连基地线围墙的位置都调整得更为方整。

1963

阳明山林语堂宅 ⊗ 12

■保存状况良好

基本资料

业主：林语堂

基地位置：台北市仰德大道二段 141 号

建筑师：王大闳

1963

淡水高尔夫球场俱乐部

■已拆除，发表于《建筑》双月刊第 7 期，1963/4

■旧杂志：数位典藏《建筑》双月刊第 7 期，1963/4，共 3 页，倪利扫描，台湾文化主管部门文化资产局收藏

■旧照片：数位典藏 3 张，倪利扫描，台湾文化主管部门文化资产局收藏

基本资料

业主：台湾淡水高尔夫球俱乐部

基地位置：台北县淡水镇中正路一段 6 巷 32 号

基地面积：314 ㎡

建筑师：王大闳

结构顾问：凤后三

承建：大陆工程公司

造价：新台币 1 050 000 元

(详见专论文本)

1963

台北高尔夫俱乐部 ⊗ 13

■保存状况尚可，发表于《建筑》双月刊第 6 期，1963/2

■旧照片：数位典藏 4 张，倪利扫描，台湾文化主管部门文化资产局收藏

基本资料

业主：台北市政府

地址：台北市水源路 199 号

建筑师：王大闳

建筑面积：693 ㎡

施工：天坛营造厂

水电：环球水电工程行

造价：新台币 1 100 000 元

现为台北市市政府工务局公园路灯管理处青年公园管理所。平面组织非常灵活，再加上屋顶刻意的"出檐反宇，及二端厚重之搏风，显然有造就传统建筑感觉之意图"(《建筑》双月刊第 6 期，1963/2)。或许 1967 年高而潘的新淡水高尔夫球场俱乐部屋顶亦受其影响。

1963

台湾大学化学工程馆 ⊗ 14

■保存状况良好，1974 年增建

■施工图：蓝晒 / 工程合约，与数位典藏各项工程共 101 张，增建 119 张，收藏于台湾博物馆

基本资料

业主：台湾大学(美援科教计划工程)

基地位置：台北市罗斯福路四段 1 号(蒲葵与小椰林道交叉口)，校总区内

基地面积：10 530 ㎡(原有)；9 720 ㎡(道路拓宽后)

建筑面积：3 368 ㎡(新建)；2 140.82 ㎡(增建)

建筑师：王大闳

助理设计：金石开(新建)、朱昌深(增建)

承建：永兴工程股份有限公司(新建)；中行营造厂(增建)

设计日期：1962 年 2 月

施工日期：1962 年 9 月 20 日(新建)；1973 年 6 月 5 日(增建)

造价：新台币 3 805 556.4 元(新建)；4 100 000 元(增建)

台湾大学化学工程学系前身为日据台北帝国大学工学部应用化学科，创立于 1941 年，最早其馆舍为七号馆，为木造楼房。现台湾大学化学工程馆为钱思量校长与沈熊庆、陈成庆教授规划完成，1963 年施工完毕，1974 年东西两侧扩建完成，皆由大洪建筑师事务所规划设计。

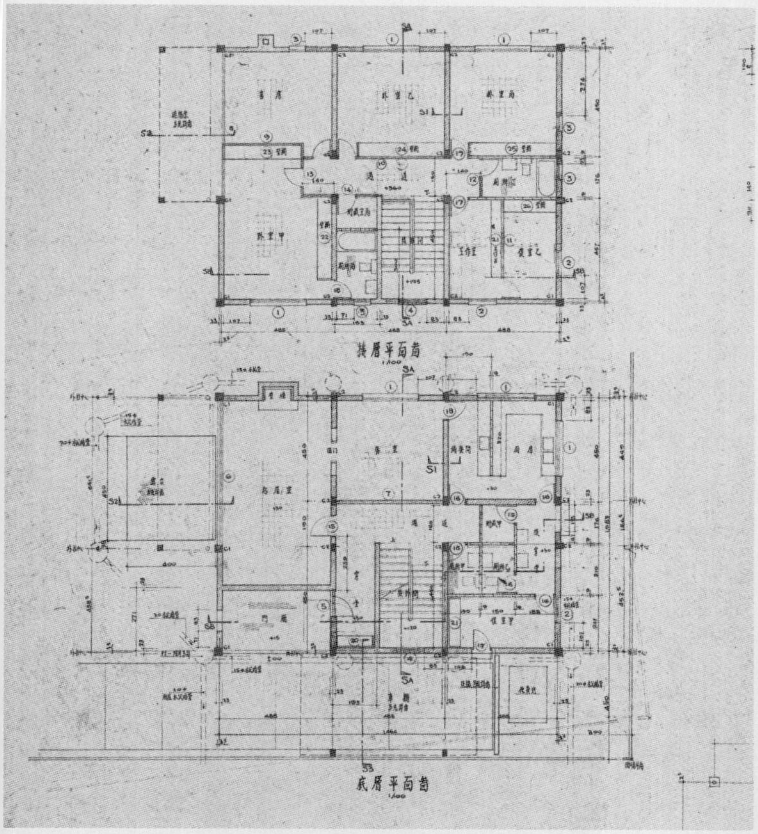

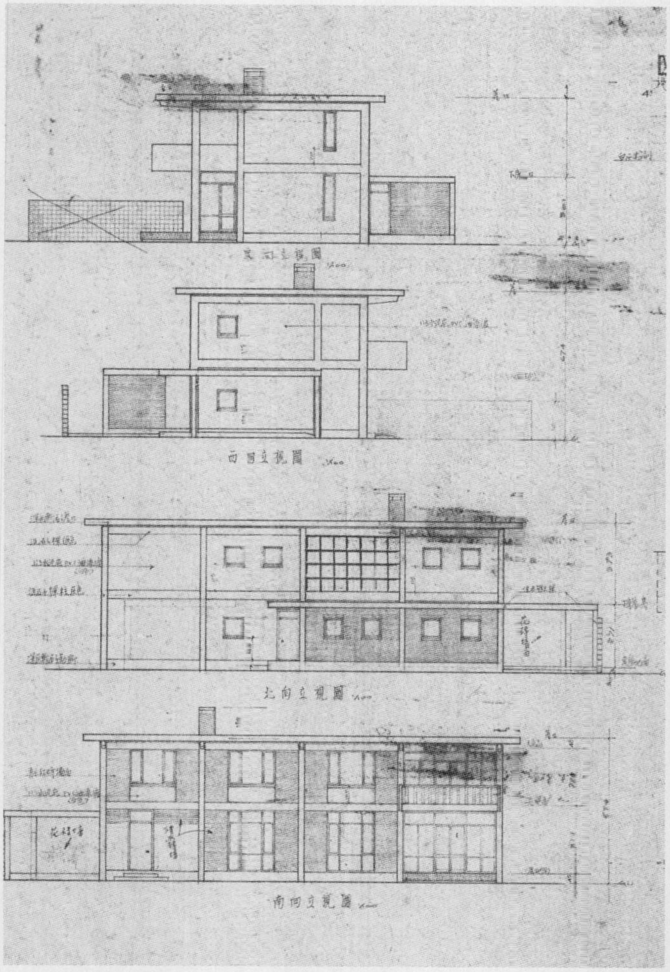

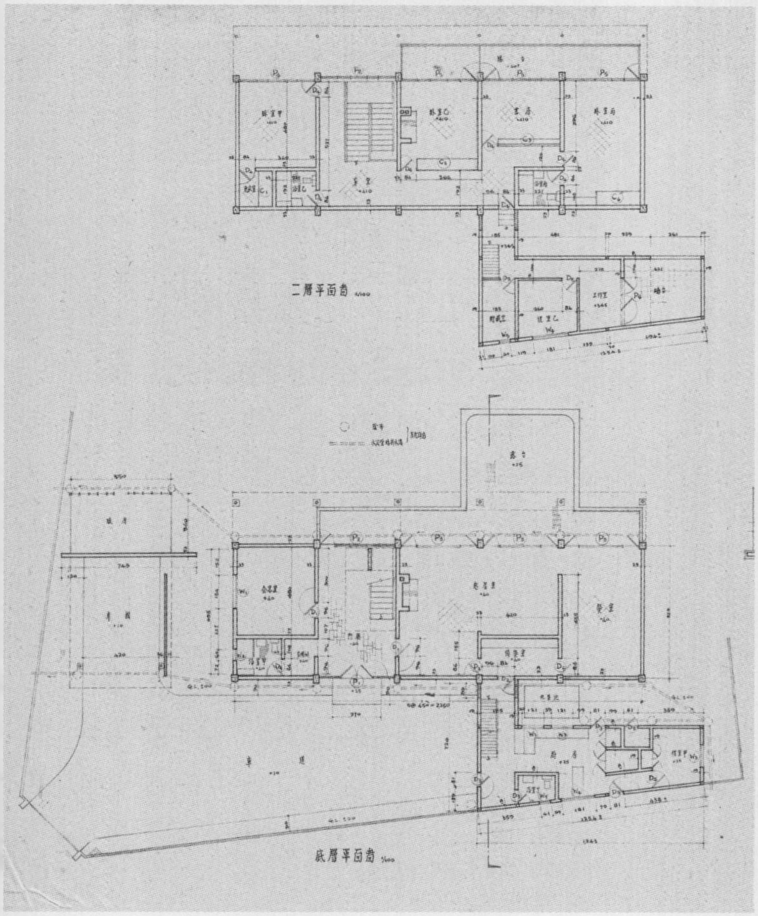

⊗11

上左：施工图，各层平面B案（1959年12月21日），台湾博物馆数位典藏

上右：施工图，各向立面与剖面B案（1959年12月21日），台湾博物馆数位典藏

下图：施工图，各层平面A案（1959年6月18日，未实现），台湾博物馆数位典藏

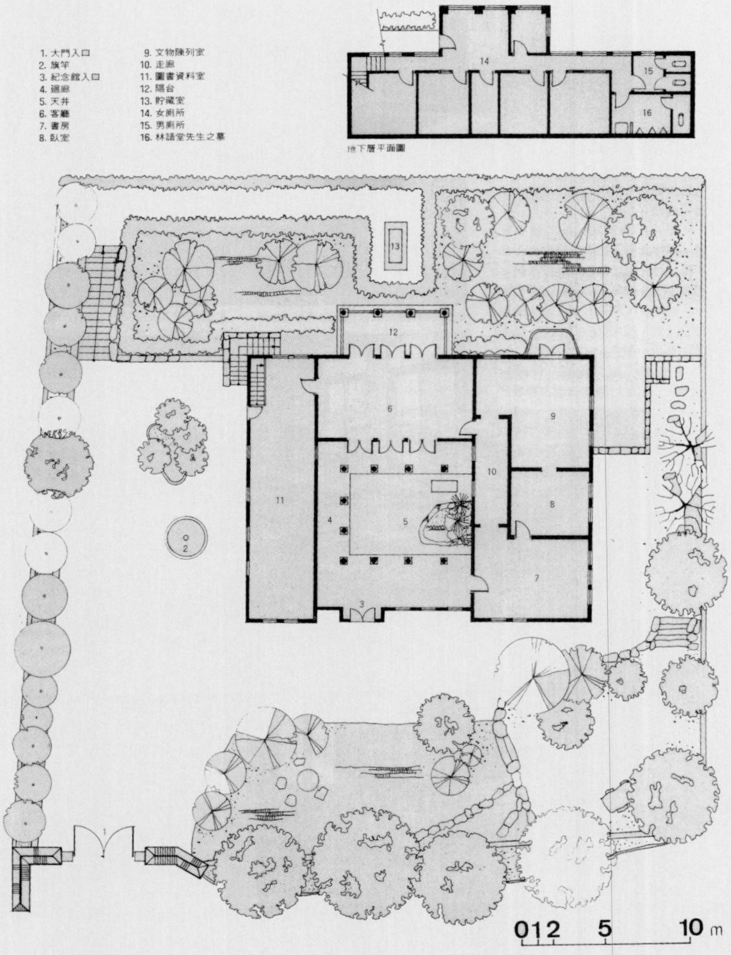

⊗12—1 **配置与平面，林语堂纪念馆提供**

⊗12—2 **从上至下：**
故居原貌，林语堂纪念馆提供；
眺望阳台，林语堂纪念馆提供；
外观全貌，林语堂纪念馆提供；
中庭，林语堂纪念馆提供

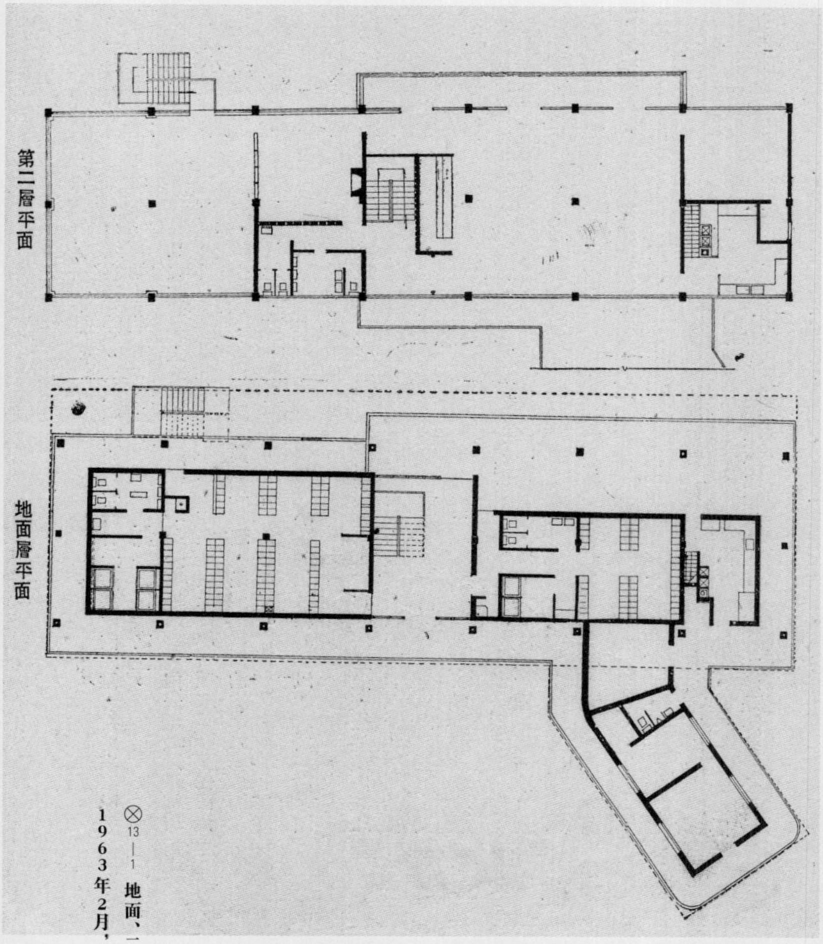

⊗13—1 地面、二层平面，《建筑》双月刊第6期，1963年2月，18页

⊗13—2

左上：侧景，旧照片，可见屋顶曲度，王大闳先生提供

左下：正面全貌，王镇华先生提供

右上：全貌侧景，旧照片，可见屋顶曲度，王大闳先生提供

右下：侧眺屋顶出檐，王大闳先生提供

⊗14—1
上图：外观全貌，徐明松摄
下左：主入口雨庇，邹昌铭摄
下右：门窗细部，邹昌铭摄

⊗14—2
对页上：地面、二层平面，台湾博物馆数位典藏
对页下：南、北向立面，台湾博物馆数位典藏

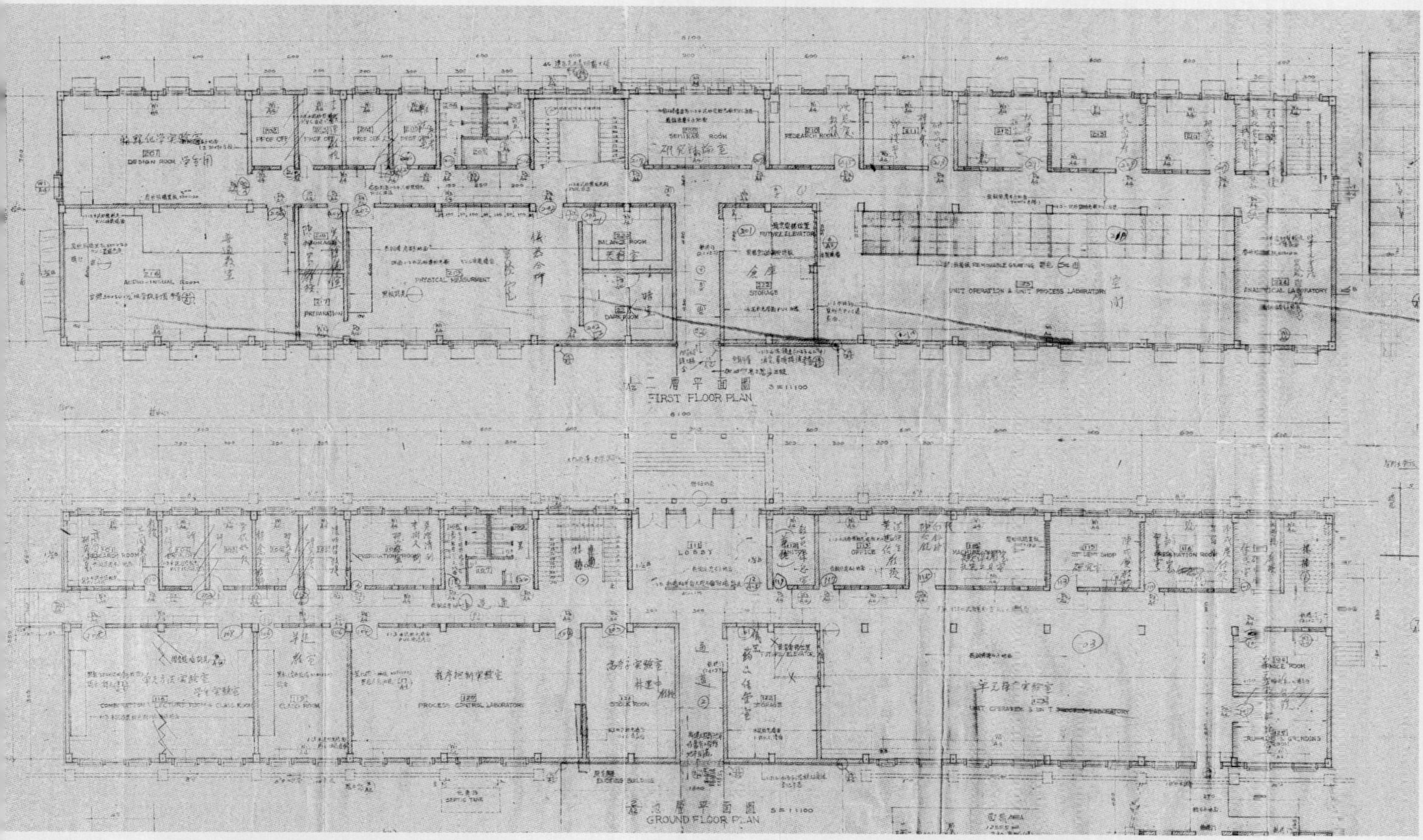
二層平面圖
FIRST FLOOR PLAN
DESIGN ROOM
PHYSICAL MEASUREMENT
STORAGE
UNIT OPERATION & UNIT PROCESS LABORATORY
ANALYTICAL LABORATORY
LOBBY
OFFICE
PROCESS CONTROL LABORATORY
CLASS ROOM
底層平面圖
GROUND FLOOR PLAN

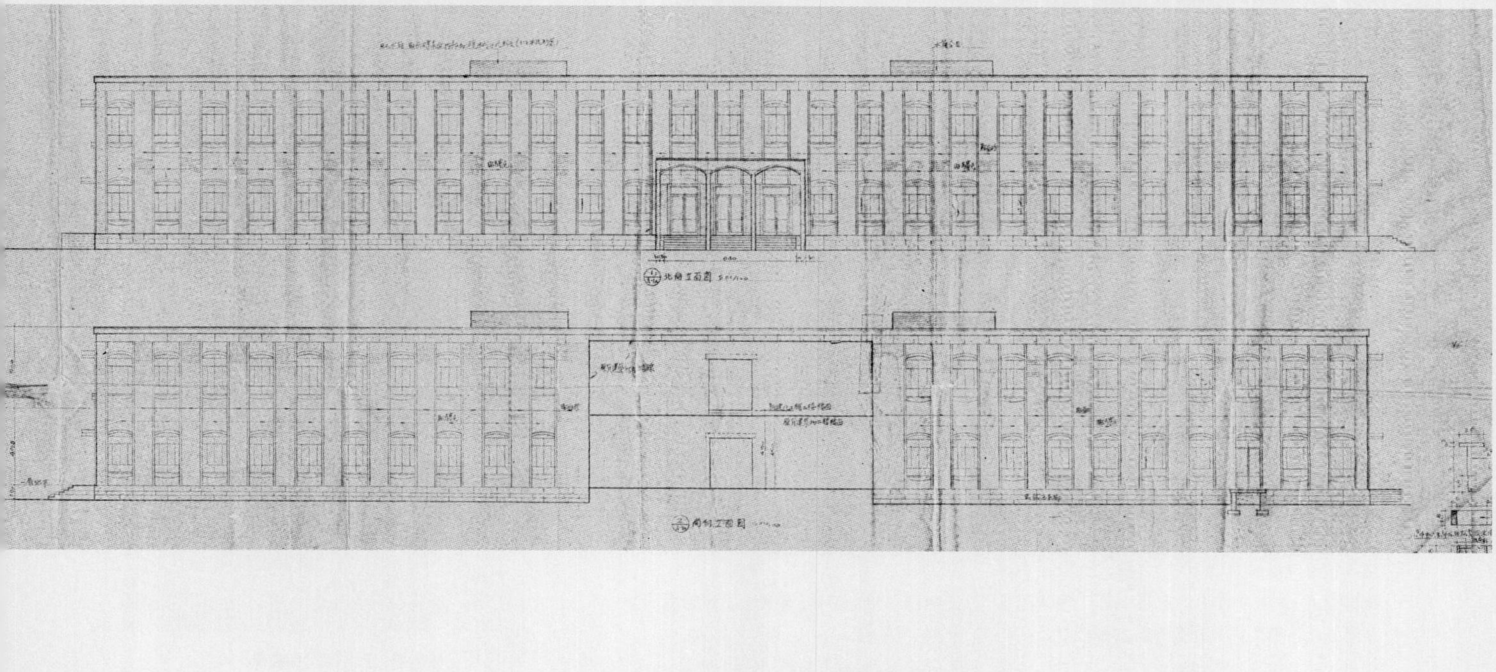
北向立面圖
南向立面圖

1963

台湾大学地质工程馆

■保存状况良好，唯立面清水砖墙有不恰当的油漆覆盖

■施工图：蓝晒 / 工程合约，与数位典藏各项工程共 184 张，收藏于台湾博物馆

■旧照片：数位典藏 1 张，倪利扫描，台湾文化主管部门文化资产局收藏

基本资料

业主：台湾大学（美援科教计划）

基地位置：台北市罗斯福路四段 1 号（舟山路上），校总区内

基地面积：2 256.4 ㎡

建筑面积：1 481.3 ㎡

建筑师：王大闳

助理设计：谢伟

承建：大业工程股份有限公司

设计日期：1962 年 1 月 18 日

施工日期：1962 年 9 月 7 日

造价：新台币 2 005 314.64 元

（详见专论文本）

1963

台湾大学法学院图书馆

■保存状况良好，发表于《建筑》双月刊第 12 期，1964/2

■施工图：蓝晒 / 工程合约，与数位典藏各项工程共 71 张，收藏于台湾博物馆

基本资料

业主：台湾大学

基地位置：台北市徐州路 21 号

建筑面积（含地下室）：2 998 ㎡

建筑师：王大闳

结构：凤后三

承建：永固营造厂

水电：志诚电业行

完成时间：1963 年底

造价：新台币 5 000 000 元

（详见专论文本）

1963

台湾省公共工程迁建省训团工程 ⊗15

■保存状况良好

■旧照片：数位典藏中正堂照片 2 张，倪利扫描，台湾文化主管部门文化资产局收藏

基本资料（现已改为台湾行政主管部门人事行政局地方行政研习中心）

业主：台湾省政府

基地地点：南投县南投市光明路 1 号

建筑师：王大闳

1964—1965

台湾“中国房屋建筑中心”大厦邀请竞图 ⊗16

■邀请竞图，发表于《建筑》双月刊第 15 期，1965/6

基本资料

业主：台湾”中国房屋建筑中心“

基地位置：台北市中正路

建筑师：王大闳

台湾“中国房屋建筑中心”是一个由官方（台湾行政主管部门国际经济合作发展委员会、台湾省政府）支持的财团法人机构，1964 年 1 月 1 日正式成立。“该中心以灌输一般民众对房屋建筑技术及其材料之基本认识为宗旨，并以促进房屋政策之推行，及建筑事业发展为目的，务求岛内房屋之建筑日趋完善，房屋之数量日见（按：应为“渐”）增加，而各类建筑之规格及其坐落地区，皆能配合都市及乡村发展计划，作较有系统之规划与配置，以期配合当前之经济发展，与各先驱工业者齐头并进”（《建筑》双月刊第 15 期，1965/6）。其业务有四项：长期展览、技术研究与服务、岛内外建筑业及建筑材料厂之联系、出版及咨询。1964 年 1 月初由中心董事会推派常务董事王章清主持“中心大厦”竞赛工作，并邀请吴文熹、王大闳、杨卓成、沈祖海与黄宝瑜等五组建筑师参加竞图，评审则由中心董事长辜振甫邀请中心董事樊祥孙、严孝章、虞曰镇、李如南顾问及来自国外的王仪曾与王秋华两位建筑师等六人担任。

1964

台湾“中油公司”高雄炼油厂中山堂 ⊗17

■保存状况尚可

■旧照片：数位典藏 1 张，倪利扫描，台湾文化主管部门文化资产局收藏

基本资料

业主：台湾”中国石油公司“

基地地点：高雄市楠梓区左楠路 2 号

建筑师：王大闳

结构顾问：凤后三

1964

香港幸福塑胶花公司六堵厂房 ⊗18

■保存状况不佳，屋顶全数遭铁皮覆盖

基本资料（现为台湾“中国电子股份有限公司”）

业主：香港幸福塑胶花公司

基地位置：基隆市七堵区工建西路 11 号

建筑师：王大闳

⊗15 **大礼堂，王大闳先生提供**

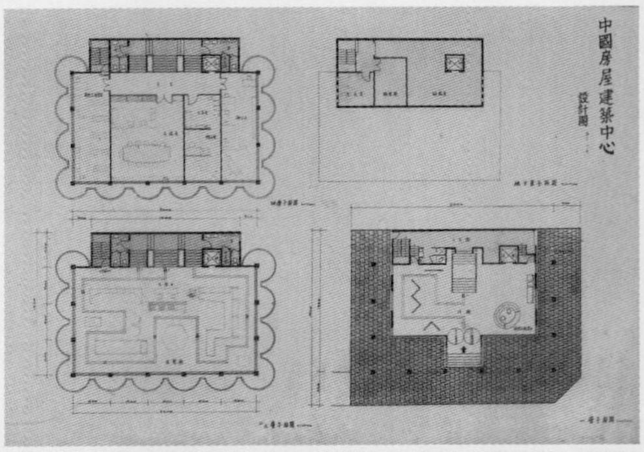

⊗16

上图：平面，王大闳先生提供

下图：模型，王大闳先生提供

⊗17 **正面全貌，王大闳先生提供**

1964

复合式商场计划案 ⊗19

■资料不详

■仅有照片 1 张，图号为 PC-329，设计时间为 1964 年 8 月 6 日。

1964

菲律宾驻台湾代表处与官邸 ⊗20

■已拆除

■旧照片：数位典藏 6 张（其中两张模型照片为王镇华教授提供），倪利扫描，台湾文化主管部门文化资产局收藏

基本资料

业主：菲律宾驻台湾代表处

基地位置：台北市大安区敦化南路一段 280 号

建筑师：王大闳

建筑位于今仁爱路与敦化南路交叉圆环的西南侧，目前已拆除，兴建了代表处主管人员讲习所。

1964

济南路虹庐

■外观保存状况不佳，四楼王大闳自宅室内已遭修改。发表于《建筑》双月刊第 18 期，创刊四周年纪念特刊，1966/3；《建筑师》杂志第 36 期，1977/12

■施工图：描图纸与数位典藏 34 张，收藏于台湾博物馆

■旧照片：数位典藏 4 张，倪利扫描，台湾文化主管部门文化资产局收藏，王镇华教授提供

基本资料

业主：王大闳

基地位置：台北市济南路三段 18 号

基地面积：256.63 ㎡

建筑师：王大闳

助理设计：邱启涛、谢伟（Hsieh）

结构顾问：汉寅德

承建：竞潮营造厂

设计日期：1964 年 5 月

施工日期：1964 年 8 月

造价：新台币 1 250 000 元

（详见专论文本）

⊗18 外观局部，徐明松摄

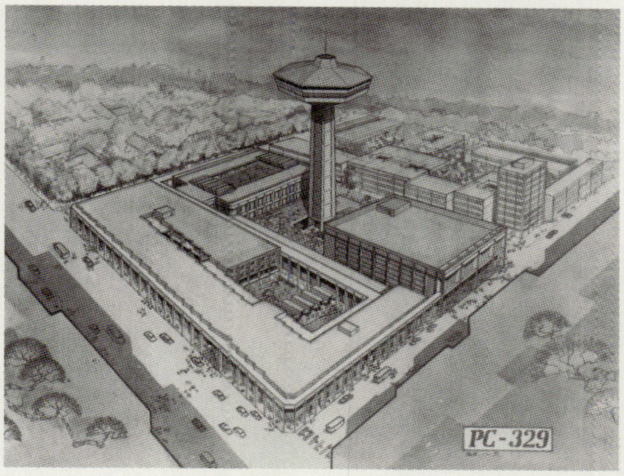

⊗19 透视，王大闳先生提供

⊗20
左上：外观全貌，王镇华先生提供
左下：正面，王镇华先生提供
右上：转角，王镇华先生提供
右下：围墙大门，吴增荣建筑师提供

1965–1969

登陆月球纪念碑计划案

■计划案，未实现。曾发表于美国《进步建筑》杂志，1969/12；远东《建设者》(*Builder*)杂志，1970/8

■设计图：描图纸与数位典藏 65 张，收藏于台湾博物馆

基本资料

业主：台湾地区筹建登月纪念碑委员会

基地位置：休斯敦东南方太空总署附近

建筑师：王大闳

（详见专论文本）

1965

国父纪念馆竞图计划案

■经修改实现，发表于《建筑》双月刊第 20 期，1965/8；《建筑师》杂志第 158 期，1987/12；《国父纪念馆建馆始末——王大闳的妥协与磨难》，2007/12

■施工图：描图纸与数位典藏 128 张，收藏于台湾博物馆

■旧照片：数位典藏原始竞图案照片 15 张（其中两张模型照片为王镇华教授提供），倪利扫描，台湾文化主管部门文化资产局收藏

基本资料

业主：国父纪念馆兴建委员会

基地位置：台北市仁爱路四段 505 号

基地面积：100 000 m^2

总建筑面积：40 000 m^2

一层建筑面积：10 000 m^2

建筑师：王大闳

助理设计：黄政雄等廿余位

结构顾问：孙必胜、汉寅德

水电顾问：干文弘

承建：毅成建设股份有限公司（王梦龙）

施工时间：1969 年 10 月

造价：新台币 32 439 450 元

（详见专论文本）

1965

台富食品泰山厂房 ⊗[21]

■保存状况尚可，准备拆除

基本资料

业主：台富食品工业股份有限公司

基地位置：台北县泰山乡贵凤街 26 号

建筑师：王大闳

创办人刘文腾在政府大力倡导观光业的政策下，邀中华开发公司及好友多人集资筹办台富食品工业股份有限公司。

该栋厂房屋顶的连续薄壳设计极为漂亮，类似龟壳，而且为考虑采光，每一个搭接处掀起，让光线倾泻而下，造型宛如一列前后叠坐的乌龟。

1965

台湾银行高雄加工出口区分行 ⊗[22]

■保存状况尚可

■施工图：描图纸与数位典藏 71 张（含 43 张结构计算书），收藏于台湾博物馆

业主：台湾银行

基地位置：高雄市前镇区高雄加工出口区中一路 1 号

基地面积：1 452 ㎡

建筑面积：1 708.2 ㎡（不含地下室 181.44 ㎡）

建筑师：王大闳

助理设计：邱启涛

绘图：王舞波

1965

台湾银行台北宿舍

■已拆除

■施工图：蓝晒与数位典藏 1 张，张维修收藏

基本资料

业主：台湾银行

基地位置：台北市南门国中、国小对面，爱国西路 36 巷与 42 巷之间的街墩上

建筑师：王大闳

（详见专论文本）

1966

亚洲水泥大楼

■保存状况良好

■施工图：蓝晒与数位典藏 34 张，收藏于台湾博物馆

■旧照片：数位典藏 2 张，倪利扫描，文化建设委员会文化资产总管理处收藏

基本资料

业主：亚洲水泥股份有限公司（远东集团）

基地位置：台北市宝庆路三段 27 号

基地面积：282 ㎡

建筑师：王大闳

助理设计：潘有光

施工时间：1965 年 6 月 20 日

承建：天坛营造厂（顾诚美）

造价：新台币 3 176 541.25 元

台湾第一栋采用骑楼无柱悬臂结构预制帷幕墙，因材料无着，改普通铝门窗。

（详见专论文本）

⊗21

上图：鸟瞰，徐明松摄

中图：屋顶一隅，徐明松摄

下图：室内，徐明松摄

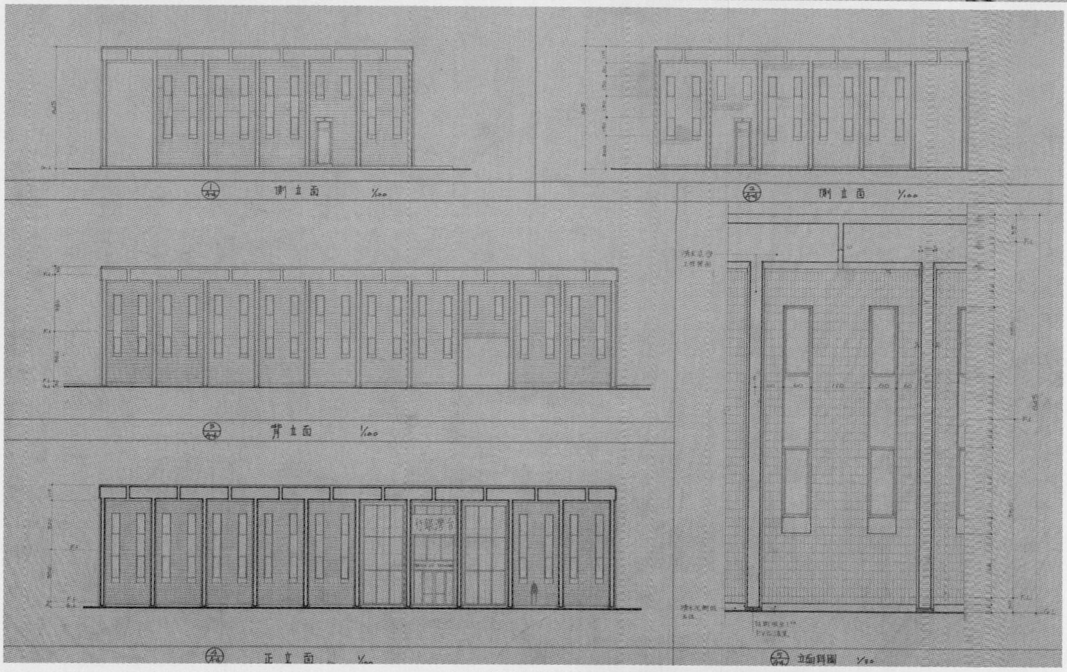

⊗22

上图：施工图，最初的设计案透视，台湾博物馆数位典藏

中图：施工图，最初的设计案各向立面，台湾博物馆数位典藏

下左：全貌现况，徐明松摄

下中：回廊天花的柱子，徐明松摄

下右：回廊天花转角，徐明松摄

1966

台湾大学化学研究中心

■已拆除

■施工图：蓝晒 / 工程合约，与数位典藏各项工程共 347 张（含三楼增建），收藏于台湾博物馆

基本资料

业主：台湾大学（“中美经济社会发展基金”）

基地位置：台北市罗斯福路四段 1 号，校总区内（已拆除的化学研究中心后栋）

建筑师：王大闳

助理设计：潘有光、王舞波、邱启涛

承建：长发营造厂（陈再成）

造价：新台币 2 060 000 元

增建造价：新台币 990 000 元

（详见专论文本）

1966

台湾大学女九舍 ⊗ 23

■除屋顶加盖铁皮外，保存状况尚佳

■施工图：蓝晒 / 工程合约，与数位典藏各项工程共 188 张，收藏于台湾博物馆

基本资料

业主：台湾大学

基地位置：台北市罗斯福路四段 1 号（小椰林道上，生化所斜对面），校总区内

建筑师：王大闳

助理设计：邱启涛

承建：长发营造厂

施工日期：1966 年 10 月 12 日

造价：新台币 2 200 000 元

台湾大学女九舍的设计简洁利落，建筑特色为立面遮阳及屋顶女儿墙的处理，室内楼梯的采光方式与屋顶环女儿墙的混凝土座椅。

1966

台湾大学保健中心 ⊗ 24

■保存状况良好

■施工图：蓝晒与数位典藏各项工程 141 张，收藏于台湾博物馆

基本资料

业主：台湾大学

基地位置：台北市罗斯福路四段 1 号（椰林大道上，总图旁），校总区内

建筑师：王大闳

助理设计：邱启涛

承建：立国营造厂

施工日期：1965 年 7 月 21 日

造价：新台币 1 536 900 元

⊗ 23—1

上图：鸟瞰，徐明松摄

下左：主楼梯外部，吴东昀摄

下右：全貌，徐明松摄

⊗ 23—2

左图：内部楼梯，吴东昀摄

中图：屋顶女儿墙内侧混凝土座椅，吴东昀摄

右图：屋顶女儿墙内侧混凝土座椅转角，吴东昀摄

⊗ 23—3

立面雨遮，吴东昀摄

⊗24—1
左图：正面外观全貌，徐明松摄
右上：窗楣，徐明松摄
右下：窗台，徐明松摄

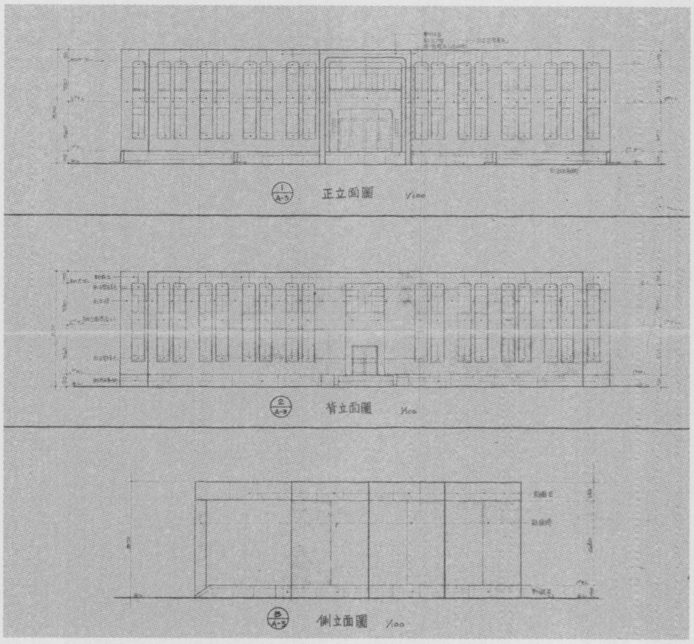

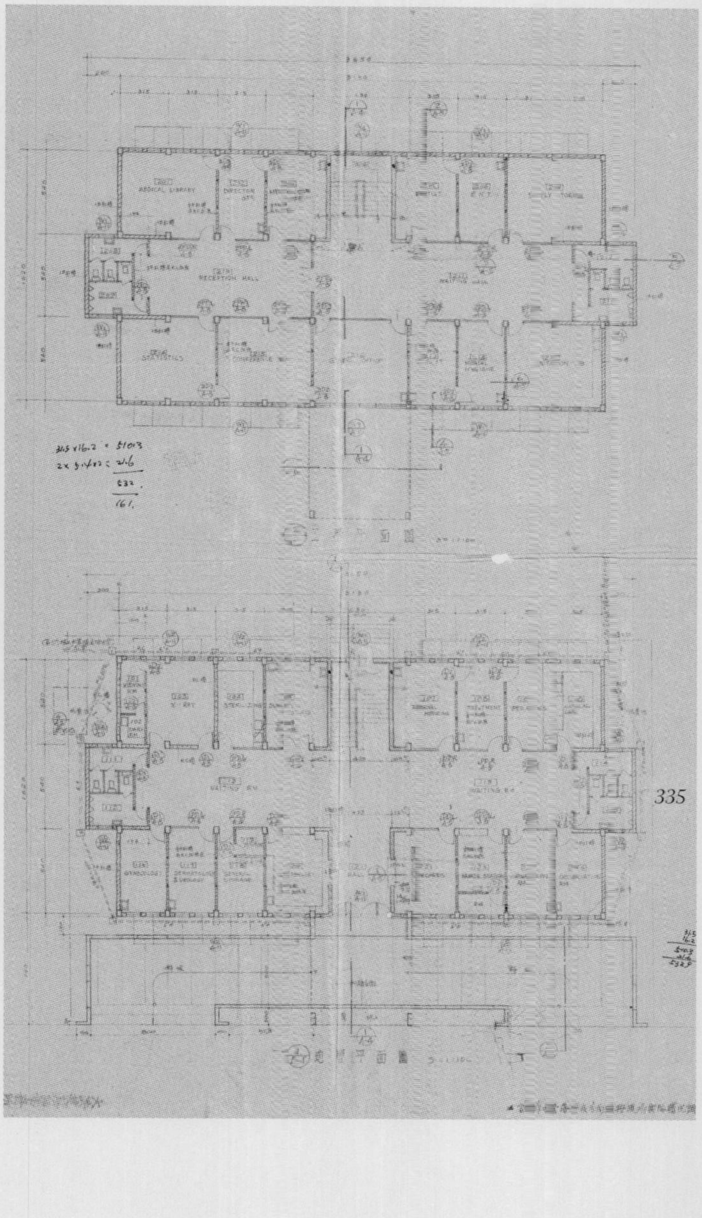

⊗24—2
左图：施工图，各向立面，台湾博物馆数位典藏
右图：施工图，各层平面，台湾博物馆数位典藏

1966

台湾银行乌来现金库及办公楼

■资料不详

1967

艾斯赫工业公司淡水厂房 ⊗ 25

■保存状况不佳

基本资料

业主：艾斯赫工业公司

基地位置：台北县淡水镇淡金路三段 159 号

建筑师：王大闳

现为金钟电子子公司康舒科技股份有限公司(ACBEL Polytech Inc.)。业主要求为中国式，从屋顶形式与创作时间都可以看出是国父纪念馆的前期实验。

1967

台湾省物资局高雄仓库 ⊗ 26

■保存状况不佳

基本资料

业主：台湾省物资局

基地位置：高雄市蓬莱路 32 号

建筑师：王大闳

原台湾省物资局，目前已改为台湾地区海岸巡防总局南部地区机动海巡队。

1967

万兴大楼 ⊗ 27

■保存状况良好

基本资料

业主：不详

基地位置：台北市忠孝西路一段 33 号

建筑师：王大闳

1968

亚东工专新建教学大楼 ⊗ 28

■保存状况尚可

基本资料

业主：远东集团

基地位置：台北县板桥市四川路二段 58 号

建筑师：王大闳

现为亚东技术学院，为远东集团创办人徐有库创立的技职学校。

⊗ 25
上图：正面外观全貌，徐明松摄
中图：接待室与厂房屋顶，徐明松摄
下图：接待室廊道，徐明松摄

⊗26
左图：正面外观全貌，徐明松摄
右图：骑楼，徐明松摄

⊗27 正面外观全貌，徐明松摄

⊗28 内庭全貌，邹昌铭摄

1968

阳明山孙科宅增建 ⊗29

■保存状况不佳

基本资料

业主：待查

基地位置：阳明山中山楼入口东侧

建筑师：王大闳

此处原为日据时期昭和皇太子兴建的木造建筑，1965 年孙科返台，蒋先生命孙科在此定居，随后孙科儿子陆续回台，空间不足而增建（电话访谈记录，林一宏访谈王大闳，2002/2/15）。

1968

登泰工业公司新建桃园厂厂房

■资料不详

基本资料

业主：登泰工业股份有限公司

基地位置：桃园县中坜市自强一路 1 号（中坜工业园区内）

建筑师：王大闳

1969

士林福乐冷饮部 ⊗30

■已拆除

■旧照片：数位典藏 3 张，倪利扫描，台湾文化主管部门文化资产局收藏，王镇华教授提供

基本资料

业主：福乐奶品公司（董事长刘文腾）

基地位置：台北市中山北路五段与中正路交叉口（今麦当劳位置）

建筑师：王大闳

⊗29

上图：复原平面，林一宏提供

下图：西向复原图，林一宏提供

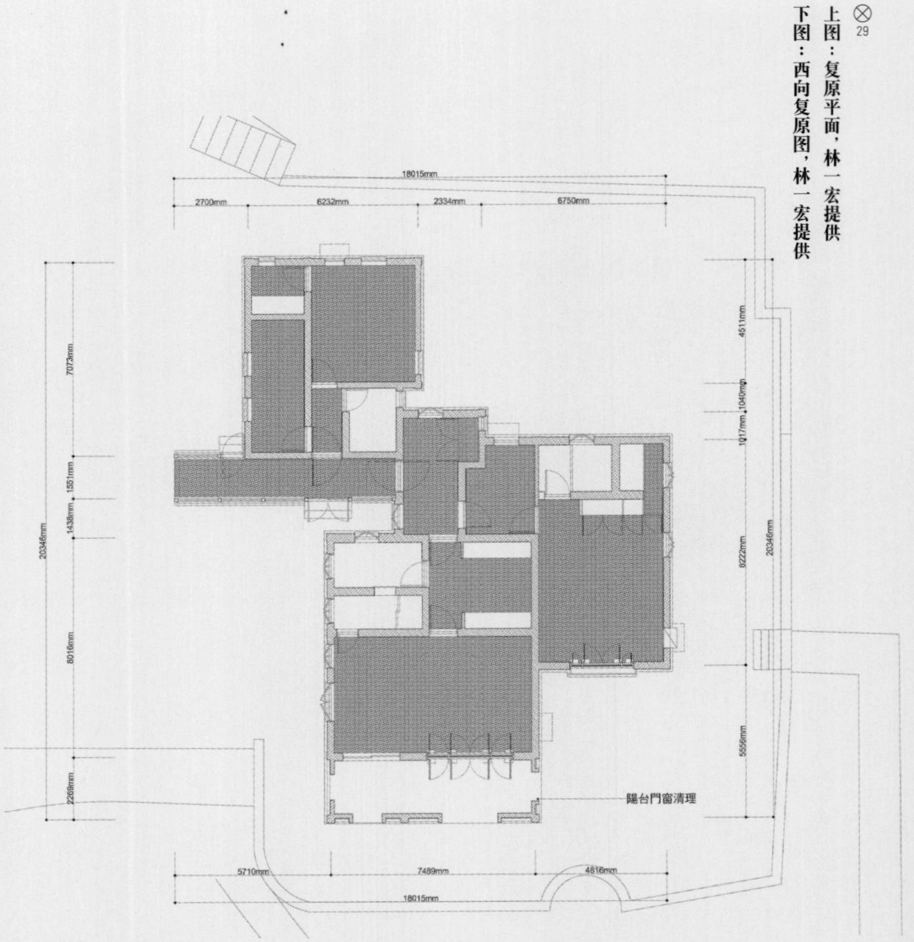

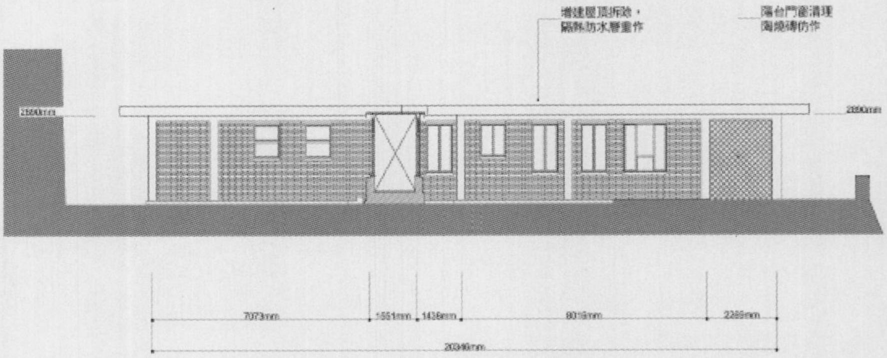

⊗30
上图：正面外观全貌，王镇华先生提供
中图：外观局部，王镇华先生提供
下图：室内，王镇华先生提供

1969

阳明山牛天文宅 ⊗31

■保存状况尚佳

基本资料
业主：牛天文
基地位置：台北市仰德大道三段 25 号
建筑师：王大闳

缺基本资料。2006 年我们与王大闳一起拜访了牛天文的遗孀牛徐金珠（牛天文已于 1980 年代过世），聊了一个上午。房子有几点特别之处：建筑师利用山坡地形的高处作为大门入口，低处则形成非常私密的庭院；铁门前斜坡有一排排列非常漂亮的镂空空心砖墙，背后有大阳台可鸟瞰整个大台北，从底层庭园仰望阳台颇有流水别墅之势。

1969

天母牛惠临宅

■已拆除，资料不详

牛惠临（1932— ），河南省济源人。大学毕业后，初在美商韩得逊公司任职，旋擢升业务经理，主持外销业务。1958 年辞职合资筹组升茂公司。经营纺织、药品、化工原料、水泥及钢材等，产品大部外销，为台湾棉布销往意大利之最大出口商，曾多次获“外销绩优奖”。1973 年投资服务业，创立升新制衣公司，生产鸭绒衣着用品业务，居同业前列。历任升茂公司、升新制衣公司董事长，天孙纺织公司副董事长等职。

1969

“外交部长”官邸 ⊗32

■资料不确定

基本资料
业主：台湾外事主管部门
基地位置：台北市仁民路 15 号
建筑师：王大闳

前南非驻台湾代表处官邸。

⊗31
上图：牛天文宅后花园外观全貌，徐明松摄
中图：从底层庭园仰望牛宅，颇有流水别墅之势，徐明松摄
下左：入口斜坡镂空空心砖侧墙全景，徐明松摄
下右：入口庭园与车库，徐明松摄

⊗ 32
上图：正面外观全貌，徐明松摄
下左：警卫室门窗，徐明松摄
下右：警卫室，徐明松摄

1969

南侨化学公司办公大楼 ⊗ 33

■保存状况良好，唯立面瓷砖剥落
■施工图：描图纸与数位典藏 30 张，收藏于台湾博物馆
■设计图：数位典藏透视图 1 张，徐明松收藏
■旧照片：数位典藏 1 张，倪利扫描，台湾文化主管部门文化资产局收藏

基本资料
业主：南侨化学工业股份有限公司
基地位置：台北市延平北路四段 100 号
建筑师：王大闳
助理设计：P. W. Chang、黄政雄
结构设计：汉寅德
水电设计：王舞波
设计时间：1967 年 11 月 2 日

1969

台北忠孝东路徐有庠宅 ⊗ 34

■已拆除
■旧照片：数位典藏 5 张，倪利扫描，台湾文化主管部门文化资产局收藏，王镇华教授与吴增荣建筑师提供

基本资料
业主：徐有庠
基地位置：台北市忠孝东路三段 98 号
建筑师：王大闳

1969

台北新生南路徐有庠宅 ⊗ 35

■资料不详
■施工图：描图纸与数位典藏 4 张，收藏于台湾博物馆

目前仅存 4 张由王大闳家族提供的施工图，可能是 1973 年 5 月为新建围墙留下的资料，编号 CWDH12321001 图纸可见原设计的正面轮廓。

1969

台北敦化北路梁定齐宅

■资料不详

1969

阳明山梁定齐宅

■资料不详

1969

联福制衣公司厂房

■资料不详

⊗33—1
上图：正面全貌透视，黄政雄先生提供
中左：正面全貌，旧照片，南侨化工股份有限公司提供
中右：正面全貌现况，徐明松摄
下图：外墙通风雨遮，徐明松摄

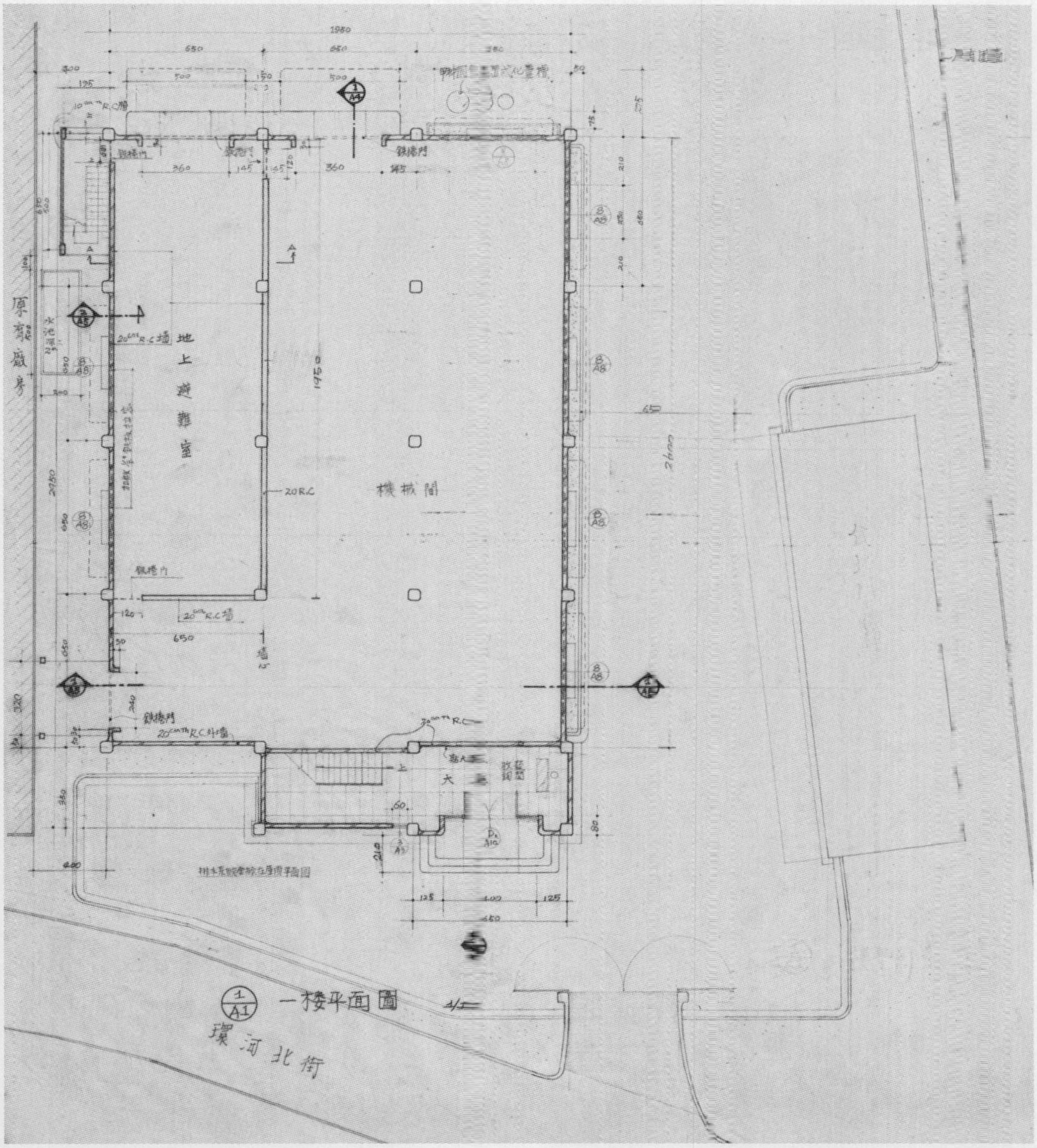

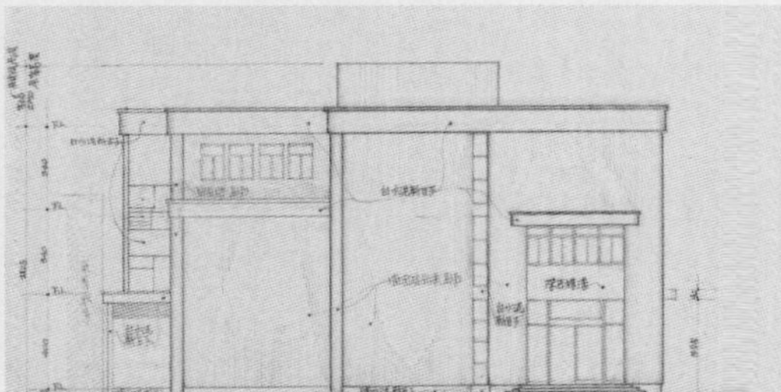

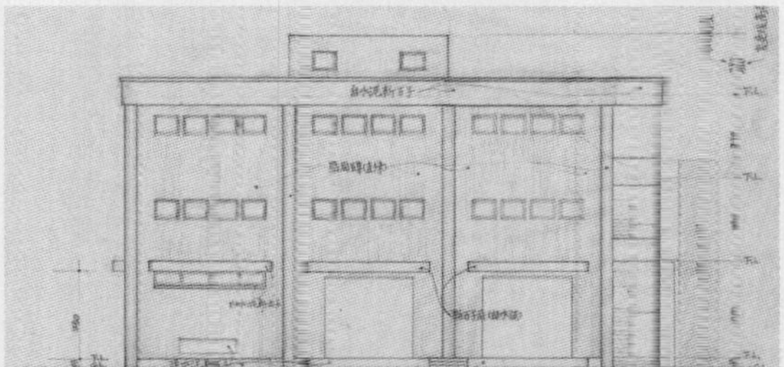

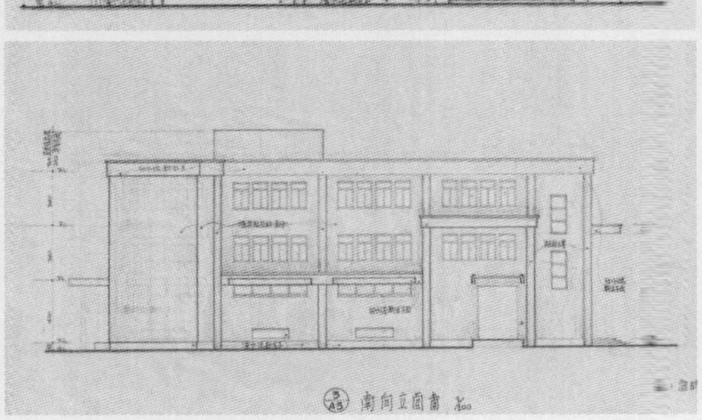

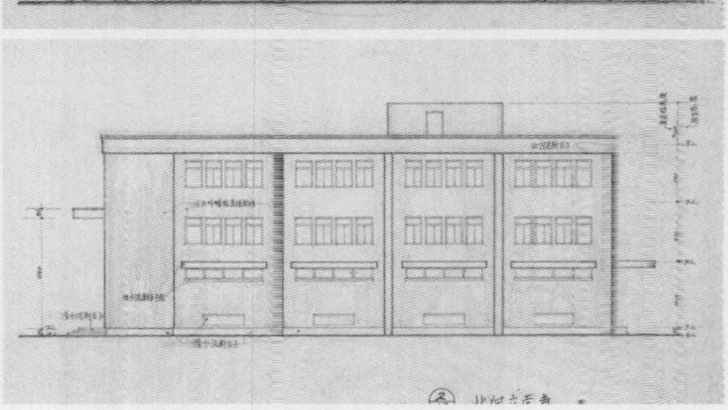

33—2

上图 地面层平面，台湾博物馆数位典藏

中左：东向立面(主入口)，台湾博物馆数位典藏

中右：西向立面，台湾博物馆数位典藏

下左：南向立面，台湾博物馆数位典藏

下右：北向立面，台湾博物馆数位典藏

⊗34
正面外观全貌，王镇华先生提供

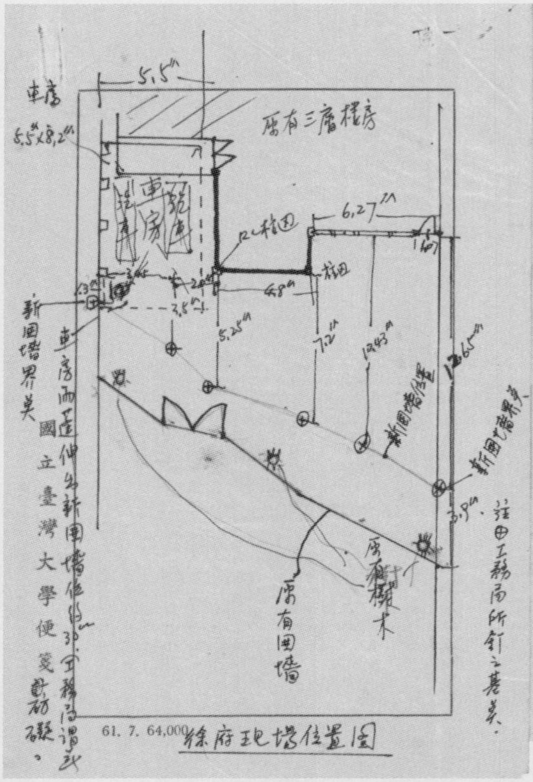

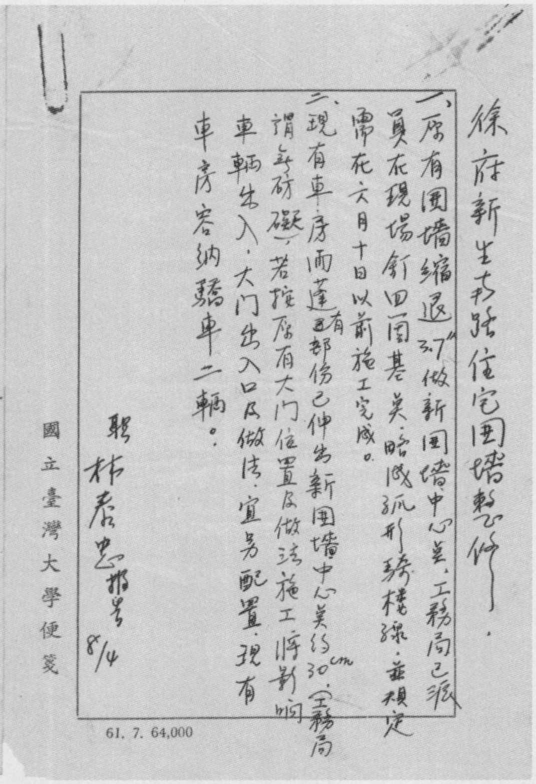
徐府新生南路住宅围墙整修
一、原有围墙缩退3.7"做新围墙中心线，工務局已派员在現場釘田図甚美，暗成弧形騎樓線，並規定需在六月十日以前施工完成。
二、現有車房雨蓬，有通部份已伸出新围墙中心线約30cm，工務局謂無妨礙，若按原有大门位置及做法施工將影响車輛出入，大门出入口及做法，宜另配置，現有車房容納轎車二輛。
職 林彥忠 拜呈
8/4
國立臺灣大學便箋
61. 7. 64,000

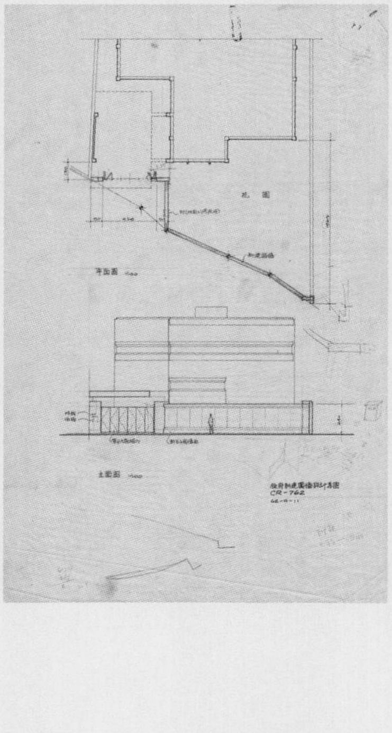

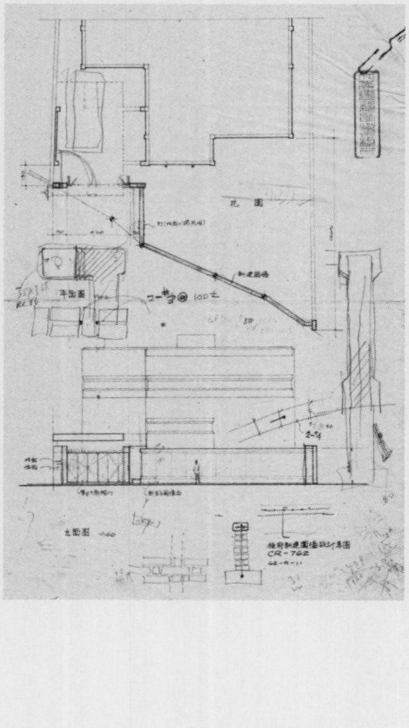

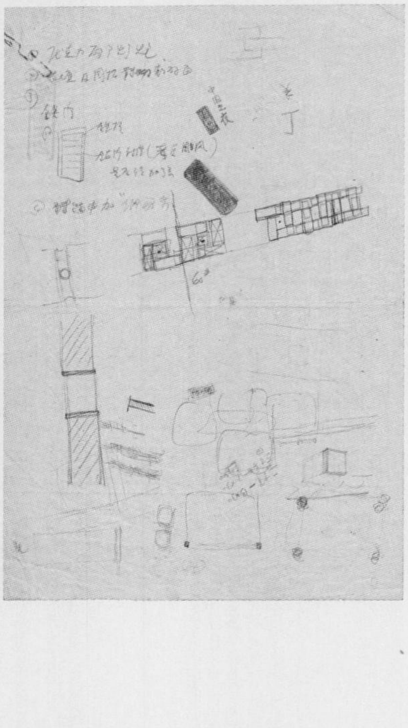

⊗35
上图：位置图，台湾博物馆数位典藏
下左：围墙设计草图1，台湾博物馆数位典藏
下中：围墙设计草图2，台湾博物馆数位典藏
下右：围墙设计草图3，台湾博物馆数位典藏

1970

良士大厦 ⊗36

■保存状况不佳，建筑多处遭修改
■施工图：蓝晒与数位典藏 2 张，倪利扫描，台湾文化主管部门文化资产局收藏
■旧照片：数位典藏 4 张，倪利扫描，台湾文化主管部门文化资产局收藏，吴增荣建筑师提供

基本资料
业主：梁定齐
基地位置：台北市敦化北路 149-155 号
建筑师：王大闳
（详见专论文本）

1970

天母林为白宅

■资料不详

1970

阳明山许柄棠宅 ⊗37

■保存状况不佳，部分已改建
■施工图：描图纸与数位典藏 33 张，收藏于台湾博物馆

基本资料
业主：许柄棠
基地位置：台北市仰德大道二段 2 巷 28、61、63、65 与 67 号，其中 63 号遭修改
建筑面积：709.66 ㎡
建筑师：王大闳
助理设计：邱启涛、陈明雄
设计时间：1967 年 9 月 20 日

房子原为国华广告董事长许柄棠所有，共五栋。

1970

台南区基督教大专服务中心 ⊗38

■保存状况不佳，最近已有多处遭修改

基本资料
业主：台南区长老教会、卫理公会、圣公会与台南神学院
基地位置：台北市长荣路三段 133 号
建筑师：王大闳
（详见专论文本）

⊗36
正面外观全貌，吴增荣建筑师提供

⊗37—1
左图：外观全貌，詹勋次建筑师提供
右图：室内，詹勋次建筑师提供

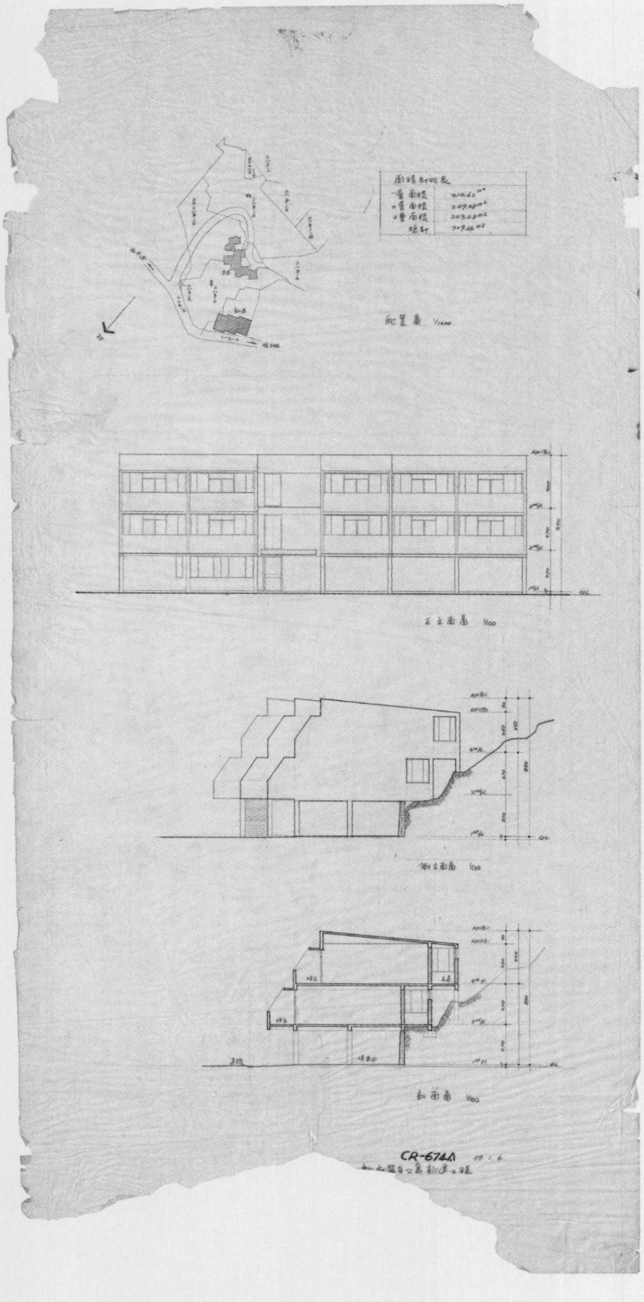

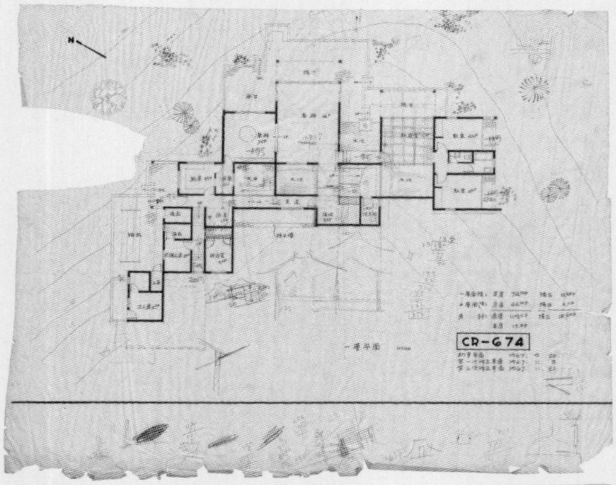

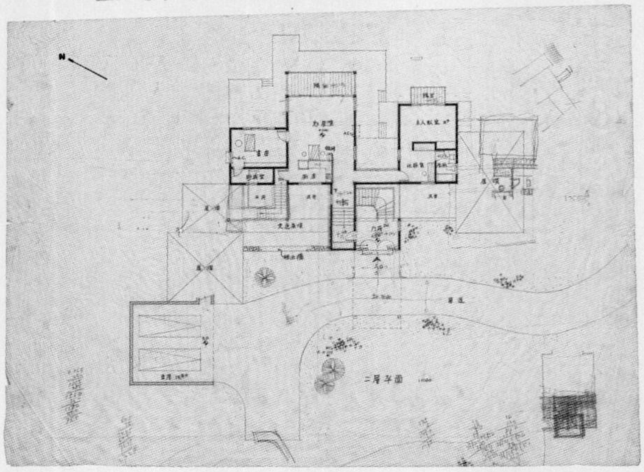

⊗37—2
左图：配置、立面与剖面，草图阶段，台湾博物馆数位典藏
右上：一层平面，草图阶段，台湾博物馆数位典藏
右下：二层平面，草图阶段，台湾博物馆数位典藏

⊗38
正面外观全貌，徐明松摄

1970

台湾大学农艺系考种馆 ⊗ 39

■保存状况良好

■施工图：蓝晒 / 工程合约，与数位典藏各项工程共 88 张，收藏于台湾博物馆

基本资料

业主：台湾大学

基地位置：台北市罗斯福路四段 1 号（近基隆路），校总区内

基地面积：540 ㎡

建筑面积：471.6 ㎡

建筑师：王大闳

承建：丰益营造厂

施工日期：1969 年 8 月 30 日

造价：新台币 691 000 元

1971

台湾教育主管部门办公大楼 ⊗ 40

■保存状况良好

■施工图：蓝晒与数位典藏各项工程 168 张，收藏于台湾博物馆

基本资料

业主：台湾大学

基地位置：台北市中山南路 6 号

建筑师：王大闳

助理设计：黄有良

承建：荣工处

设计日期：1968 年 5 月 14 日

施工日期：1970 年 12 月 12 日

造价：新台币 2 200 000 元

原台湾大学药学大楼（或药品化验大楼），之后借给台湾教育主管部门使用。

（详见专论文本）

⊗ 39—1

上图：外观全貌，邹昌铭摄

下左：室内主楼梯，邹昌铭摄

下右：雨遮与开窗，邹昌铭摄

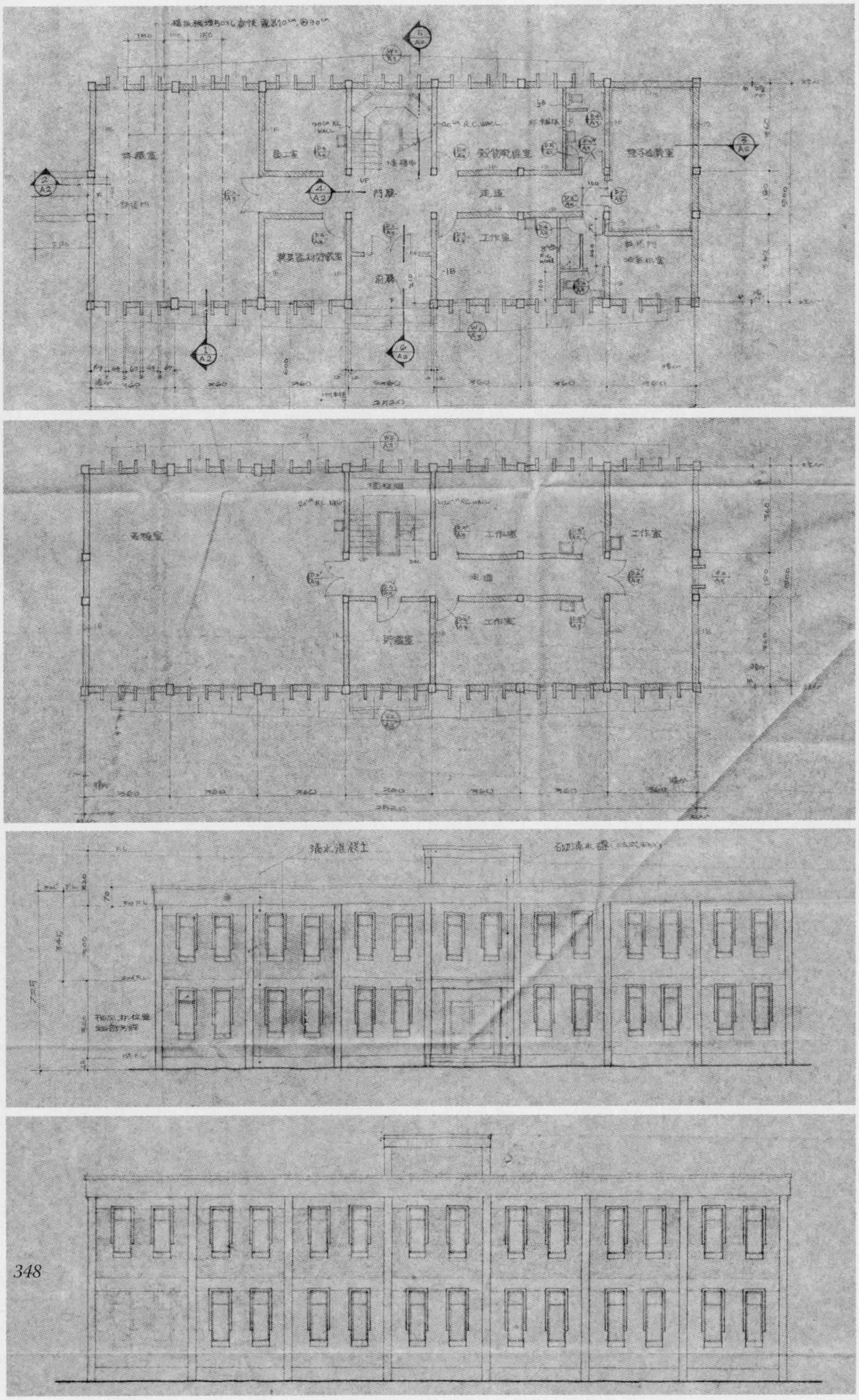

⊗39—2

从上至下：
地面层平面，台湾博物馆数位典藏；
二楼平面，台湾博物馆数位典藏；
正立面，台湾博物馆数位典藏；
背立面，台湾博物馆数位典藏

1971

台湾外事主管部门办公大楼

■保存状况良好
■施工图：描图纸与数位典藏 97 张，收藏于台湾博物馆

基本资料
业主：台湾外事主管部门
基地位置：台北市凯达格兰大道 2 号
基地面积：9 290 ㎡（骑楼地面积 900.90 ㎡，非骑楼地面积 8 389.10 ㎡）
建筑师：王大闳
助理设计：黄政雄、黄有良
水电顾问：张德霖建筑师事务所
承建：竞潮营造厂
设计日期：1969 年底
施工日期：1970 年 10 月
完工日期：1971 年 10 月
造价：新台币 38 400 000 元
（详见专论文本）

1971

台北八德路唐化千宅

■已拆，资料不详

1971

台北松山机场扩建 ⊗41

■保存状况良好，已被指定为历史建筑

基本资料
业主：台湾交通部民用航空局
基地位置：台北市敦化北路 340 之 9 号
建筑师：王大闳、沈祖海、陈其宽

1971

台湾大学园艺系实验室

■保存状况不明
■施工图：蓝晒与数位典藏各项工程共 116 张，收藏于台湾博物馆

基本资料
业主：台湾大学（农业中心与农复会）
基地位置：台北市罗斯福路四段 1 号，校总区内（六号馆旁）
建筑师：王大闳
助理设计：赖昌寿
承建：协成工程股份有限公司营造厂
施工日期：1970 年 11 月 19 日
造价：新台币 118 000 元

⊗40 全貌侧景，邹昌铭摄

⊗41
上图：侧面，王镇华先生提供
中图：正面外观全貌，邹昌铭摄
下图：吊亭，邹昌铭摄

1971

台湾大学电话总机室 ⊗42

■保存状况不明
■施工图：蓝晒/工程合约，与数位典藏各项工程共 47 张，收藏于台湾博物馆

基本资料
业主：台湾大学
建筑师：王大闳
承建：福清营造厂
施工日期：1970 年 11 月 30 日
造价：新台币 153 200 元

1971

台北新生南路蔡先生宅

■资料不详

1972

中钢公司高雄办公大楼与宿舍 ⊗43

■保存状况良好

基本资料
业主：中钢公司
基地位置：高雄市小港区中钢路 1 号
建筑师：王大闳

1972

台湾大学大教室 ⊗44

■保存状况尚可
■施工图：蓝晒/工程合约，与数位典藏各项工程共 251 张，收藏于台湾博物馆

基本资料
业主：台湾大学
基地位置：台北市罗斯福路四段 1 号（椰林大道上），校总区内
基地面积：1 270.97 m²
建筑面积：1 629.37 m²
建筑师：王大闳
承建：达因工程股份有限公司
设计日期：1971 年 4 月 29 日
施工日期：1971 年 6 月 26 日
造价：新台币 5 428 000 元

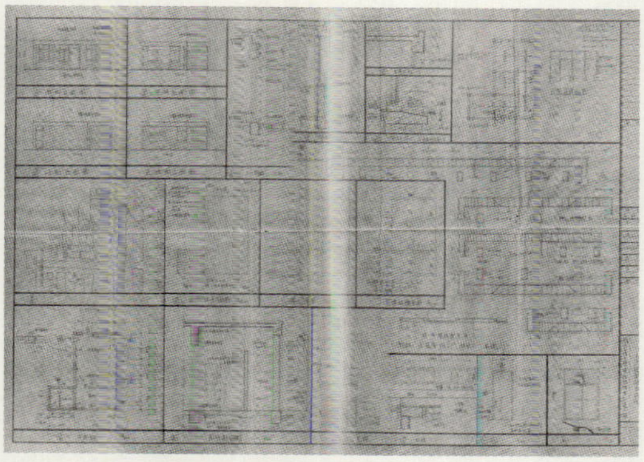

⊗42 各式立面，台湾博物馆数位典藏

⊗43 宿舍外观，徐明松摄

⊗44
上图：正面全貌，徐明松摄
下图：背面全貌，徐明松摄

1972

台湾大学新生南路宿舍 ⊗45

■保存状况不明

■施工图：蓝晒与数位典藏各项工程共 118 张，收藏于台湾博物馆

基本资料

业主：台湾大学

基地位置：台北市新生南路一段 103 巷 19 号

基地面积：357.25 ㎡

建筑面积：723.43 ㎡

建筑师：王大闳

助理设计：谢英武、赖昌寿

承建：元顺营造厂

设计日期：1970 年 10 月 7 日

施工日期：1971 年 5 月 6 日

造价：新台币 1 183 000 元

1972

鸿霖大厦

■保存状况尚可

基本资料

业主：王大闳

基地位置：台北市仁爱路四段 25 号

建筑师：王大闳

（详见专论文本）

1972

台湾大学归台学人宿舍 ⊗46

■保存状况尚可

■施工图：蓝晒 / 工程合约，与数位典藏各项工程共 140 张，收藏于台湾博物馆

基本资料

业主：台湾大学

基地位置：台北市长兴街 22 号，两栋

建筑师：王大闳

（详见专论文本）

⊗45—1

上图：外观正面全貌，徐明松摄

中图：外观背面全貌，徐明松摄

下左：侧面墙身仰望，徐明松摄

下右：正面墙身仰望，徐明松摄

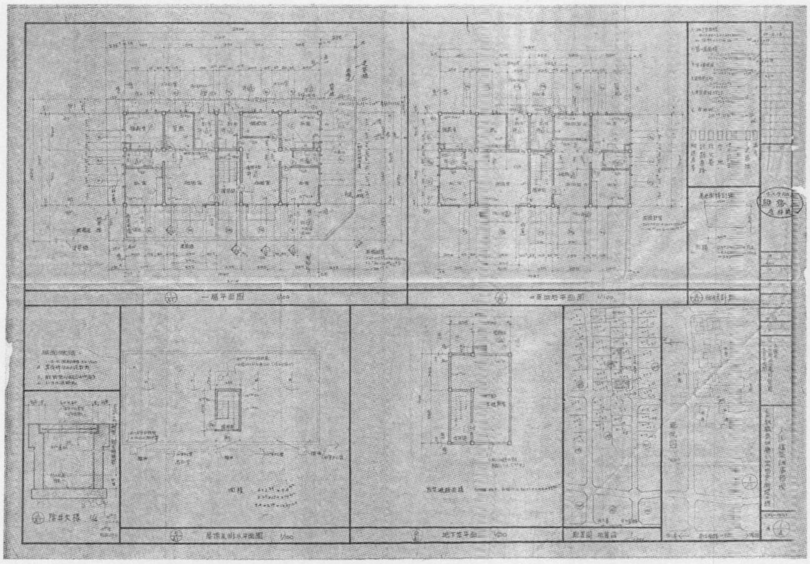

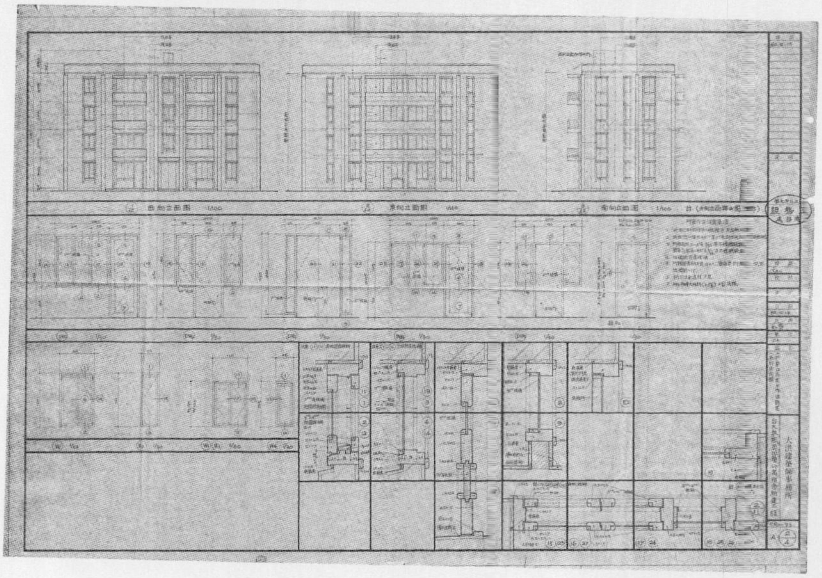

⊗45—2
上图：施工图，各层平面，台湾博物馆数位典藏
下图：施工图，各向立面，台湾博物馆数位典藏

⊗46 中庭入口立面，邹昌铭摄

1973

中坜大江纺织厂 ⊗ 47

■部分厂房遭拆除

基本资料

业主：大江纺织股份有限公司

基地位置：桃园县中坜市中园路二段543号之二

建筑师：王大闳

1973年大江纺织厂董事长江石头请王大闳设计了与道路平行、较外侧的第一批厂房(见室内照片)，80年代初又兴建了第二批同样与道路平行、较内侧的厂房(见外观照片)。目前部分厂房已遭拆除，改建为购物商场。第一批厂房在90年代室内曾改建为保龄球馆，照片中天花就是当时所做，另两张无天花板的室内影像较接近原貌。

1973

淡水假日自宅计划案

■计划案，未实现

基本资料

业主：王大闳

基地位置：淡水镇

建筑师：王大闳

助理设计：詹勋次

(详见专论文本)

1973

陈其志先生墓园 ⊗ 48

■保存状况良好

基本资料

业主：陈飞龙、陈飞鹏

基地位置：台北县金山乡

建筑师：王大闳

除凉亭内增设中国式石桌椅外，其余皆保存原貌。

⊗ 47

从上至下：

第二批厂房，屋顶，徐明松摄；

第二批厂房，侧墙，徐明松摄；

第一批厂房，室内，徐明松摄；

第一批厂房，室内，改建成保龄球馆后所残存之天花板，徐明松摄

1974

阳明山吴火狮宅 ⊗ [49]

■保存状况不明

■施工图：描图纸与数位典藏 101 张，收藏于台湾博物馆

基本资料

业主：吴火狮

基地位置：台北市仰德大道三段 5 巷 31 号

基地面积：5 724 ㎡

建筑面积：1 360.08 ㎡

建筑师：王大闳

助理设计：詹勋次、谢国、黄有良

设计日期：1972 年 5 月

1974

台湾“中央研究院”生物化学研究所

■保存状况良好

■施工图：蓝晒 / 工程合约与数位典藏各项工程共 101 张，另 3 张为描图纸，收藏于台湾博物馆

基本资料

业主：台湾“中央研究院”

基地位置：台北市罗斯福路四段台大校总区（小椰林道上）

基地面积：2 795 ㎡

建筑师：黄政雄、詹勋次

基地顾问：谢英武

水电顾问：王舞波

承建：永固营造所

空调设备：中兴电工机械股份有限公司

给水卫生：台华工程有限公司

设计日期：1971 年 12 月

施工日期：1973 年 3 月

完工日期：1974 年

造价：新台币 14 110 000 元

（详见专论文本）

1975

台湾“中央研究院”植物研究所

■保存状况良好

基本资料

业主：台湾“中央研究院”

基地位置：台北市研究院路二段 128 号

建筑师：王大闳

（详见专论文本）

⊗ 48

上图：凉亭

下图：全貌现况

⊗ 49—1

上图：远景鸟瞰，詹勋次建筑师提供

中图：外观全貌，詹勋次建筑师提供

下图：侧景，詹勋次建筑师提供

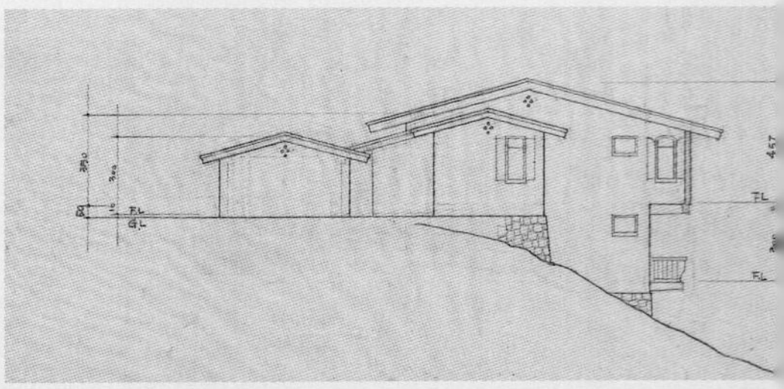

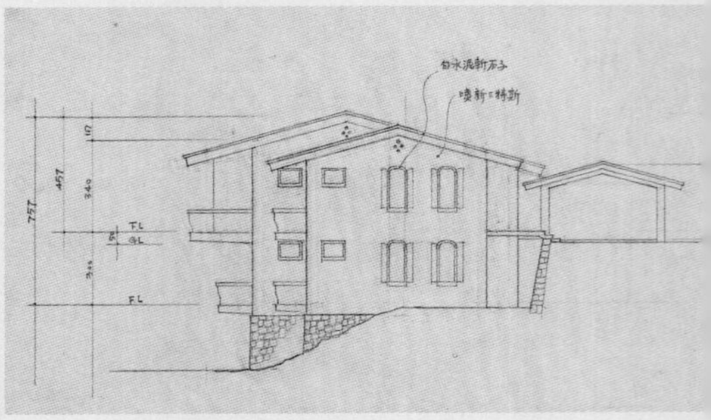

⊗ 49—3

上图：施工图，北向侧立面，台湾博物馆数位典藏

下图：施工图，南向侧立面，台湾博物馆数位典藏

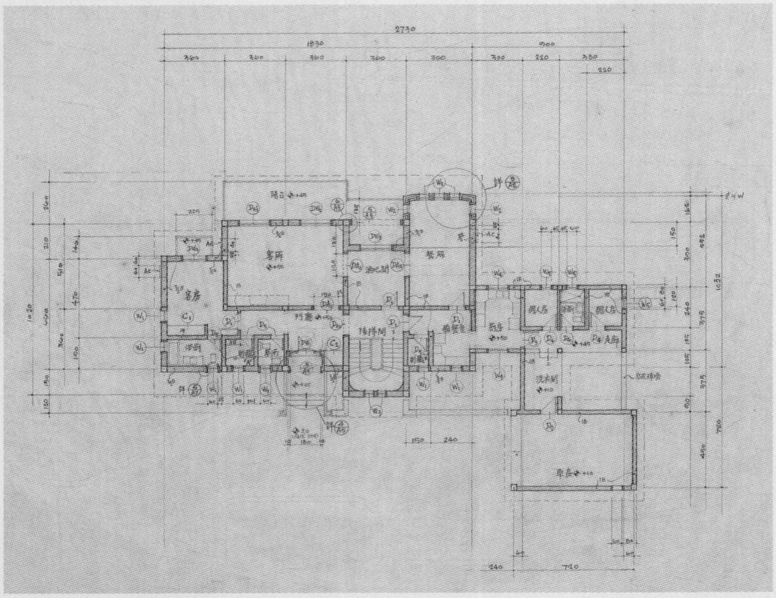

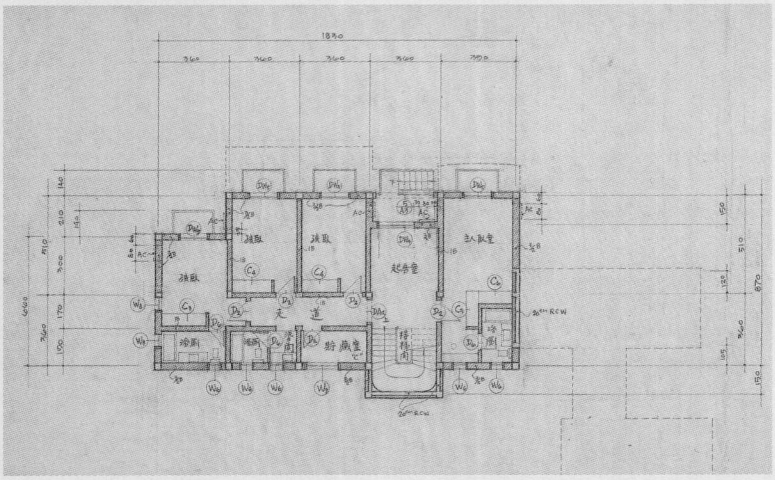

⊗ 49—2

上图：施工图，上层平面，台湾博物馆数位典藏

下图：施工图，底层平面，台湾博物馆数位典藏

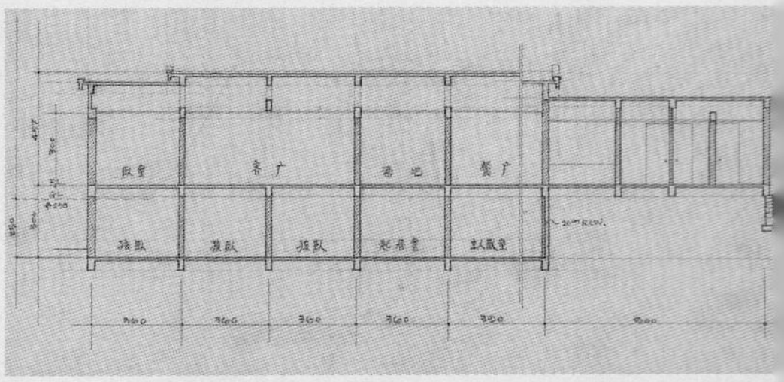

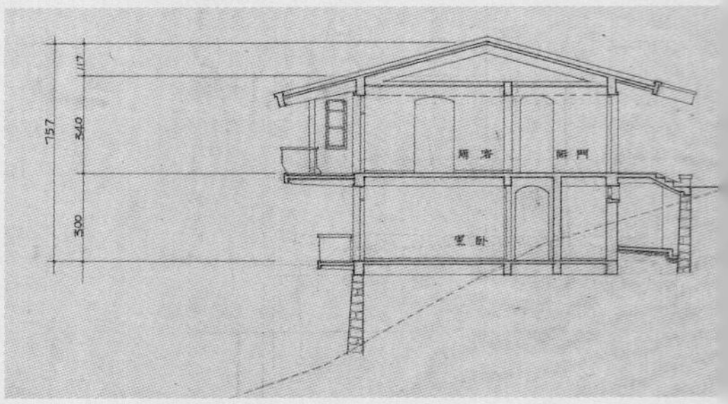

⊗ 49—4

上图：施工图，横剖，台湾博物馆数位典藏

下图：施工图，纵剖，台湾博物馆数位典藏

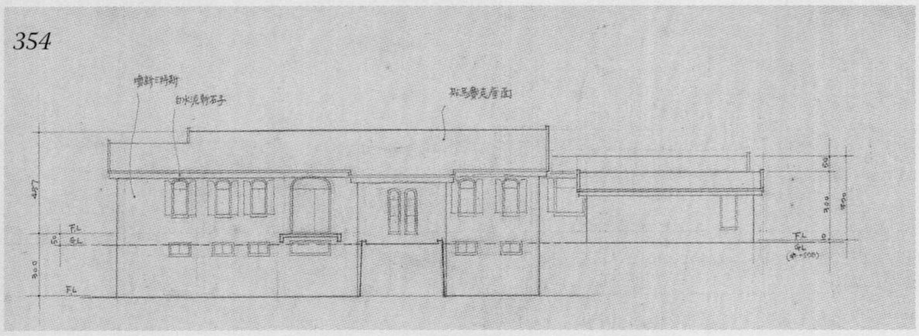

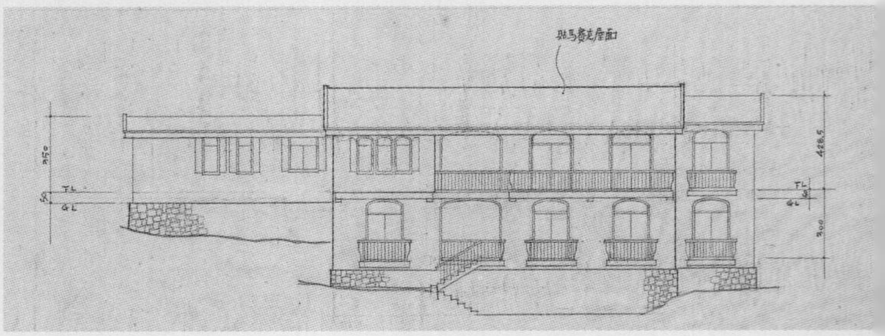

⊗ 49—5

左图：施工图，正立面，台湾博物馆数位典藏

右图：施工图，背立面，台湾博物馆数位典藏

1975

台湾大学大气科学系馆增建 ⊗ 50

■保存状况尚可

■施工图：蓝晒 / 工程合约与数位典藏各项工程共 267 张，收藏于台湾博物馆

基本资料

业主：台湾大学

基地位置：台北市罗斯福路四段 1 号，校总区内（近基隆路，庆龄工业研究中心后面）

基地面积：2 849 ㎡

建筑面积：1 407.39 ㎡

建筑师：王大闳

助理设计：C.T.

承建：义信营造厂

设计日期：1974 年 11 月 7 日

施工日期：1975 年 1 月 14 日

造价：新台币 2 150 000 元

⊗ 50 左图：外观局部，徐明松摄 右图：外观全貌，徐明松摄

1976

台湾"中央研究院"三民主义研究所 ⊗ 51

■保存状况良好

■施工图：蓝晒与数位典藏20张，收藏于台湾博物馆

基本资料

业主：台湾"中央研究院"

基地位置：台北市研究院路二段 128 号

建筑师：王大闳

承建：光辉工程有限公司（林铭辉）

设计时间：1975 年 2 月

施工时间：1975 年 6 月 29 日

造价：新台币 5 400 000 元

现为人文社会科学研究中心。

⊗ 51 左图：外观全貌，徐明松摄 右图：正面局部，徐明松摄

1976

台湾大学农艺馆 ⊗ 52

■保存状况良好

■施工图：蓝晒 / 工程合约与数位典藏各项工程共 237 张，收藏于台湾博物馆

基本资料

业主：台湾大学

基地位置：台北市罗斯福路四段 1 号（蒲葵道上，活动中心旁），校总区内

基地面积：2 190 ㎡

建筑面积：3 960.09 ㎡

建筑师：王大闳

设计助理：黄政雄、陈明雄

承建：中行营造厂

设计日期：1973 年 4 月 17 日

施工日期：1975 年 1 月

旧名为"台大农学院综合研究馆"。

⊗ 52—1 外观全貌，徐明松摄

⊗52—2

左图：侧面全貌，徐明松摄

右图：入口雨庇，徐明松摄

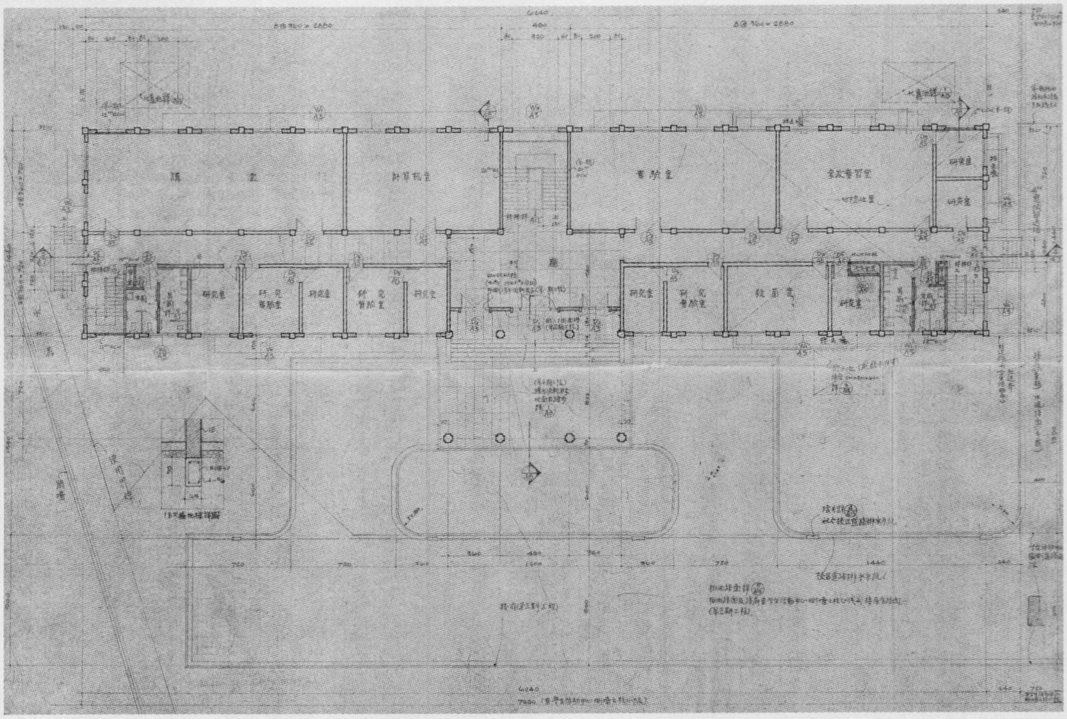

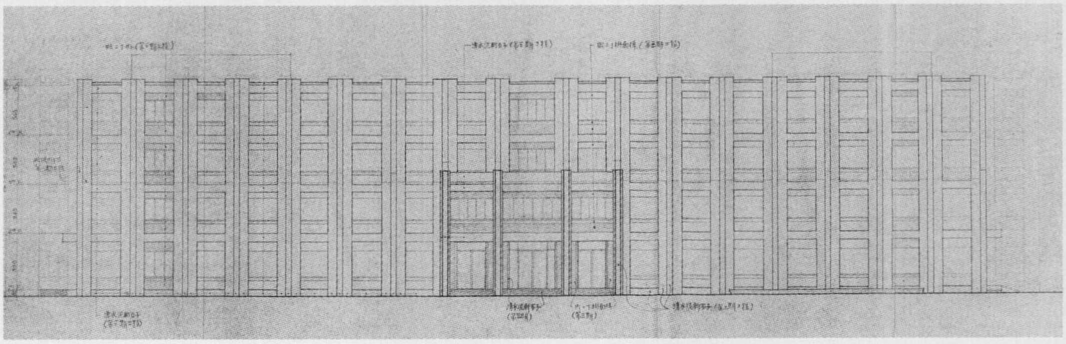

⊗52—3

上图：施工图，地面层平面，台湾博物馆数位典藏

下图：施工图，正立面，台湾博物馆数位典藏

1977

《杜连魁》

■初版于 1977 年，言心出版社，现为九歌出版社拥有版权

（详见专论文本）

1977

天母邱如雪宅 ⊗53

■已拆

■旧照片：数位典藏 1 张，倪利扫描，台湾文化主管部门文化资产局收藏，王镇华先生提供

基本资料

业主：邱如雪（蒋纬国遗孀）

基地位置：台北市中山北路七段（过圆环不久右手边，早期诚品书局中山店）

建筑师：王大闳

1977

张群宅

■新近整修完工，但状况不佳

基本资料

业主：张群

基地位置：台北市中山北路五段 378 巷巷底（士林官邸内）

建筑师：王大闳

（详见专论文本）

1977

庆龄工业研究中心

■保存状况尚可，唯外观水平遮阳转角 45° 被改

■施工图：描图纸与数位典藏 132 张，收藏于台湾博物馆

基本资料

业主：庆龄工业发展基金

基地位置：台北市基隆路三段 130 号

基地面积：24 080.48 ㎡

建筑师：王大闳

助理设计：潘坤成

架构顾问：谢英武

水电顾问：雷锦成

承建：谦信营造厂

设计日期：1975 年 9 月

施工日期：1976 年 1 月

完工日期：1977 年 1 月

造价：新台币 30 000 000 元

（详见专论文本）

1978

阳明山 BIGONY 宅

■资料不详

1978

阳明山 MCROY 宅

■资料不详

1978

台北敦化北路 RAY CLINE 官邸

■资料不详

1978

天母何怀祖宅

■资料不详

1978

台湾“中央研究院”公教住宅 ⊗54

■保存状况尚可

■施工图：描图纸与数位典藏 4 张，收藏于台湾博物馆

基本资料

业主：台湾“中央研究院”

基地位置：台北市研究院路二段 61 巷 1 弄 22-24 号、2 弄 21-39 号、3 弄 21-24 号、4 弄 21-24 号

建筑师：王大闳

助理设计：潘坤成、何尚道

设计日期：1977 年 5 月

完工日期：1978 年

1978

阳明山陈其明宅

■资料不详

⊗53 外观全貌，王镇华先生提供

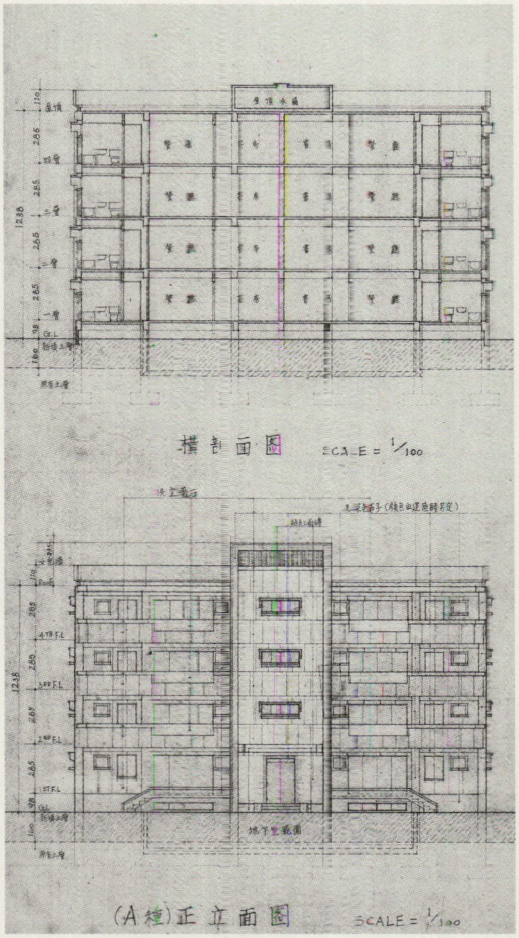

⊗54—1 施工图，各向立面与剖面（A 种），台湾博物馆数位典藏

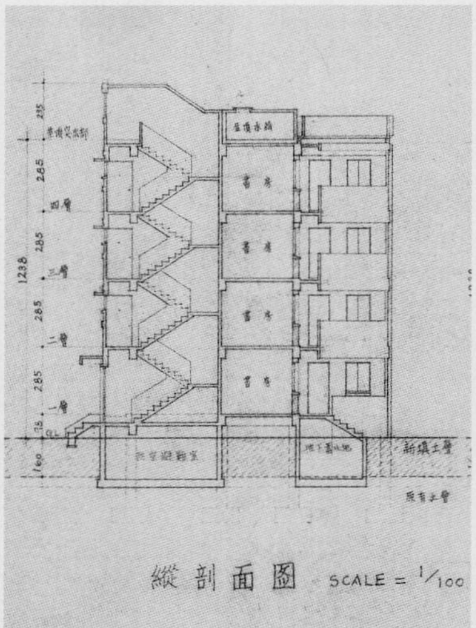

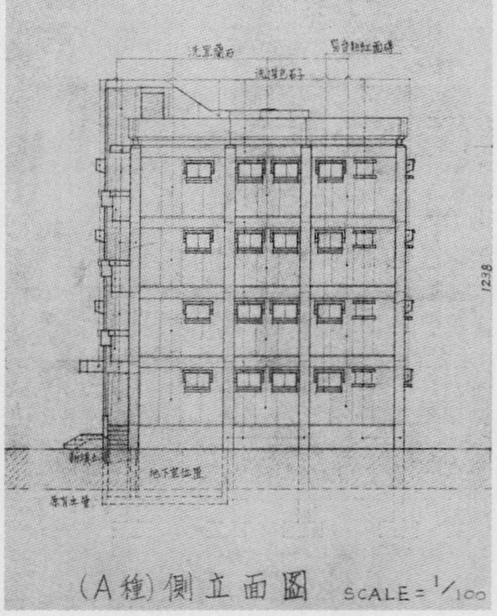

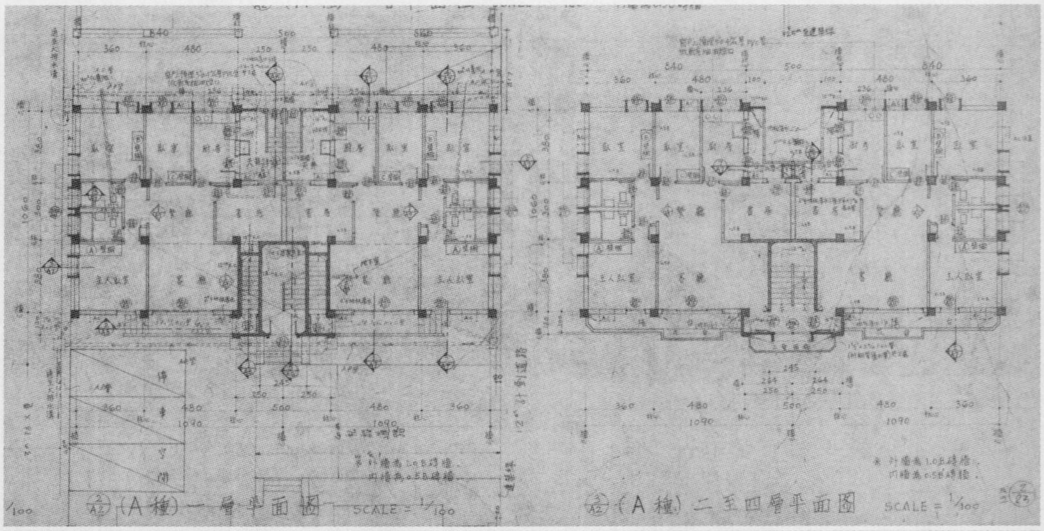

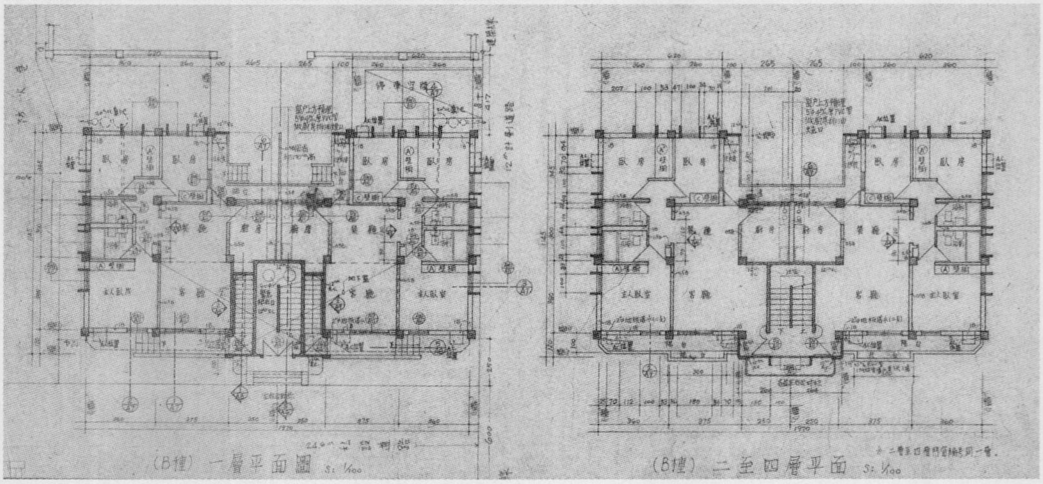

⊗54—2

上图：施工图，各层平面（A 种），台湾博物馆数位典藏

下图：施工图，各层平面（B 种），台湾博物馆数位典藏

对页上：施工图，正立面与侧立面（B 种），台湾博物馆数位典藏

对页下：施工图，背立面与纵剖（B 种），台湾博物馆数位典藏

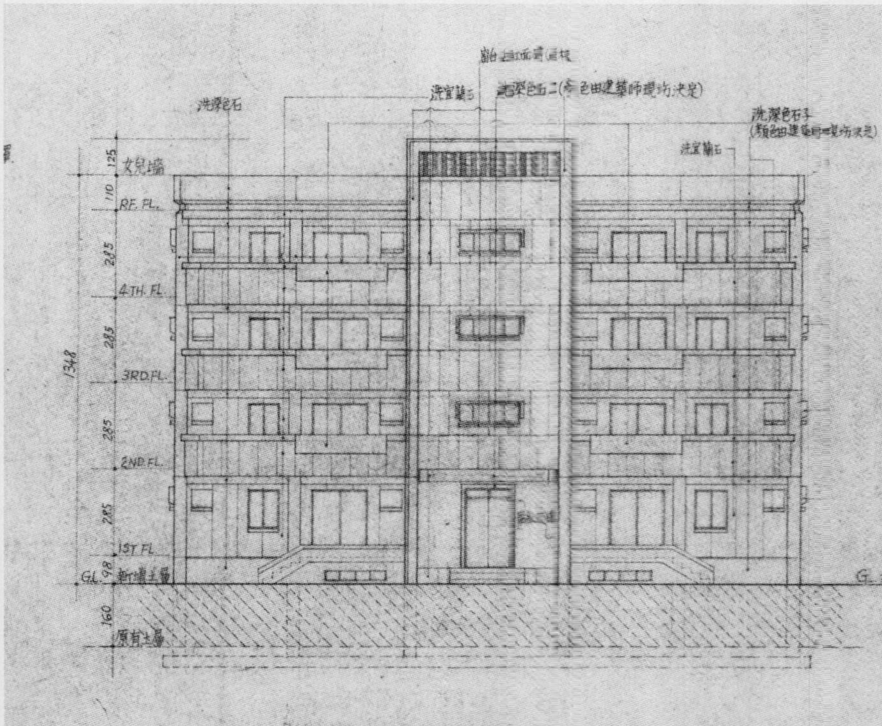

(B種) 正立面圖 S=1/100

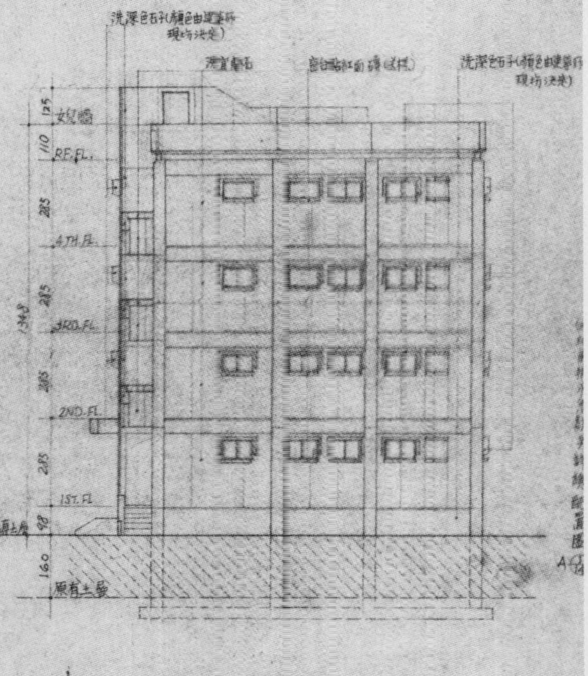

(B種) 側立面圖 S=1/100

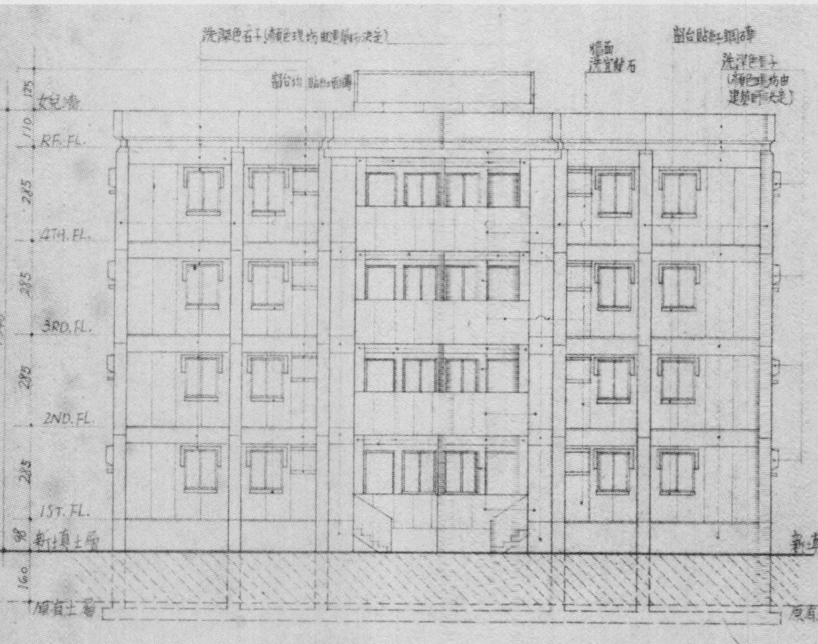

(B種) 背立面圖 S=1/100

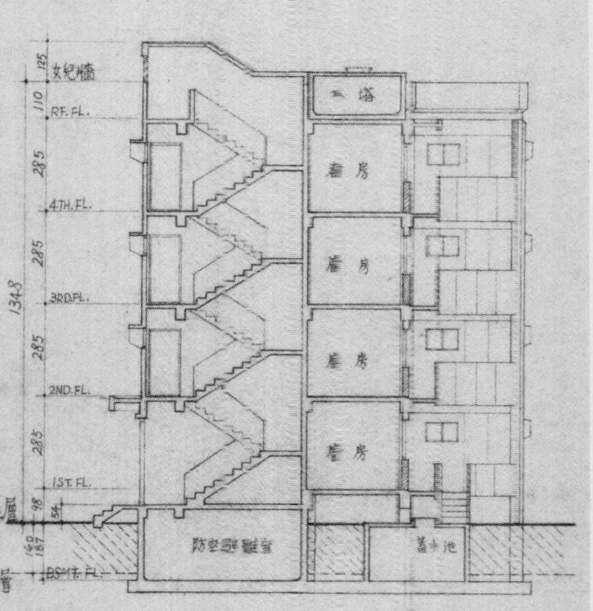

(B種) 縱剖面圖 S=1/100

1979

弘英别墅

■建筑外观保存良好，内部公共空间则多处变更，王大闳一楼自宅内外皆遭修改。发表于《建筑师》杂志第 76 期，1981/4

■施工图：描图纸与数位典藏 32 张，收藏于台湾博物馆

基本资料

业主：王大闳

基地位置：台北市天母西路 117 巷 42-46 号

建筑面积：148.95 ㎡

主要建材

地板：1 尺见方水泥砖

隔间：清水砖、清水砖粉白、桧木隔间板、金色斑纹壁纸

门窗：桧木、铜纱网纱窗

厨房厨具：美耐板

建筑师：王大闳

助理设计：潘坤成

完工日期：1979 年 4 月

（详见专论文本）

1979

天母陈重义宅 ⊗ 55

■保存状况不明

■施工图：描图纸与数位典藏共 31 张，收藏于台湾博物馆

基本资料

业主：陈重义（前德隆纤维公司董事长）

基地位置：台北市中山北路七段 225 号（原为天母一路）

建筑面积：554.4 ㎡

设计日期（主体建筑）：1978 年 11 月 20 日（初次）至 1979 年 5 月 10 日（第四次修正）

建筑师：王大闳

助理设计：何尚道、张（？）

随后几年陆续改建：1984 年 3 月开始的大门、庭园、凉亭，设计时间持续至 1986 年 2 月。

⊗ 55—1

上图：庭园走道一，董敏先生摄，萧梅教授提供

中图：庭园走道二，董敏先生摄，萧梅教授提供

下图：葫芦洞围墙，徐明松摄

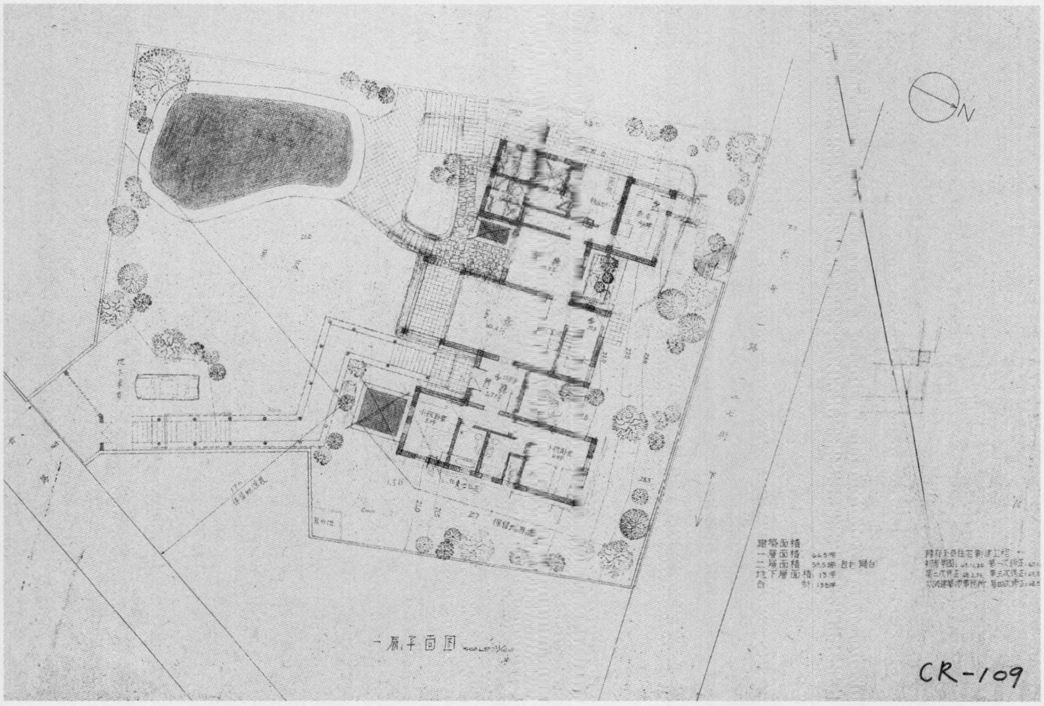

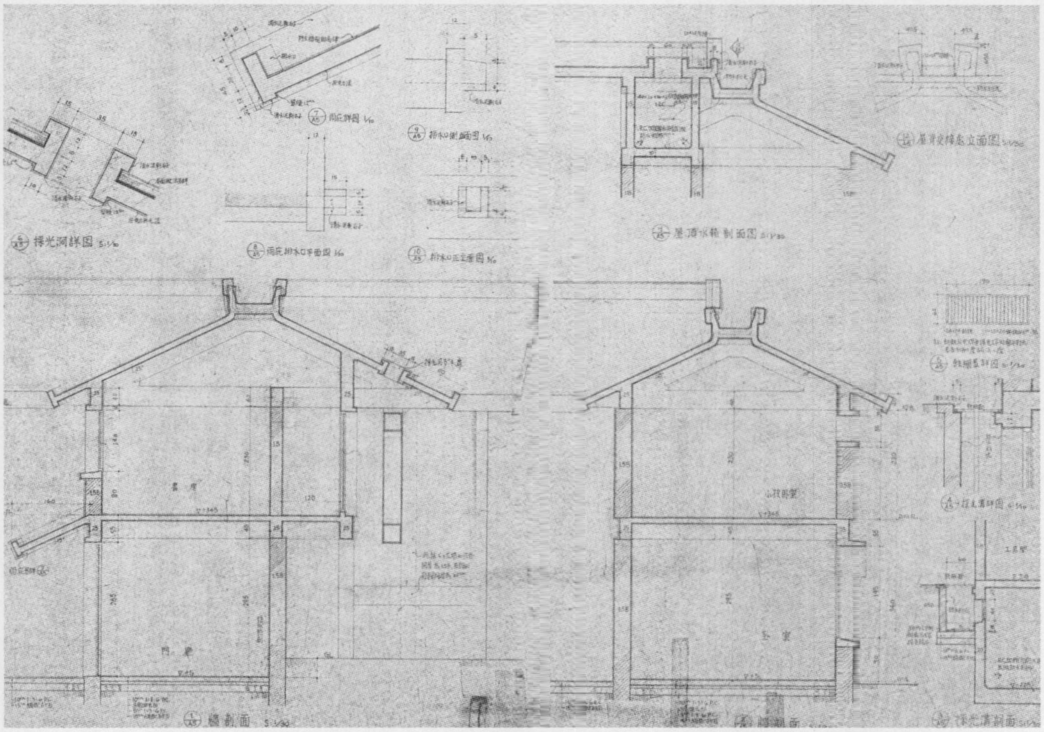

⊗55—2

左上：施工图，地面层平面，台湾博物馆数位典藏

左下：施工图 各式剖面，台湾博物馆数位典藏

右上：大门里望，庄灵先生摄，萧梅教授提供

右下：大门门关，徐明松摄

1980
台湾“中央研究院”信息科学研究所
⊗ 56

■保存状况良好

基本资料
业主：台湾“中央研究院”
基地位置：台北市研究院路二段 128 号
建筑师：王大闳

1980
东门基督长老教会

■保存状况良好，发表于《建筑师》杂志第 125 期，1985/5

基本资料
业主：东门基督长老教会
基地位置：台北市仁爱路二段 76 号
基地面积：392.01 ㎡
建筑面积：227.26 ㎡
楼板面积：729.58 ㎡
建筑师：王大闳
助理设计：何尚道、吴惠智
结构：谢英武建筑师事务所
承建：国雍营造工程股份有限公司
设计时间：1976 年 6 月至 1977 年 3 月
施工时间：1978 年 6 月至 1979 年 12 月
造价：新台币 1 823 950 元
（详见专论文本）

1981
东吴大学城区部行政资料处理中心 ⊗ 57

■保存状况良好
■施工图：描图纸与数位典藏共 79 张，收藏于台湾博物馆

基本资料
业主：私立东吴大学
基地位置：台北市贵阳街一段 56 号
建筑师：王大闳
助理设计：潘坤成

⊗ 56
上图：外观全貌，徐明松摄
中左：演讲厅，徐明松摄
中右：外墙与雨遮，徐明松摄
下图：外墙仰视，徐明松摄

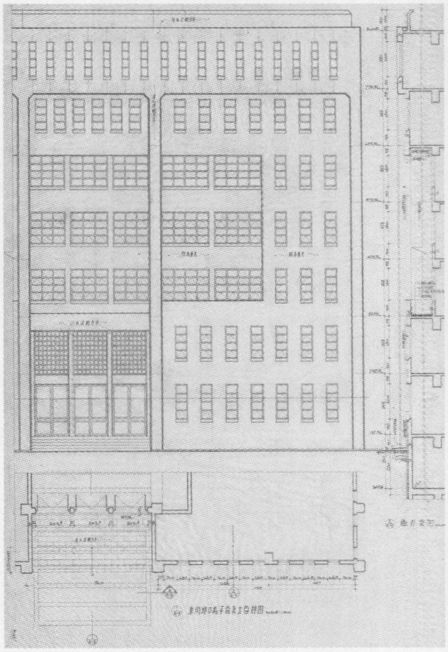

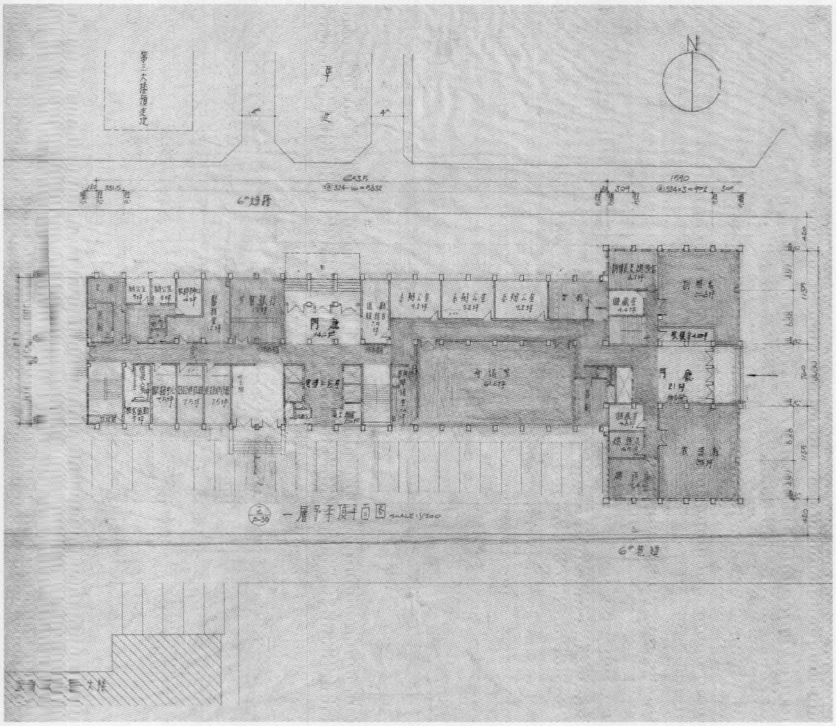

3-[illegible]

上左：外观全貌，徐明松摄

上中：外墙顶部，徐明松摄

上右：外墙局部，徐明松摄

下左：施工图，立面与局部剖面，台湾博物馆数位典藏

下右：施工图，地面层平面，台湾博物馆数位典藏

⊗58
上图：外观全貌，旧照片，王大闳先生提供
中图：室内，董敏先生摄，萧梅教授提供
下图：外墙转角，徐明松摄

1981

板桥徐氏纪念图书馆 ⊗58

■保存状况良好

基本资料
业主：远东集团
基地位置：台北县板桥市南雅南路二段 118 号
建筑师：王大闳

1981

板桥远东纺织招待所 ⊗59

■保存状况不明

基本资料
业主：远东集团
基地位置：台北县板桥市南雅南路二段 330 号
建筑师：王大闳

1981

南侨化学公司中坜食品厂 ⊗60

■保存状况良好

基本资料
业主：南侨化工股份有限公司
基地位置：桃园县中坜工业区吉林路 16 号
建筑师：王大闳
承建：华中营造厂（余幸枝）
施工时间：1980 年
造价：新台币 24 508 000 元

旧名“中坜南新饼干厂”，基地位于中坜工业区内。

1981

台湾银行中兴新村分行

■资料不详

基本资料
业主：台湾银行
基地位置：南投县南投市中兴新村光华路 11 号

1981

台湾银行高雄宿舍

■资料不详

1982

中正大楼

■资料不详

⊗59 **外观全貌，徐明松摄**

⊗60
上图：外观全貌现况，徐明松摄
下图：一楼室内楼梯，徐明松摄

1982

珠海中学大成馆 ⊗ 61

■保存状况尚佳

■旧照片：数位典藏 5 张（其中 3 张为萧梅教授提供，2 张为詹勋次建筑师提供），倪利扫描，台湾文化主管部门文化资产局收藏

基本资料

业主：私立珠海高级商业职业学校

基地位置：台北市北投区珠海路 50 号

建筑师：王大闳

原为私立珠海高级商业职业学校，1993 年 11 月 11 日更名为薇阁高级中学（含附设国中部）。王大闳 1982 年除了为学校设计礼堂，还设计了一批校舍。

1983

台湾电力公司高雄发电厂计划案 ⊗ 62

■计划案，未实现

■旧照片：配置图 1 张

基本资料

业主：台湾电力公司

基地位置：高雄县永安乡盐田村兴达路 6 号

建筑师：王大闳

基地位置不确定，推断可能是高雄县永安乡盐田村兴达路 6 号，因为台湾电力公司高雄兴达发电厂兴建时间较为接近 1983 年。

1984

Ralph Redford 美国华盛顿住宅平房计划

■资料不详

1984

成功大学文学院 ⊗ 63

■保存状况良好，发表于《建筑师》杂志第 115 期，1984/07

■施工图：蓝晒与数位典藏门窗大样 3 张，收藏于台湾博物馆

基本资料

业主：成功大学

基地位置：台南市成功大学光复校区成功湖畔

建 筑 师：王大闳

助理设计：封明志

设计日期：1983 年

（详见专论文本）

⊗61—1

从上至下：

外观鸟瞰，现况，徐明松摄；

外观全貌，完工旧照片，詹勋次建筑师提供；

折板屋顶一，徐明松摄；

折板屋顶二，徐明松摄

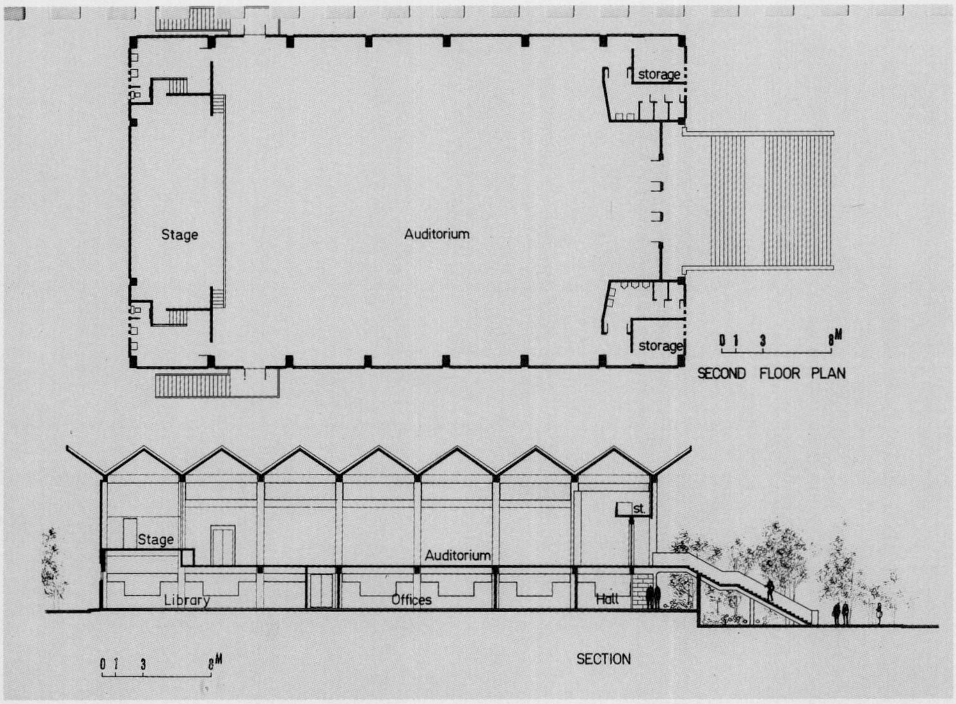

⊗61—2 平面与剖面，詹勋次建筑师提供

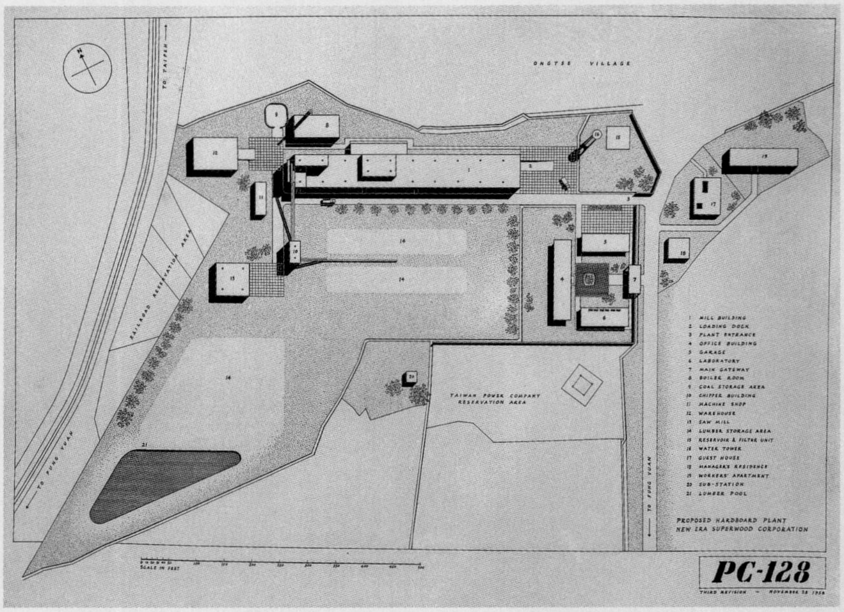

⊗62 配置图，王大闳先生提供

⊗63 外观全貌，徐明松摄

1984

台湾“中央研究院”历史文物陈列馆

⊗ 64

■保存状况良好

1985

台湾“中央研究院”分子生物研究所

⊗ 65

■保存状况良好

■施工图：蓝晒与数位典藏 43 张，收藏于台湾博物馆

基本资料

业主：台湾“中央研究院”

基地位置：台北市研究院路二段 128 号

建筑师：王大闳

助理设计：王守正、于德财

设计日期：1984 年 10 月

施工日期：1984 年 12 月

承建：永伟营造工程有限公司（吴振台）

造价：新台币 3 230 000 元

（详见专论文本）

1985

阳明山徐有庠宅增建 ⊗ 66

■保存状况不明

■施工图：C 栋，描图纸与数位典藏 30 张，收藏于台湾博物馆

业主：徐有庠

基地位置：台北市菁山路 101 巷 7 号

建筑师：王大闳

助理设计：黄宝健

1985

德隆纤维公司泰山厂大门 ⊗ 67

■保存状况不明

■施工图：描图纸与数位典藏 8 张，收藏于台湾博物馆

基本资料

业主：德隆纤维工业股份有限公司

基地位置：台北县泰山乡明志路三段 548 号

建筑师：王大闳

设计时间：1985 年 5 月 3 日

1987

理隆厂房大门 ⊗ 68

■保存状况不明

■施工图：描图纸与数位典藏 2 张，收藏于台湾博物馆

⊗ 64

左图：外观全貌，徐明松摄

右上：外墙仰视，徐明松摄

右下：入口雨庇，徐明松摄

⊗ 65

正面外观全貌，远眺，徐明松摄

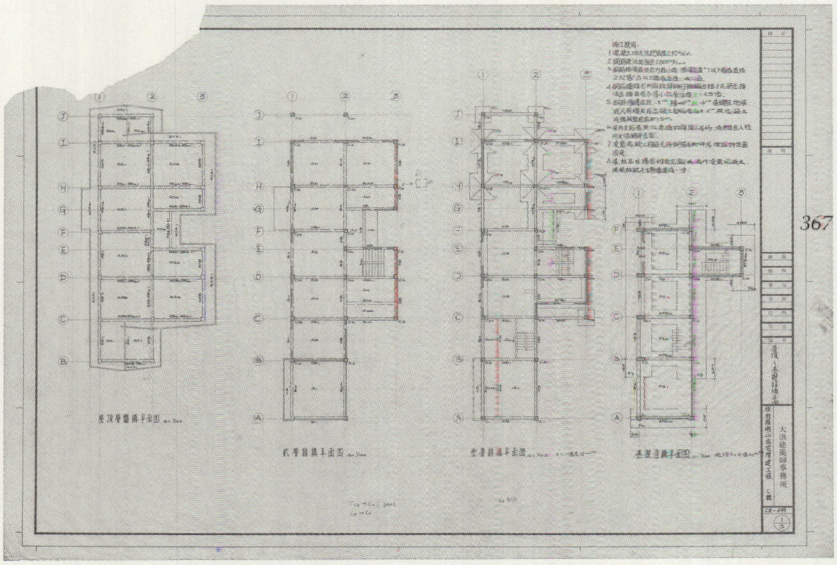

⊗ 66

施工图，屋顶与基础结构平面，台湾博物馆数位典藏

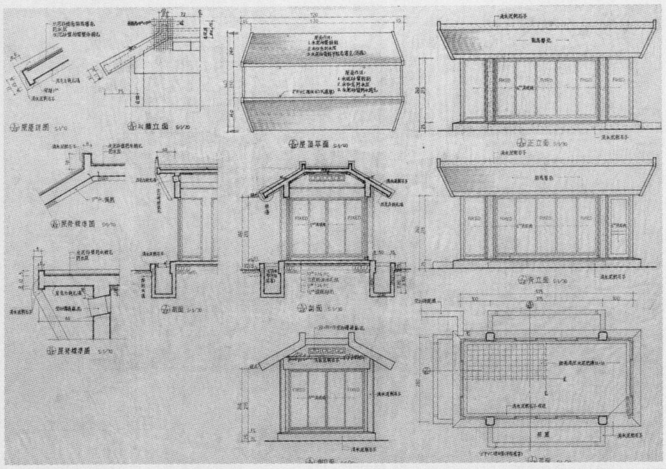

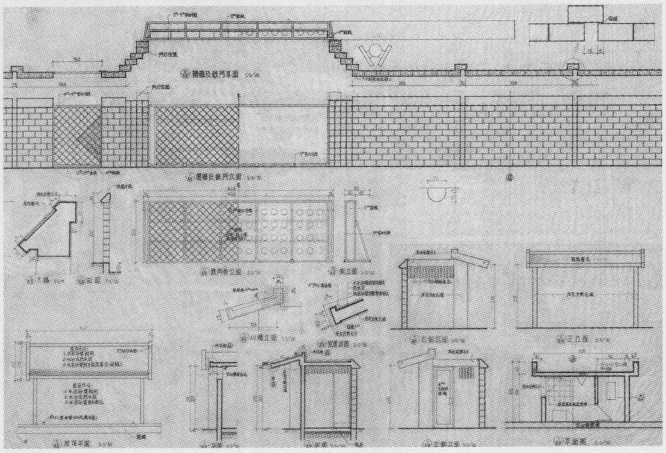

⊗67

上图：施工图，平面，各向立面与剖面，台湾博物馆数位典藏

下图：施工图，各式大样，台湾博物馆数位典藏

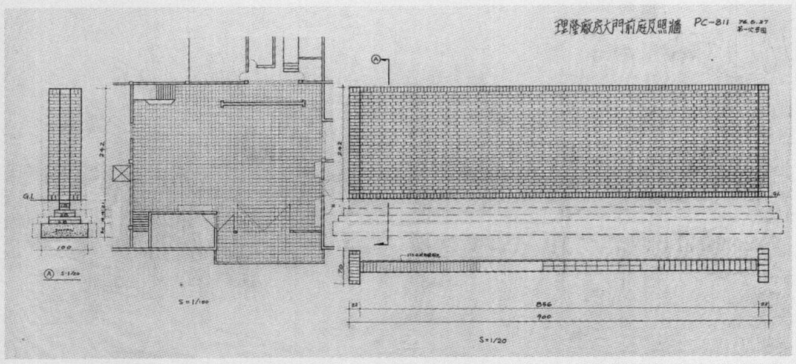

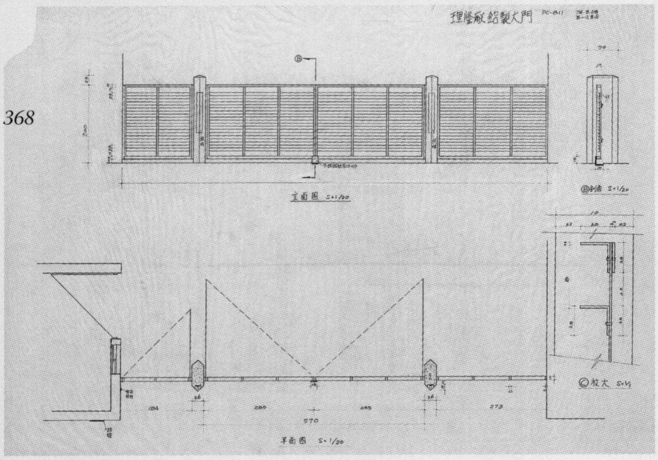

⊗68

上图：施工图，大门前庭与照壁，台湾博物馆数位典藏

下图：施工图，大门平面与立面，台湾博物馆数位典藏

1988

台湾“中央研究院”学人宿舍 ⊗69

■保存状况良好

■施工图：描图纸与数位典藏 1 张，编号 CWDH12253005，收藏于台湾博物馆

基本资料

业主：台湾“中央研究院”

基地位置：台北市研究院路 61 巷 14-17 与 18、20 号

建筑师：王大闳

助理设计：李武林

校核：江政达

设计日期：1987 年 5 月

1990

陈老先生墓园 ⊗70

■保存状况良好

1990

神学院综合办公室等建筑计划案 ⊗71

■计划案，未实现

■施工图：描图纸与数位典藏 19 张，收藏于台湾博物馆

基本资料

业主：台湾神学院

基地位置：台北市仰德大道二段二巷 20 号

建筑师：王大闳

助理设计：陈意东

设计日期：1990 年 1 月 22 日

1991

阳明山吴清友宅 ⊗72

■计划案，未实现

■施工图：描图纸与数位典藏 5 张，收藏于台湾博物馆

业主：吴清友

基地位置：台北市阳明山

建筑师：王大闳

助理设计：陈意东

设计日期：1991 年 8 月 21 日

1991

板桥林府公寓 ⊗73

■保存状况尚可

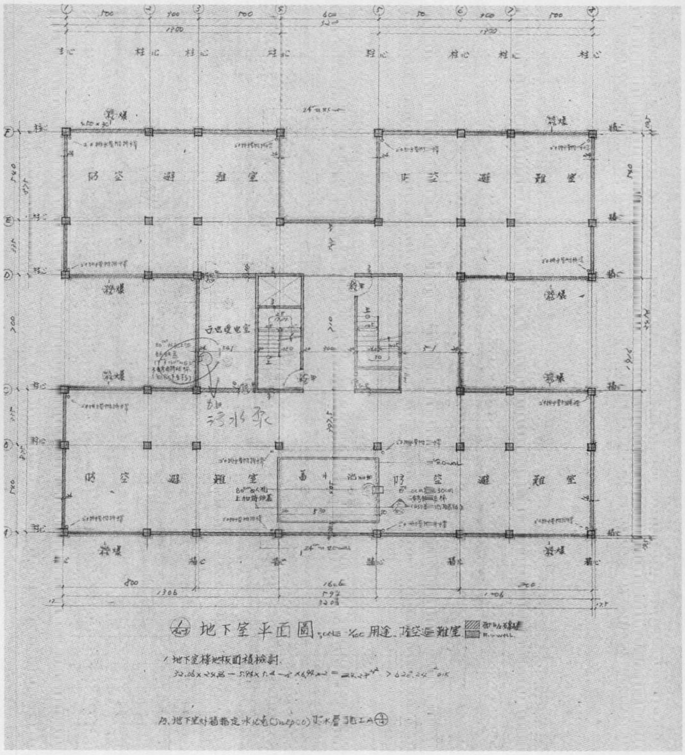

⊗ 69—2

左图：入口雨庇，徐明松摄
中图：外观全貌，徐明松摄
右图：施工图，地下室平面，台湾博物馆数位典藏

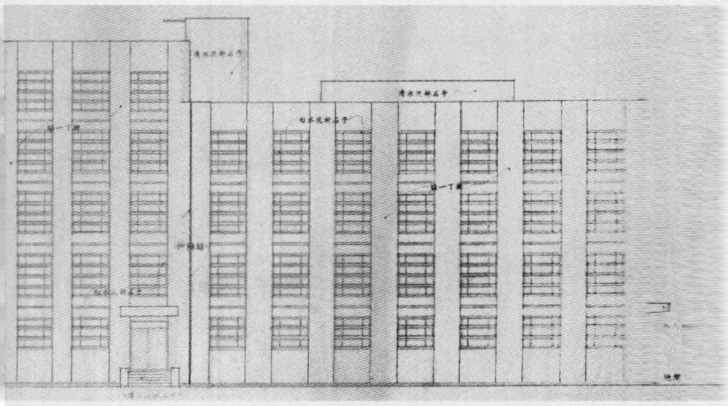

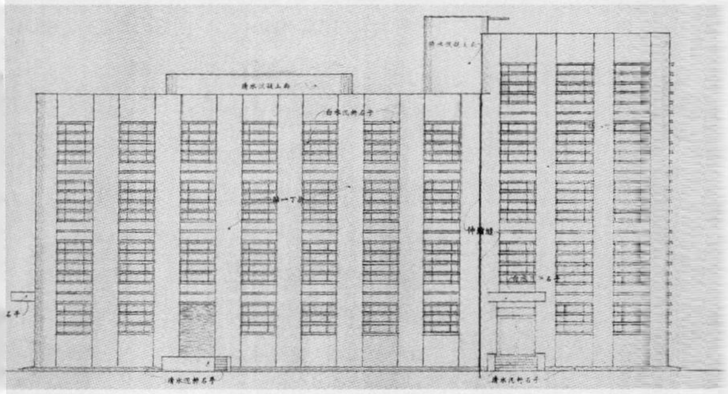

⊗ 69—1

上图：施工图，左侧立面，台湾博物馆数位典藏
下图：施工图，右侧立面，台湾博物馆数位典藏

⊗ 70

内部，董敏先生摄，黄梅教授提供

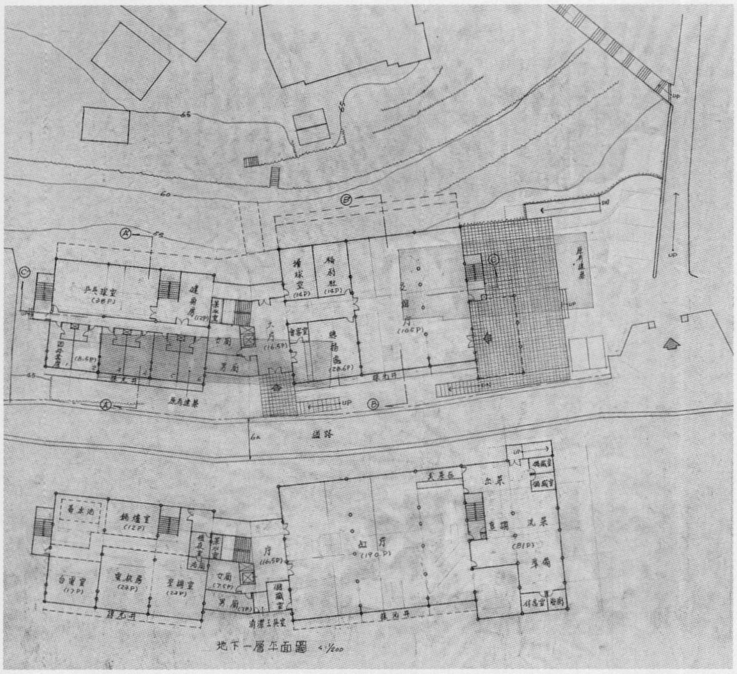

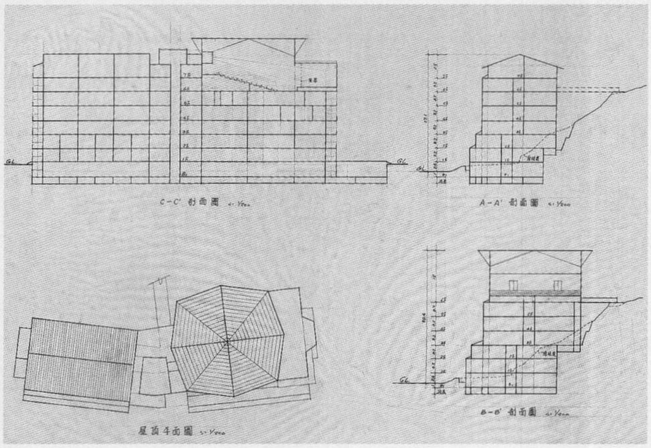

⊗71
上图：设计图，地面与地下层平面，台湾博物馆数位典藏
下图：设计图，各式剖面，台湾博物馆数位典藏

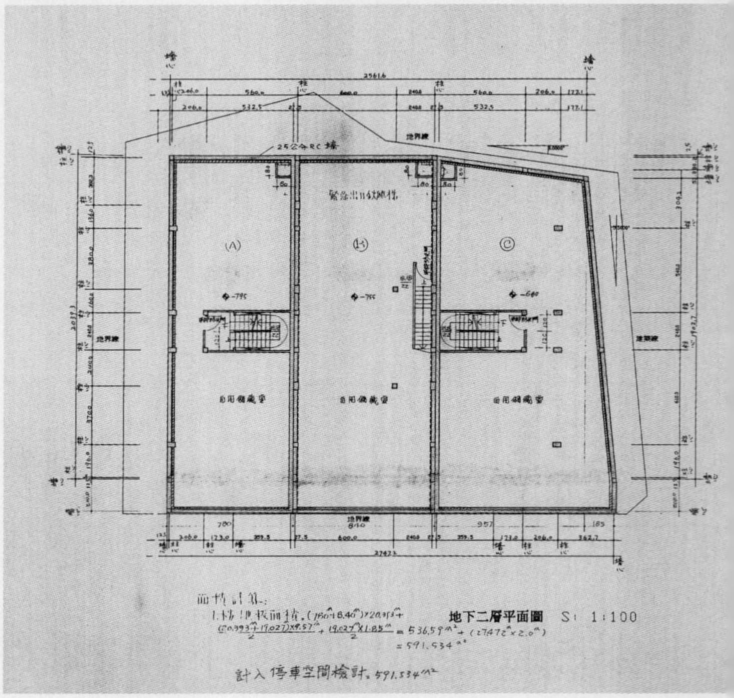

⊗72
上图：设计图，地下二层平面，台湾博物馆数位典藏
对页上图：设计图，各向立面与剖面，台湾博物馆数位典藏

⊗73
对页下左：斜侧面外观全貌，董敏先生摄，萧梅教授提供
对页下右：正面外观全貌，董敏先生摄，萧梅教授提供

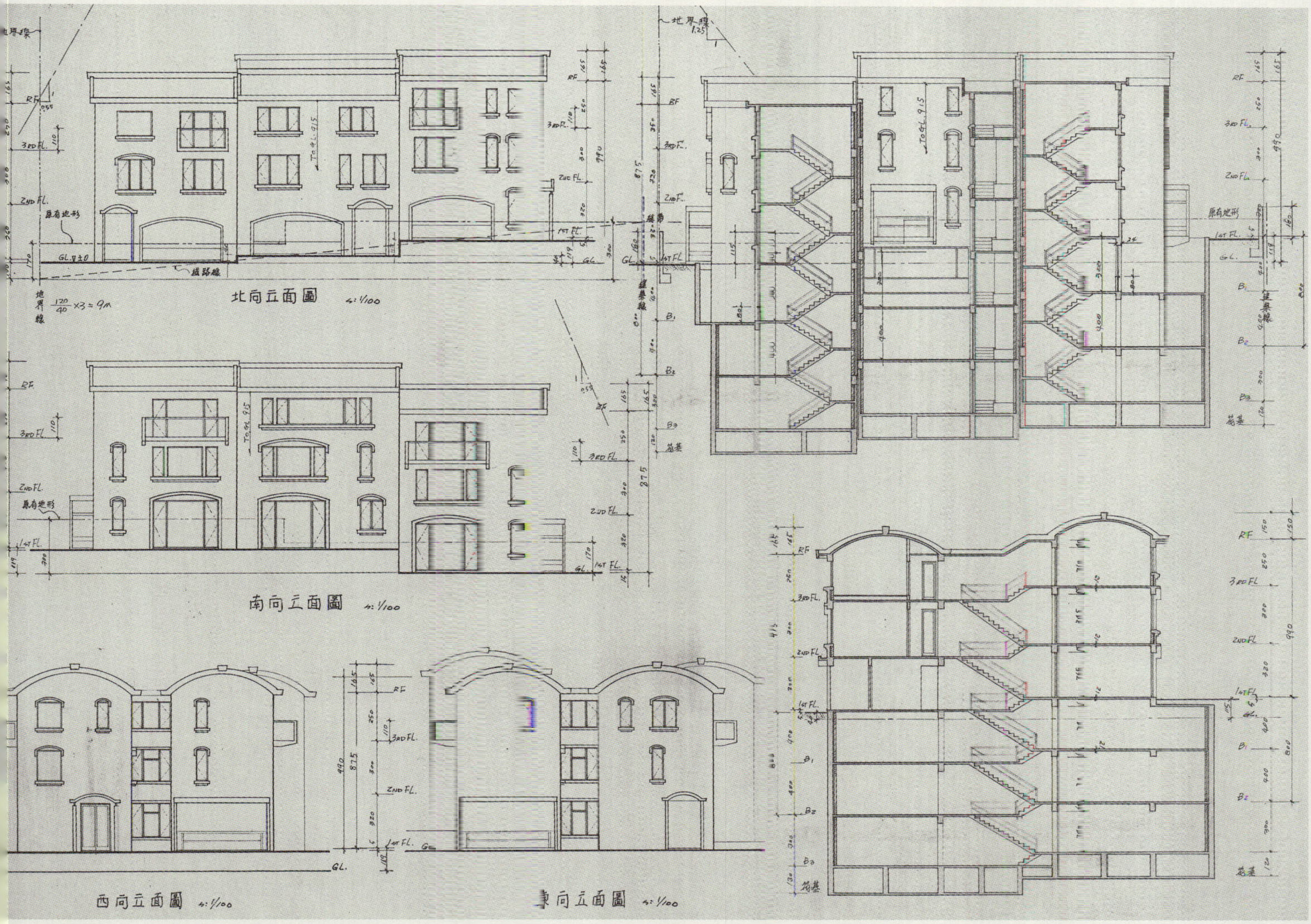
北向立面圖
南向立面圖
西向立面圖
東向立面圖

1992

九歌书店内部装潢

■资料不详

1992

私立小学附设幼儿园计划案 ⊗ 74

■计划案，未实现

■施工图：描图纸与数位典藏 13 张，收藏于台湾博物馆

基地位于阳明山台北市立湖山国小旁。

1993

台北吴云郎公寓

■资料不详

1993

板桥林森雄公寓

■保存状况尚可

1994

台中陈夏雨公寓住宅 ⊗ 75

■保存状况尚可

■施工图：描图纸与数位典藏 34 张，收藏于台湾博物馆

基本资料

业主：陈夏雨

基地位置：台中市台中师范学院附近

基地面积：132 ㎡

建筑面积：490.36 ㎡

建筑师：王大闳

助理设计：陈意东

1995

北投节能实验地下室地宅新建工程 ⊗ 76

■保存状况不明

■施工图：描图纸与数位典藏共 9 张，收藏于台湾博物馆

基本资料

业主：不详

基地位置：台北市北投区

基地面积：503 ㎡

建筑面积：306.6 ㎡

建筑师：王大闳

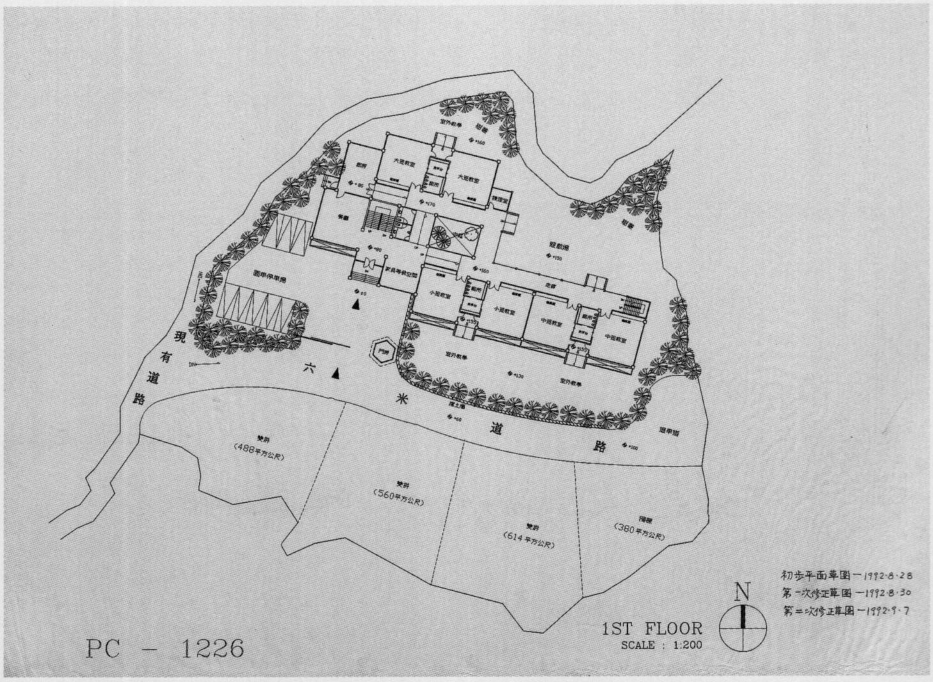

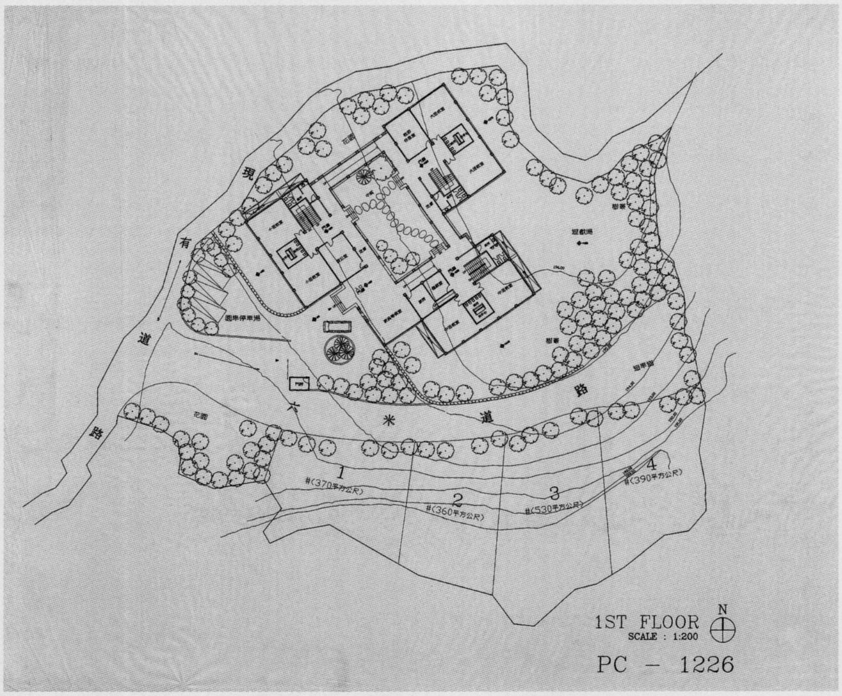

⊗ 74

上图：设计图，地面层平面，方案 A，台湾博物馆数位典藏

下图：设计图，地面层平面，方案 B，台湾博物馆数位典藏

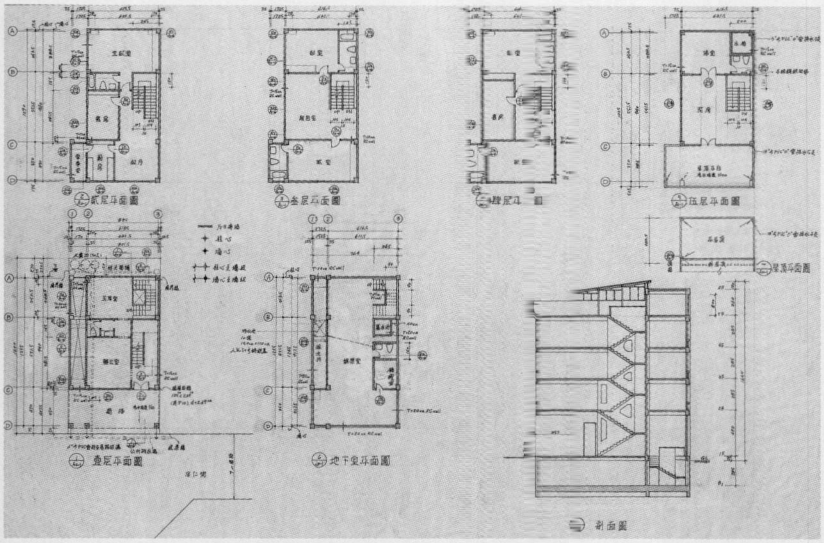

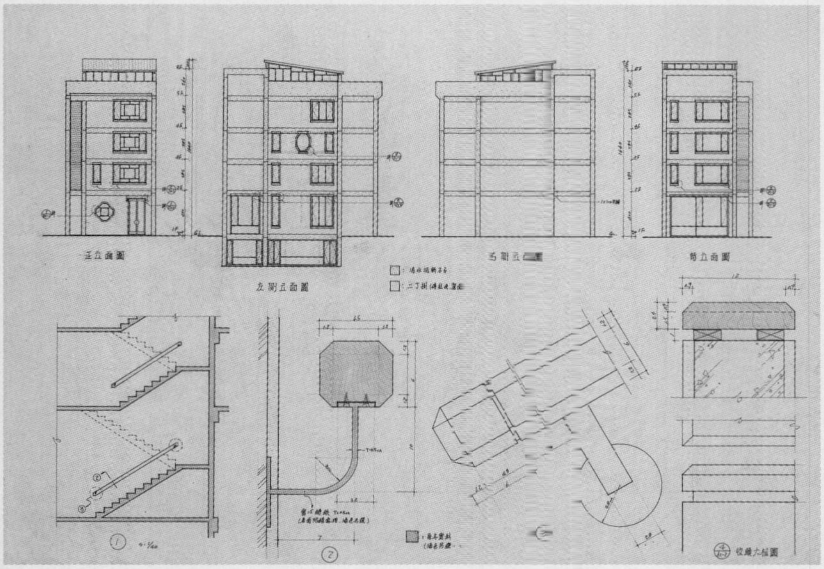

⊗75

上图：施工图，各层平面与剖面，台湾博物馆数位典藏

下图：施工图，各向立面与细部，台湾博物馆数位典藏

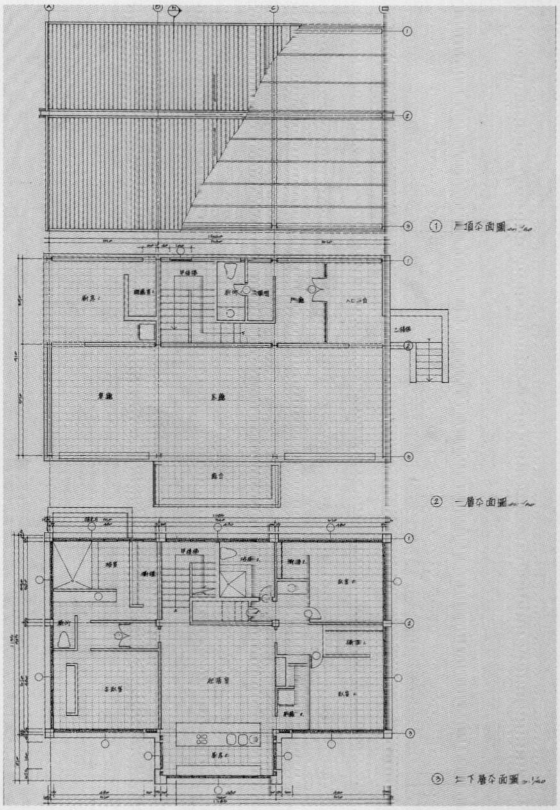

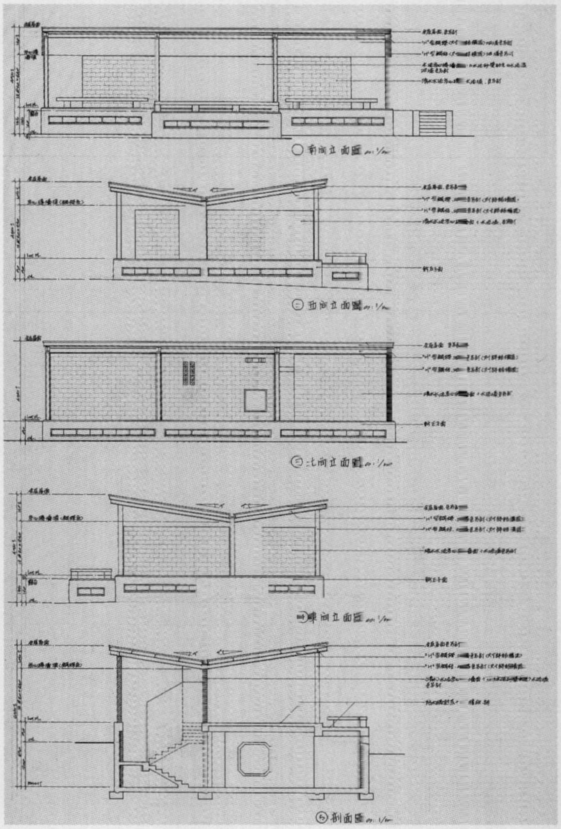

⊗76

上图：施工图，各层平面，台湾博物馆数位典藏

下图：施工图，各向立面与剖面，台湾博物馆数位典藏

?

淡水张宅 ⊗ 77

■时间不详，可能是1960年代末，保存状况良好

?

阳明山牛惠临宅 ⊗ 78

■时间不详，保存状况尚可，唯局部增建

基本资料
业主：牛惠临
基地位置：台北市仰德大道一段91巷34弄1号
建筑师：王大闳

?

台湾外事主管部门武官宿舍 ⊗ 79

■时间不详，可能是1970年代初，保存状况良好

?

私立东吴大学校标与大门 ⊗ 80

■时间不详，保存状况良好

基本资料
业主：私立东吴大学
基地位置：台北市士林区临溪路70号
建筑师：王大闳

?

台湾电力公司总部大楼计划案 ⊗ 81

■时间不详，计划案，未实现

基本资料
业主：台湾电力公司
基地位置：台北市和平东路一段39号
建筑师：王大闳

⊗ 77
左图：外观正面全貌，徐明松摄
右上：外观背面全貌，徐明松摄
右下：户外楼梯，徐明松摄

⊗ 78
左上：后花园回望建筑物，徐明松摄
左下：主入口，徐明松摄
右图：侧景，徐明松摄

⊗79 外观正面全貌，吴增荣建筑师提供

⊗80
上图：校标，徐明松摄
下图：大门全貌，徐明松摄

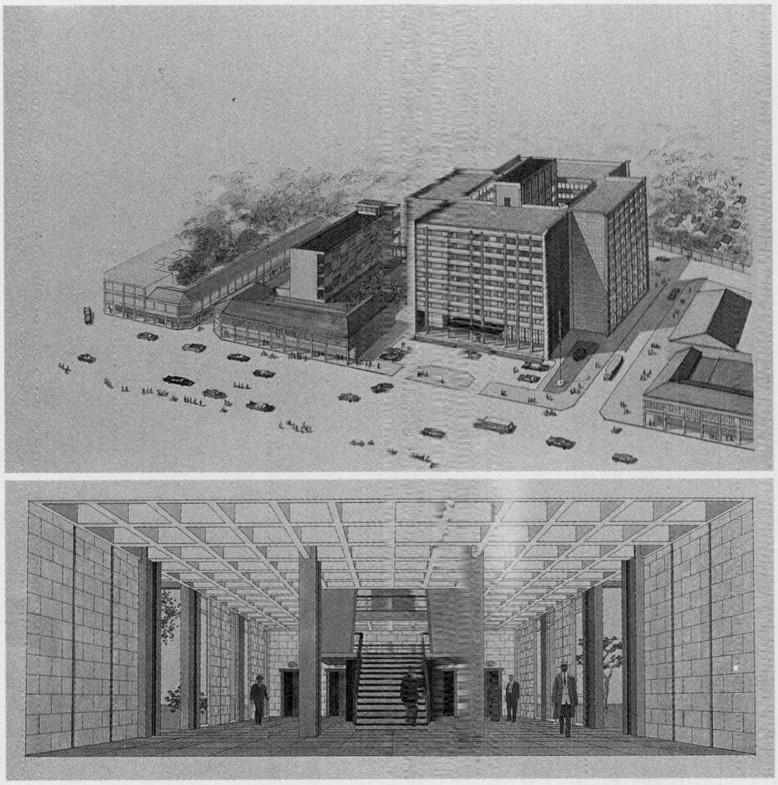

⊗81
上图：设计图，外观透视，王大闳先生提供
下图：设计图，室内大厅透视，王大闳先生提供

1963 ●《百叶窗》发表《中国建筑能存在吗？》，第四卷第一期，成功大学建筑学会

1964 ●《百叶窗》发表《建筑——政治的工具》(*Architecture as Political Tool*)，第四卷第二期，成功大学建筑学会

1970 ●《联合报》3 月 30 日，译雨果的《章鱼》

●《中国时报》5 月 30 日，发表《人上人》

●《背过耶稣的人》，选译自《圣徒传》(*La Légende Dorée*)，1970 年 6 月，上海印刷厂

●《综合月刊》6 月号，译柏拉图《飨宴》中的《性和爱的来源》

1971 ●《联合报》6 月 8 日，发表《我最痛恨的机器》

●《联合报》10 月 8 日，译《金色传奇》中的《贞女安妮施的事迹》

●《综合月刊》6 月号，发表《怎样利用休闲时间》

●《综合月刊》11 月号，译佩特洛尼乌斯(Petronius)的《豪宴》

1972 ●《综合月刊》3 月号，发表《男人怎样看女人？》

1974 ●《妇女杂志》2 月号，发表《真是一个好主意》

●《中国时报》12 月 26 日，发表《人上人》

1975 ●《中国时报》1 月 13 日，译克里斯蒂娜·罗塞蒂(Christina Rossetti)《歌》

●《中国时报周刊》，发表《在人间》

●《中国时报》8 月 1 日，译豪斯曼(A. E. Housman)《十七岁》

1976 ●《大华晚报》发表登月纪念碑文

1977 ●《中国时报》4 月 24 日，译王尔德《审判日》

1978 ●《中华日报》1 月 10 日，发表《我所知道的蒋夫人》

●《中国时报》3 月 21 日，发表《鸡头米》

●《中华日报》6 月 7 日，发表《吸收世界上奇妙色彩》

●《中华日报》6 月 28 日，发表《战士诗人——阿波里内》

●《中华日报》9 月 17 日，发表《月亮》

●《中国时报》11 月 8 日，发表《追求一个漂亮的线条》

1980 ●《中华日报》2 月 1 日，译雨果《诗歌》

●《省立台北工专工程学术丛刊》第 11 期(5 月)，发表《阿拉伯沙漠中神秘的玫瑰域——彼得拉》

1981 ●《中华日报》9 月 29 日，译《美国民谣——凯敏泰》

● *The Economic News* 4 月 13 日，发表《对建筑和建筑师的一些想法》(原文为：A Talk With Dahong Wang, Architect "It is very difficult to be original")

●《省立台北工专工程学术丛刊》第 12 期，发表《建筑——政治的工具》

1982 ●《台北工专工业设计科建筑组刊》第 13 期，发表《两个剑桥》

1983 ●《台北工专工业设计科建筑组刊》第 14 期，发表《服装和建筑》

1984 ●《台北工专工业设计科建筑组刊》第 15 期，发表《大失败》

●《中华日报》2 月 20 日，发表《友谊永固——一件未完成的国民外交工作》

1985 ●《中华日报》2 月 27 日，译史蒂文斯(W. Stevens)《谋害巨人》

●《中华日报》5 月 27 日，发表《谈死亡》

●《中华日报》12 月 13 日，译马蒂亚斯·克劳迪乌斯(Matthias Claudius)《死神与少女》

1987 ●《建筑师》杂志，发表《消失中的建筑》

●《中华副刊·我的朋友》6 月 25 日，发表《女强人— GLORIA K. 素描》

1990 ●《自由时报》，发表《政治与建筑》

●《中华日报》11 月 13 日，发表《歌》(作者注：可能是 1975 年发表在《中国时报》上的同一篇)

1991 ●《建筑师》杂志，发表《一座看不到水的水池——漫谈大地景观与建筑》

●《中华日报》6 月 5 日，发表《东西东西》

●《中华日报》8 月 23 日，发表《胡适的外交手段》

1992 ●《中华副刊》6 月 25 日，发表《从 <弘中道> 谈到灵魂学》

●《中华日报》12 月 29 日，发表《不要小看了流行歌曲》

1993 ●《中华日报》7 月 18 日，发表《无花果》

●《中华日报》10 月 22 日，发表《三：一个神奇的数字》

1994 ●《中华日报》2 月 22 日，发表《征服人类最大的仇敌》

1995 ●《自由副刊》5 月 18 日，发表《金钱颂——信赖神或信赖钱》

●《中国时报副刊》12 月，发表《杀人者—拿破仑之死》

1954 ●成功大学建筑系校内刊物《今日建筑》第 5 期（10 月号），介绍建国南路自宅，影响当年许多年轻建筑学子

1955 ●《今日建筑》第 11 期（12 月停刊号），接续介绍日本驻台湾地区长官官邸及松江路罗宅

1962 ●《建筑双月刊》第 1 期（4 月号），介绍台湾大学学生活动中心

●《建筑双月刊》第 2 期（6 月号），介绍“中油公司”马公办事处

●《建筑双月刊》第 4 期（10 月号），介绍台北监狱、龟山监狱总办公楼、工厂、礼堂

1963 ●《建筑双月刊》第 6 期（2 月号）介绍台北高尔夫球俱乐部

●《建筑双月刊》第 7 期（4 月号）介绍淡水高尔夫球俱乐部

1964 ●《建筑双月刊》第 12 期（2 月号），介绍台湾大学法学图书馆

1965 ●《建筑双月刊》第 15 期（6 月号），介绍“中国房屋建中心”大厦邀请竞图

1966 ●《建筑双月刊》第 18 期（3 月号），介绍济南路虹庐

●《建筑双月刊》第 20 期（8 月号），介绍国父纪念馆竞图

1969 ●《进步建筑》12 月号，介绍登陆月球纪念碑计划案

1970 ● *Hong Kong & Far East Builder* 8 月号，报道登陆月球纪念碑计划案

1973 ●《中央日报》4 月 28 日，《国父纪念馆万人瞻仰》，访谈王大闳建筑师

1974 ●《房屋市场》，严月妆报道：《追求中国风味的王大闳》

● *China Post* 10 月 23 日，报道“Chinese gift to U.S Marks Lunar Landing”

1975 ●《摩登家庭》第 19 期，报道《中国建筑的复苏者——王大闳》

1976 ●《访建筑师谈心声》——为庆祝建筑师节，台湾《建筑师》杂志邀请数位知名的建筑师谈从业心得与见解，受访者包括：王大闳、虞曰镇、张绍载、张振中、吴明修、吴增荣、张敬德、陈其宽、杜毓梁、林芳男、林建业、方汝镇、高而潘

●《经济日报》2 月 13 日，李宗雯报道：《设计国父纪念馆的王大闳》

●《联合报》7 月 2 日，彭歌报道：《善与美之间》

1977 ●《杜连魁》，王尔德原著，王大闳译写出版（1993 年修订再版）

●《建筑师》杂志第 25 期（1 月号），介绍台湾“中央研究院”生物化学研究

●《自立晚报》6 月 12 日，王文龙报道：《王大闳在向出版界译作挑战》

●《中央日报》6 月 27 日，蔡文怡报道：《艺文志，王大闳完成译作》

●《中华日报》7 月 2 日，陈克环报道：《杜连魁》的画像

●《中华日报》7 月 16 日，胡沆俪报道：《人生如梦何曾梦觉——谈王大闳译〈杜连魁〉》

●《华侨日报》8 月 5 日，扶利运报道：《王大闳使我国建筑设计迈向新境界》

●《华视周刊》8 月 8 日，丹扉报道：《建筑与文艺——邀访王大闳先生》

●《中华日报》9 月 10 日，杨明报道：《名建筑师王大闳的新尝试》

●《中华日报》9 月 23 日，杨明报道：《可凡罪孽的故事》

●台湾《建筑师》杂志第 36 期（12 月号），王镇华访谈，《记三位建筑师的自宅与谈话——蔡柏锋＋王大闳＋汉宝德》

1978 ●《中国当代建筑师——王大闳》，林盛丰主编，未出版

●《大华晚报》4 月 17 日，程榕宁报道：《我的中学生活》

●台湾《企业家》杂志 10 月号，扶利达报道：《王大闳使我国建筑设计迈向新境界》

●《中国时报周刊》10 月 8 日，林清玄报道：《都市的脸——现阶段台北建筑》

●台湾《建筑师》杂志主办座谈会“建筑师、建筑师公会与社会”

1979 ●台湾《建筑师》杂志，吴增荣＋李俊仁，《访王大闳》

●《房屋市场》5-8 月号四期连载，李俊仁：《战后台湾建筑的形式语言》

●《艺术家》第 48 期，报道《我们的室内设计与生活文化》

1981 ●台湾《建筑师》杂志第 76 期（4 月号），介绍王大闳石牌自宅

●《新象艺讯周刊》4 月 22 日，李慧娜为登陆月球做见证——王大闳设计的“登月纪念碑”

● *The Economic News* 4 月 13 日，访谈“It is very difficult to be original”

1982 ●《中国时报》2 月 12 日，谢以烨报道：《王大闳写小说预计二十年完工》

●《中国时报》11 月 24 日，凌白报道：《建筑是自己的窝——追寻纯净与和谐的境界》

1984 ●台湾《建筑师》杂志第 115 期（7 月号），傅朝卿评论《成大文学院——有所变有所不变》

●台湾《建筑师》杂志 7 月号，王增荣论述《光复后初期台湾建筑的发展：1945—1956》

●《当代建筑》11 月号，何桂馨报道：《我是中国人——王大闳的精神观》

1985 ●《中华日报》4 月 19 日，郜莹：《王大闳欣赏善体人意的女人》（“我心目中的理想女性”）

●台湾《建筑师》杂志第 125 期（5 月号），姜人伟评论《仁爱路上的装饰棚子？——试评东门基督长老教会》

1987 ●《天下杂志》10 月号，苏育琪报道：《建筑界的田园大师——王大闳》

●台湾《建筑师》杂志第 156 期（12 月号），林建业评论国父纪念馆

1990 ●《居——王大闳的建筑设计艺术》，马以工主编，十竹书屋出版

1991 ●《商业空间》，应凤凰报道：《小书屋变成大橱窗——王大闳设计的九歌文学书屋》

1992 ●《文心艺坊》8 月 28 日，报道《书与画的九歌文学书屋创新举》

●《室内》杂志，周重彦报道：专访王大闳

●《亲子乐园》，报道《都市扫描——国父纪念馆建筑雄伟》

1993 ●《联合副刊》3 月 21 日，高信疆：《双璧交辉也是一种王尔德式的趣味》

●《民生报》4 月 3 日，报道《移花接木：英国大文豪也写台湾的故事？——王大闳译写〈杜连魁〉》

●《室内》杂志第 28 期，李干朗报道：《台湾当代的新传统》

1994 ●《空间》杂志第 60 期（7 月号），“由王大闳的作品谈台湾建筑的现代与传统”座谈会

●《台北工专建筑学刊》第 4 期，王增荣：《试析台湾大学学生活动中心大楼》

1995 ●《民生报读者周刊》第 171 期,《科幻小说方兴未艾》；张梦瑞：《建筑设计师与文学过从甚密——王大闳手上有一部写了 40 年的科幻小说》

●《王大闳建筑的传统与现代》，中原大学硕士论文，研究生周进兴，郭肇立教授指导

●《王大闳作品集》，萧梅主编，台北技术学院建筑系，1995 年 7 月

1997 ●王大闳研讨会，东海大学建筑系，台中，1997 年 3 月

●《王大闳作品集》，萧梅主编，台北技术学院建筑系，增补再版，启源书局，1997 年 6 月

1998 ●《王大闳作品中的营造性》，中原大学硕士论文，研究生林政勋，郭肇立教授指导

2006 ●"久违了，王大闳先生！"建筑回顾展，地点：台湾设计、艺术与建筑展演中心(TADA Center)，策展：徐明松、阮庆岳

●《久违了，王大闳先生！》纪录片，台湾行政主管部门文化建设委员会出版，宝花传播公司制作，节目顾问：徐明松

●《移植现代性，建筑论述与设计实践——王大闳与中国建筑现代化论战，1950—1970s》，台湾大学博士论文，研究生蒋雅君，夏铸九教授指导

2007 ●"久违了，王大闳先生！"建筑特展，地点：国父纪念馆，策展人：徐明松、阮庆岳

●《王大闳——永恒的建筑诗人》，木马出版社，徐明松著，台北，2007 年 5 月

●《国父纪念馆建馆始末——王大闳的妥协与磨难》特刊，国父纪念馆出版，徐明松编，台北，2007 年 12 月

2008 ●《国父纪念馆建馆始末——王大闳的妥协与磨难》纪录片，国父纪念馆出版，宝花传播公司制作，节目顾问：梁铭刚、徐明松、王俊雄、王守正

2009 ●《以缄默、简单对抗喧嚣时代的诗人》发表于《文艺奖专刊》，徐明松著，文艺基金会，2009 年 10 月

2010 ●《论述与回忆——王大闳》，徐明松编，诚品出版社，台北，2010 年 1 月

●《建筑师王大闳：一九四二——一九九五》，徐明松著，诚品出版社，台北，2010 年 1 月

2012 ●《王大闳先生：静默的光，低吟的风》，远景出版社，台北，2012 年 4 月

2013 ●王大闳写了近 60 年的科幻小说《幻城》(*Phantasmagoria*) 出版，典藏艺术家庭，台北，2013 年 2 月

1917 ●7月6日生于北京，祖籍广东东莞

1929 ●读苏州东吴初中一年级

1930 ●进入瑞士栗子林中学

1936 ●进入英国剑桥大学机械系，一年后转建筑系

1939 ●自英国剑桥大学毕业

1941 ●进入美国哈佛大学建筑研究所拜师格罗皮乌斯，同班同学有贝聿铭、菲利普·约翰逊

1942 ●自哈佛大学毕业，至华盛顿任中国大使馆随员

1945 ●于大使馆任职时参加美国通用公司竞图，得第四名（有4 500余人参加），并接受《华盛顿时报》记者访问报道

1947 ●回国，并共同创立五联营建计划所（与陆谦受、黄作燊、郑观萱、陈占祥等四人）

1949 ●随国民党来台，但多数时间待在香港

1950 ●在香港期间补领剑桥学位证书

1953 ●在台北开设大洪建筑师事务所，建国南路自宅是事务所开业后的第一件建筑作品

●一月，与相差19岁的王美惠女士结婚

1958 ●父亲王宠惠过世

1961 ●参加台北故宫博物院邀请竞图

1963 ●在《百叶窗》第四卷第一期发表《中国建筑能存在吗？》，1964年又在第四卷第二期上发表 *Architecture as Political Tool*，成大建筑学会。撇开访谈不提，是王大闳早年仅有的两篇建筑文字，即便80年代陆续发表的几篇《服装和建筑》（1983）、《消失中的建筑》（1987）、《政治与建筑》（1990）、《一座看不到水的水池——漫谈大地景观与建筑》（1991），都比较接近建筑人的文学随笔，充分显示其建筑实践"只做不说"的态度

1964 ●虹庐

●与王美惠女士离婚

1965 ●参加国父纪念馆邀请竞图，手绘构思登陆月球纪念碑

1966 ●开始译写《杜连魁》

1968 ●格罗皮乌斯引希腊诗人塞佛里斯寄赠王大闳

1977 ●《杜连魁》，王尔德原著，王大闳译写出版（1993年修订再版）

1979 ●弘英别墅（又称天母公寓或石牌住宅）

1995 ●《王大闳作品集》，萧梅主编，台北技术学院建筑系，台北，1995年7月

1997 ●3月，"王大闳研讨会"在台中东海大学建筑系举办，8日及22日各一场

2006 ●"久违了，王大闳先生！"建筑回顾展，地点：台湾设计、艺术与建筑展演中心（TADA Center），策展人：徐明松、阮庆岳；

●《久违了，王大闳先生！》纪录片，台湾行政主管部门文化建设委员会出版，宝花传播公司制作，节目顾问：徐明松

2007 ●《王大闳——永恒的建筑诗人》，徐明松著，木马出版社，台北，2007年5月

2009 ●王大闳获颁第十三届台湾文艺建筑奖

2012 ●传记《王大闳先生：静默的光，低吟的风》出版，远景出版社，台北，2012年4月

2013 ●王大闳的科幻小说《幻城》（*Phantasmagoria*）出版，典藏艺术家庭，台北，2013年2月；筹备建国南路自宅重建计划；提报王大闳25栋建筑为现代文化资产

＊ 1927 年左右，9 岁的王大闳。王大闳先生提供

图书在版编目（C I P）数据

建筑师王大闳 : 1942 ～ 1995 / 徐明松著 . -- 上海 :
同济大学出版社 , 2015.1
ISBN 978-7-5608-5600-1

Ⅰ . ①建… Ⅱ . ①徐… Ⅲ . ①王大闳－生平事迹②建
筑设计－作品集－中国－现代 Ⅳ . ① K826.16 ② TU206

中国版本图书馆 CIP 数据核字 (2014) 第 192413 号

建筑师王大闳 1942—1995
徐明松 著

出品人： 支文军
策划： 秦蕾 / 群岛工作室
责任编辑： 秦蕾 孟旭彦
特约编辑： 杨碧琼
责任校对： 徐春莲
装帧设计： typo_d
版 次： 2015 年 1 月第 1 版
印 次： 2015 年 1 月第 1 次印刷
印 刷： 上海雅昌艺术印刷有限公司
开 本： 889mm × 1194mm 1/16
印 张： 24
字 数： 768 000
ISBN： 978-7-5608-5600-1
定 价： 298.00 元
出版发行： 同济大学出版社
地 址： 上海市四平路 1239 号
邮政编码： 200092
网 址： http://www.tongjipress.com.cn
经 销： 全国各地新华书店

ISBN 978-7-5608-5600-1
9 787560 856001 >

光明城

CITÉ LUCE

“光明城”是同济大学出版社城市、建筑、设计专业出版品牌，由群岛工作室负责策划及出版，以更新的出版理念、更敏锐的视角、更积极的态度，回应今天中国城市、建筑与设计领域的问题。

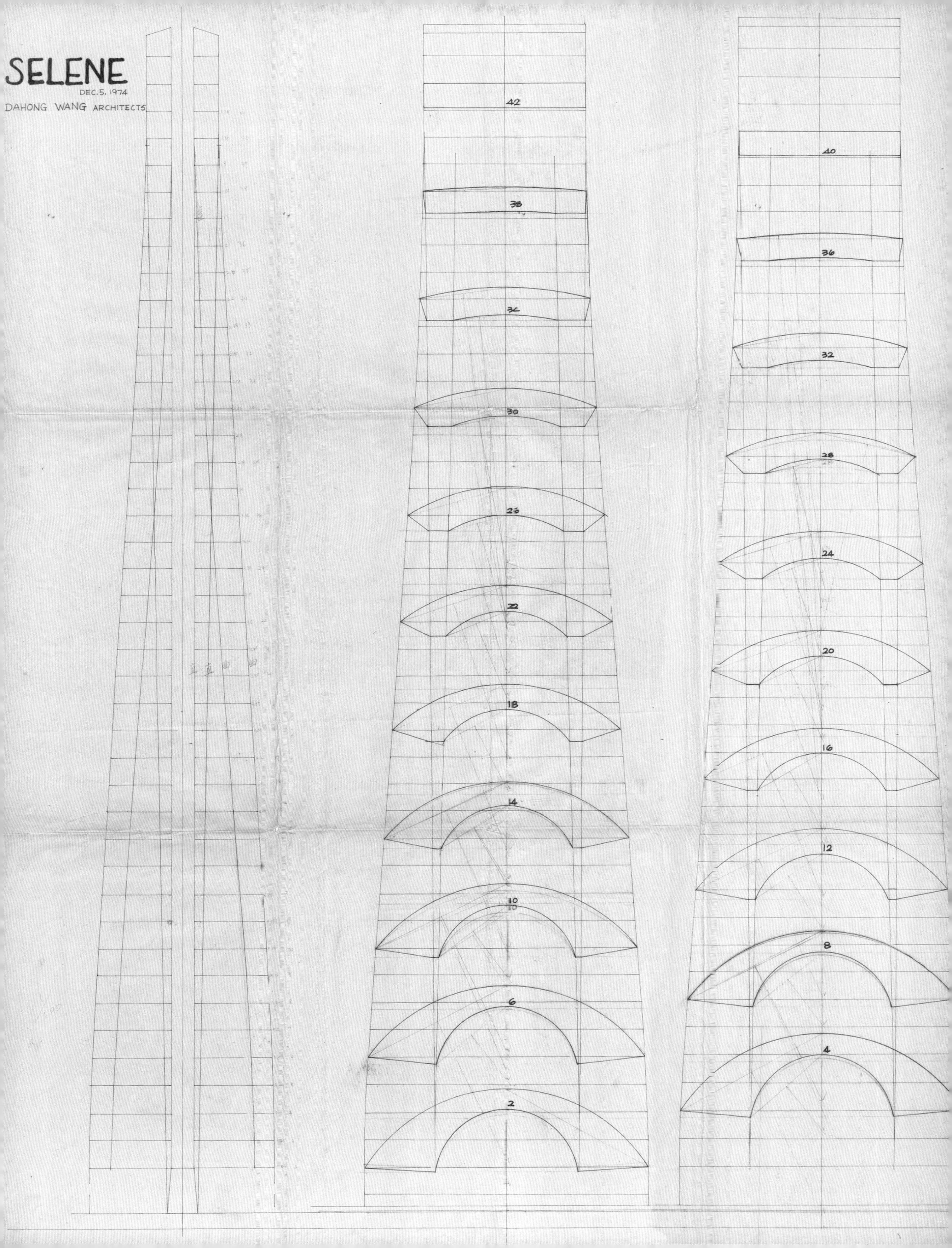
SELENE
DEC. 5. 1974
DAHONG WANG ARCHITECTS
42
38
34
30
26
22
18
14
10
6
2
40
36
32
28
24
20
16
12
8
4

华昌宜 王大闳建筑研究与保存学会理事长

他放弃了在欧美追求名利之途，遗世独立，潜存于台湾迄今六十多年，也成为华人人格上的标杆。

夏铸九 台湾大学建筑与城乡研究所创始人、名誉教授，南京大学建筑与城市规划学院宜兴讲座教授

建筑师王大闳是最后的贵族，再现了战后现代建筑在台湾的移植之梦。

王镇华 德简书院主持人

他的人跟他的建筑同样硬朗质朴。
他说：意志力比灵感重要！有好的生活才有好的建筑。

吴清友 诚品书店董事长

一位兼具西方的自信与东方的谦冲的建筑师。一位真正的君子。

张永和 非常建筑事务所主持建筑师，MIT建筑系教授、前系主任，普立兹克建筑奖评委

王大闳无疑是中国现代建筑的先驱，他是中国建筑师中最早对现代性感兴趣的人之一，同时，他又把中国空间的传统带到现代建筑里来。

郭肇立 台湾现代建筑学会理事长

王大闳在建筑上的表现称得上是其中的佼佼者，不仅是观念与形式美学的成熟，尤其对细部设计与营造性的掌握，更是无人能比。

史建 策展人、建筑评论家

中国现代建筑史上承前启后并引领一个时代的最重要的建筑师之一。

《建筑师王大闳 1942-1995》 徐明松，同济大学出版社

光明城 CITÉ LUCE

看见我们的未来